内分泌干扰物与蛋白质
作用机制的研究

顾佳丽　著

中国石化出版社

内 容 提 要

本书从众多种类的内分泌干扰物（EDCs）中，设计选择了四类 EDCs（双酚类似物、食品添加剂、塑化剂、杀菌剂）作为研究对象。阐述了 EDCs 与血清白蛋白之间的相互作用机制，并通过数据对比探讨了相似结构的 EDCs 与蛋白质结合过程以及蛋白质构象变化之间存在的构效关系，利用多种表征方法并结合分子对接技术从不同角度系统深入地介绍了 EDCs 对蛋白质微观构象的影响。

本书可以作为高等院校化学、环境等专业的参考教材，也可以为从事环保和生命科学等方向的科研工作者提供参考。

图书在版编目（CIP）数据

内分泌干扰物与蛋白质作用机制的研究 / 顾佳丽著.
—北京：中国石化出版社，2023.7
ISBN 978-7-5114-7153-6

Ⅰ. ①内… Ⅱ. ①顾… Ⅲ. ①环境激素–蛋白质–相
互作用–研究 Ⅳ. ①X131 ②Q51

中国国家版本馆 CIP 数据核字（2023）第 121114 号

中国石化出版社出版发行

地址：北京市东城区安定门外大街 58 号
邮编：100011 电话：(010)57512500
发行部电话：(010)57512575
http://www. sinopec-press. com
E-mail：press@ sinopec. com
北京艾普海德印刷有限公司印刷
全国各地新华书店经销

*

710 毫米×1000 毫米 16 开本 13.75 印张 224 千字
2023 年 12 月第 1 版　2023 年 12 月第 1 次印刷
定价：58.00 元

前 言
PREFACE

内分泌干扰物（Endocrine Disrupting Chemicals，EDCs）是一种能干扰人类或动物内分泌系统的外源性化学物质。EDCs 广泛存在于环境中，种类多、分布广、不易降解、危害大。EDCs 通过空气和颗粒吸入、受污染的食物和饮用水摄入以及皮肤直接接触等途径进入人或动物体内，与血液中具有运输功能的蛋白质以非键作用结合，随血液循环转运至机体各组织器官。在此过程中，它与蛋白质、激素受体结合或通过其他方式影响体内自然激素的正常运行，破坏内分泌系统，干扰人体或动物体的生殖系统、神经系统、免疫系统的正常功能。EDCs 的毒性与蛋白质的储存和运输功能密切相关。

有关 EDCs 毒性作用的研究得到了广泛的关注，但 EDCs 对机体的内分泌干扰机制很多，特别是 EDCs 与血浆中运输蛋白的结合机制尚未完全阐明，还需要更多的信息来深入探讨 EDCs 对机体的影响。因此，研究 EDCs 与蛋白质之间的相互作用机制，探究 EDCs 对蛋白质构象和功能的影响，揭示 EDCs 与蛋白质的构效关系，对于了解 EDCs 在生物体内的分布、吸收、代谢以及毒性机制等都具有重要的理论意义。

本书共 6 章内容。第 1 章主要介绍了 EDCs 的分类、来源、危害，以及 EDCs 与蛋白质相互作用的研究进展；第 2 章主要介绍了双酚 A 及其类似物与牛血清白蛋白的相互作用机制；第 3 章主要介绍了食品添加剂丁基羟基茴香醚与牛血清白蛋白的相互作用机制以及其他食品添加剂的影响；第 4 章主要介绍了抗菌剂三氯生和三氯卡班与血清白蛋白的相互作用机制；第 5 章主要介绍了塑化剂邻苯二甲酸二甲酯及其代谢物与牛血清白蛋白的相互作用机制；第 6 章对相关方面的研究进行了总结和展望。

　　本书由渤海大学顾佳丽教授主编，葫芦岛市生态环境局连山分局赵芳参与编写，东北大学孙挺教授为本书的编写提供了宝贵的建议，在此一并表示衷心的感谢。

　　由于作者水平有限，书中难免有不妥和疏漏之处，恳请同行专家和读者批评指正。

编者

2023 年 3 月

目 录_____
CONTENTS

第1章　绪　　论

1.1　内分泌干扰物

早在 1962 年，美国作家 R. Carson 就在《寂静的春天》[1] 一书中，讲述了在 "二战"期间被广泛用于防治疟疾、伤寒等传染病以及农作物虫害的有机氯农药滴滴涕(DDT)，给生态环境造成了难以逆转的危害，但当时 DDT 对生物内分泌系统的影响并没有引起足够的重视。直到 1996 年，T. Colborn 等在 Our Stolen Future(《我们被偷走的未来》)[2] 一书中，用大量的事实论述了某些化学物质会对野生动物、鱼类和生态系统造成不良影响，例如鸟、鱼类、哺乳动物的生殖异常等，甚至可能导致某些与人类内分泌有关疾病的发病率增加，如生育能力下降、性早熟和特定癌症等，内分泌干扰物问题才引起公众的重视。1996 年 8 月，美国要求建立化合物内分泌干扰效应的筛选与实验方案；1996 年 11 月，经济合作与发展组织(OECD)对内分泌干扰物实施试验安全规则；1999 年，欧盟公布内分泌干扰物问题研究计划；2000 年，我国《可持续发展科技纲要(2001—2010 年)》将环境内分泌干扰物的污染现状与健康影响的研究列为重点研究领域，同年欧盟通过关于内分泌干扰物的决议案；2002 年，由世界卫生组织(WHO)的国际化学品安全规划署(IPCS)、联合国环境规划署(UNEP)和国际劳工组织(ILO)共同公布《内分泌干扰物科学现状的全球评估》的报告；2012 年，UNEP 和 WHO 出版了 IPCS(2002)文件的升级版——《内分泌干扰物的科学现状》。

1.1.1　内分泌干扰物的定义

2002 年，WHO-IPCS 将内分泌干扰物(EDCs)定义为可以改变内分泌系统的功能，对生物体整体或其后代或(亚)群体造成不利健康影响的一个外源性物质或混合物[3]。美国环境保护署(Environmental Protection Agency，EPA)将 EDCs 定义为通过干扰生物或人为维持自身平衡(正常细胞代谢)、繁殖、发育过程而在体内产生的天然激素的合成、分泌、运输、结合、反应和代谢等，从而对生物体或人体的生殖系统、神经系统、免疫系统等的功能产生影响的外源性化学物质[4]。欧盟(European Union，EU)将 EDCs 定义为通过人类的生产和生活而排放到环境中的，能够引起生物体或其后代分泌功能变化产生不利影响的外源性化学物质[5]。

1.1.2 内分泌干扰物的分类

EDCs 主要分为天然物质和人工合成化学物质两大类，天然 EDCs 是指环境中自发产生的或人体正常分泌的天然激素(如雌二醇、雌酮、雌三醇等)，以及一些植物性雌激素(如大豆异黄酮、香豆雌酚等)和真菌性雌激素；人工合成的 EDCs 种类繁多，包括酚类化学品(如双酚 A、双酚 AP 等)以及农药(如代森锰锌、西维因等)、药物及个人护理品(如三氯生、三氯卡班等)、增塑剂(如邻苯二甲酸二辛酯、邻苯二甲酸二甲酯等)、多环芳烃(如苯并[a]芘、蒽等)、持久性有机污染物(如多氯联苯等)、重金属(如砷、镉、铅等)等。常见的一些 EDCs 分类见表 1.1[6-14]。

表 1.1 常见的内分泌干扰物分类

分　类	物　质　名　称
天然激素	雌二醇、雌酮、雌三醇、睾酮等
植物性雌激素	异黄酮(如染料木黄酮、大豆异黄酮)、香豆素(如香豆雌酚)、真菌性雌激素(如玉米赤霉烯酮)、异戊烯黄酮(如8-异戊烯基柚皮素)等
人工合成雌激素	己烯雌酚、己烷雌酚、17α-乙炔基雌二醇、他莫昔芬、炔雌醚等
农药	代森锰锌、代森锰、代森锌、代森联、福美锌、苯菌灵、烯菌酮、六氯苯、西维因、氧氰菊酯、氰成菊酯、苯醚氯菊酯、马拉硫磷、灭多虫、2,4-D(二氯苯氧基乙酸)、阿特拉津、西玛津、氟乐灵、甲苯腺苷等
药物及个人护理品	氟他胺、氟西汀、三氯生、三氯卡班、麝香、佳乐麝香、对羟基苯甲酸酯等
增塑剂	邻苯二甲酸酯类：如邻苯二甲酸二辛酯、邻苯二甲酸丁苄酯(BBP)、邻苯二甲酸二丁酯(DBP)、邻苯二甲酸二乙酯(DEP)、邻苯二甲酸二甲酯(DMP)等 有机磷酸酯类：如磷酸三苯酯(TPP)等
多环芳烃	苯并[a]芘、苯并[a]蒽、芘、蒽等
持久性有机污染物(POPs)	多氯联苯(PCBs)、全氟辛烷磺酸(PFOS)、多溴二苯醚(PBDEs)等
其他持久性和生物蓄积性化学品	六溴环十二烷(HBCDD)、短链氯化石蜡(SCCPs)、六氯丁二烯、多氯化萘(PCNs)、五氯苯酚、全氟辛酸(PFOA)

续表

分　类	物　质　名　称
卤代酚类化学品	2,4-二氯苯酚、五氯酚、羟基多溴联苯醚、四溴双酚 A 等
非卤代酚类化学品	双酚 A、双酚 AP、壬基酚、辛基酚、间苯二酚等
副产物	二噁英类、呋喃类、苯并芘、八氯苯乙烯、对硝基甲苯、苯乙烯二聚体、苯乙烯三聚体等
金属和有机金属化学品	砷、镉、铅、汞、甲基汞、三丁基锡、三苯基锡等

一些典型的或常见的 EDCs 简单介绍如下：

1.1.2.1　双酚 A 及其类似物

双酚(BPs)是一类被称为二苯基甲烷的化学物质[15]，是食品包装及容器材料聚碳酸酯的重要生产原料之一[16]，也是一种公认的 EDCs[17]（表 1.2）。BPs 包含很多种类，例如双酚 A(BPA)常用于生产塑料消费产品，包括玩具、饮水容器、牙科单体、医疗设备和管材，以及消费电子产品等[18-19]。在正常使用的情况下，BPA 会从食品和饮料容器、一些牙科密封胶和复合材料中渗出，进入人体后，可以激活雌激素受体引起内分泌疾病，并增加内分泌相关癌症的发生率[20]。双酚 B(BPB)是 BPA 的类似物，主要用于制造酚醛树脂[21]。BPB 具有雌激素作用，并且对生物降解作用更强，它会导致皮质醇和皮质酮水平降低，并可能导致 DNA 损伤，且与 BPA 相比，BPB 具有更高的急性毒性[22-23]。双酚 C(BPC)主要用途为阻燃剂，它可以刺激眼睛、呼吸系统和皮肤，并且使相应的部位产生反应[24]。双酚 P(BPP)的雌激素活性强于 BPA[25]。双酚 M(BPM)可用于合成一种混合的双酰腈醚树脂，实验表明 BPM 相比 BPA 具有更高的遗传毒性[26]。双酚 Z(BPZ)的辛醇水分配系数高于 BPA，更容易产生生物富集和生物放大作用[27-28]。双酚 AP(BPAP)被广泛用于合成各种聚合物，例如 PC、环氧树脂、聚芳酯、聚醚、聚醚酰亚胺、聚苯醚和共聚物等，已有研究发现 BPAP 能与雌激素受体发生结合，发挥类似雌激素的效应[29]。与 BPA 相似，双酚 F(BPF)和双酚 S(BPS)能够破坏类固醇生成[30]。BPF 被广泛用于饮料包装、食品罐和塑料产品中，导致其或多或少存在于食品和饮用水中，是美国环境保护署(EPA)确认的 EDCs[31]。BPS 被禁止或限制在日常用品中使用[32]，但近年来，越来越多的食品、水域，甚至是人的血液中都检测出 BPS 污染物[33-34]。

表 1.2　常见的双酚 A 及其类似物

中文名	英文名	缩写	分子结构
双酚 A	Bisphenol A	BPA	HO—◯—C—◯—OH

3

中文名	英文名	缩写	分子结构
双酚 AF	Bisphenol AF	BPAF	
双酚 AP	Bisphenol AP	BPAP	
双酚 B	Bisphenol B	BPB	
双酚 C	Bisphenol C	BPC	
双酚 F	Bisphenol F	BPF	
双酚 M	Bisphenol M	BPM	
双酚 P	Bisphenol P	BPP	
双酚 S	Bisphenol S	BPS	
双酚 Z	Bisphenol Z	BPZ	

1.1.2.2 人工合成雌激素

人工合成雌激素通常用作避孕[35]和激素替代治疗[36]的药物。常见的人工合成雌激素如表 1.3 所示。人工合成雌激素可以通过母体化合物或排泄物释放到环境中[37]，由于其干扰内分泌系统[38]，能够导致男性精子数量减少、精子质量下降、生育能力下降、性腺发育不良、生殖器官肿瘤发病率增加和先天性畸形率增多，导致女性多囊卵巢综合征、不孕症、乳腺癌、卵巢癌发病率增加[39]。例如，17α-乙炔基雌二醇（EE2）是一种合成雌激素，主要用于治疗更年期症状和多囊卵巢综合征，也是世界上使用较广泛的避孕药物之一。但 EE2 也被认为与女性乳腺癌、子宫内膜癌和卵巢癌等相关[40]。己烯雌酚(DES)和双烯雌酚(DS)是非甾体合成雌激素[41]，广泛应用于肉牛、家禽和水产养殖中以改善脂肪沉积和肉质，以及治疗绝经后乳腺癌、前列腺癌[42]。它们都具有模仿天然雌激素的生物学效应的能力，并在治疗乳腺癌中发挥重要作用[43]。然而，研究发现孕妇服用 DES 与他们后代发生子宫内膜癌概率密切相关[44]。另外，从动物研究中积累的大量证据表明，DES 具有多种毒性作用，甚至致癌性[45]。因此，DES 被国际癌症研究机构(IARC)归为 1 类确定致癌物，现已被许多国家和地区禁止用于畜牧业和水产养殖业[46]。

表 1.3　常见的人工合成雌激素

中文名	英文名	缩写	分子结构
己烯雌酚	Diethylstilbestrol	DES	
双烯雌酚	Dienestrol	DS	
己烷雌酚	Hexoestrolum	HEX	
17α-乙炔基雌二醇	17α-ethinylestradiol	EE2	
他莫昔芬	Tamoxifen	TAM	
炔雌醚	Quinestrol	EP-1	

1.1.2.3 食品添加剂

食品添加剂，例如抗氧化剂丁基羟基茴香醚(BHA)为确定的 EDCs[47]，丁基羟基甲苯(BHT)和没食子酸丙酯(PG)，以及防腐剂对羟基苯甲酸酯类化合物被认为是潜在的 EDCs。BHA、BHT 和 PG 为三种人工合成抗氧化剂，三者都是能溶于油脂的脂溶性抗氧化剂，在油脂和含油脂的食品中具有良好的抗氧化作用（表 1.4）。BHA 热稳定性好，可以在油煎或焙烤条件下使用，并且对动物性脂肪的抗氧化作用较强，因此常用作油脂食品和富脂食品的抗氧化剂。BHA 可与其他脂溶性抗氧化剂混合使用，效果更好，例如 BHA 和 BHT 常配合使用以延缓鲤鱼、鸡肉和猪排等食品变质。在制作糖果的黄油中加入 BHA 或 BHT、PG 和柠檬酸的混合物可抑制糖果的氧化。BHA 还被用作各种个人护理产品（化妆品、护发产品、香料、乳液等）的防腐剂，但由于其内分泌干扰性以及毒性[48]，欧盟已禁止在化妆品中使用 BHA。而目前在食品中为限量使用，根据我国《食品安全国家标准 食品添加剂使用标准》（GB 2760—2014）[49]，BHT 可用于食用油脂、油炸食品、方便面、腊肉制品等食品中，最大食用量为 $0.2g \cdot kg^{-1}$。BHT 与 BHA 混合使用时，总量不得超过 $0.2g \cdot kg^{-1}$；BHT 和 BHA 与 PG 混合使用时，BHA、BHT 总量不得超过 $0.1g \cdot kg^{-1}$，PG 不得超过 $0.05g \cdot kg^{-1}$。FAO/WHO（1984）规定：BHA 用于一般食用油脂中的最大使用量为 $0.2g \cdot kg^{-1}$。与 BHT、PG、特丁基对苯二酚（TBHQ）合用时，PG 不得超过 $100mg \cdot kg^{-1}$，总量不得超过 $0.2g \cdot kg^{-1}$；用于人造奶油，单用或与 BHT、PG 混合使用时，PG 不得超过 $100mg \cdot kg^{-1}$。日本规定：在油脂和奶油中 BHA 的使用量应低于 0.02%；在鱼和贝类冷冻品浸渍液中 BHA 用量应低于 0.1%。BHT 稳定性高，抗氧化能力较强，能延缓植物油的氧化酸败，延长油煎食品的储藏期。在食品中的应用与 BHA 类似，虽然 BHT 的抗氧化能力弱于 BHA，但价格低廉。目前 BHT 的内分泌干扰性证据不全，但其使用在欧洲受到严格限制。PG 也是国内外普遍使用的食品抗氧化剂，其抗氧化性优于 BHT 及 BHA，广泛用于食用油脂、油炸食品、富脂饼干、罐头及腊肉制品等食品中。虽然 PG 与内分泌系统之间的联系仍需要进一步研究，但一些科学家认为，PG 会干扰人类的激素分泌，是一种潜在的 EDCs[50]。对羟基苯甲酸甲酯又称尼泊金酯，是一类有机化合物，主要用作食品、化妆品、医药的杀菌防腐剂，其防腐性能效果优于苯甲酸和山梨酸等，使用量小，但价格较高。除我国外，欧盟及美国、加拿大、日本等国也批准对羟基苯甲酸甲酯钠用于肉制品、水产品、乳制品、腌制品等食品的防腐剂。近年来有研究报道，对羟基苯甲酸酯类具有潜在的雌激素活性，疑似为 EDCs[51-52]。

表 1.4　常见的食品抗氧化剂

中文名	英文名	缩写	分子结构
丁基羟基茴香醚	Tert Butylhydroxyanisole	BHA	

续表

中文名	英文名	缩写	分子结构
丁基羟基甲苯	Butylated Hydroxytoluene	BHT	
没食子酸丙酯	Propyl Gallate	PG	
对羟基苯甲酸甲酯	Methyl 4-hydroxybenzoate	MP	$HO-\bigcirc-COOCH_3$

1.1.2.4 塑化剂

塑化剂又称增塑剂，在工业生产中添加到聚合物材料中以增加塑料的可塑性、柔韧性和强度，改善高分子材料的性能，降低生产成本，提高生产效益[53]。作为一种重要的化工产品添加剂，塑化剂广泛应用于塑料制品、塑料薄膜、食品包装、医疗器材、化妆品、清洗剂、玩具、橡胶、高分子材料、纳米材料、化学材料、汽车、电子电器、航空航天、涂料与黏合剂、纺织印染、造纸、油墨、皮革等材料中[54]。

我国塑料助剂消费占世界总量的25%，并以每年7%的速度持续增长，我国目前塑化剂的消费量已经超过美国，成为世界上塑料制品生产和消费的最大国家。由于含有塑化剂产品的大量使用，如农用薄膜中塑化剂的挥发、塑料制品焚烧、各种加工食品原料的污染等过程，使得全球许多国家和地区的大气、河流和土壤中被检测出不同浓度的塑化剂，塑化剂已成为我国较为广泛的环境污染物之一。塑化剂有很多种类，如邻苯二甲酸酯、脂肪酸酯、苯多酸酯、多元醇酯、烷基磺酸酯等，其中最常用的是邻苯二甲酸酯类（Phthalic Acid Esters，简称PAEs）。

PAEs作为增塑剂被广泛应用于塑料制品、食品包装、化妆品等材料中，以增加塑料产品的柔韧性。但研究结果显示，PAEs可以通过摄入和皮肤接触等途径进入人体，由于其具有与激素类似的分子结构，因而能够模拟雌激素作用，干扰内分泌系统[55-56]。

由于塑化剂潜在的致癌危险，世界许多国家和地区对塑化剂的使用都作了严格规定：欧盟禁止在儿童玩具和用品中使用DEHP、DBP、BBP，限制使用DINP、DIDP、DNOP；加拿大规定儿童玩具及护理用品中DEHP、DBP及BBP的含量不得超过1000mg·kg^{-1}，可入口的儿童玩具及护理用品中DINP、DIDP和

DNOP 的含量不得超过 1000mg·kg^{-1}；美国规定儿童玩具和护理用品中 DEHP、DBP 及 BBP 的含量不得超过 0.1%；日本规定玩具不得使用以 DEHP、DBP 或 BBP 为原料的 PVC 树脂；阿根廷规定儿童玩具和护理用品中 DMP、DEP、DBP、DOP、BBP 和 DEHP 的含量不得超过 0.1%；丹麦规定 3 岁幼童所使用的玩具及用品中 PAEs 含量不得超过 0.05%。美国环境保护署（EPA）将 DMP、DEP、DBP、DOP、BBP 和 DEHP 六种 PAEs 列入重点控制的污染物名单中[57]。我国环境优先污染物黑名单包括 DMP、DBP、DOP 三种 PAEs。常见的邻苯二甲酸酯类塑化剂见表 1.5。

表 1.5 常见的邻苯二甲酸酯类塑化剂

中文名	英文名	缩写	分子结构
邻苯二甲酸二甲酯	Dimethyl Phthalate	DMP	
邻苯二甲酸二乙酯	Diethyl Phthalate	DEP	
邻苯二甲酸二丁酯	Dibutyl Phthalate	DBP	
邻苯二甲酸二辛酯	Dioctyl Phthalate	DOP	
邻苯二甲酸丁基苄酯	Benzyl Butyl Phthalate	BBP	
邻苯二甲酸二(2-乙基己基)酯	Di-2-ethylhexyl Phthalate	DEHP	

续表

中文名	英文名	缩写	分子结构
邻苯二甲酸二(2-乙基)己酯	Dihexyl Phthalate		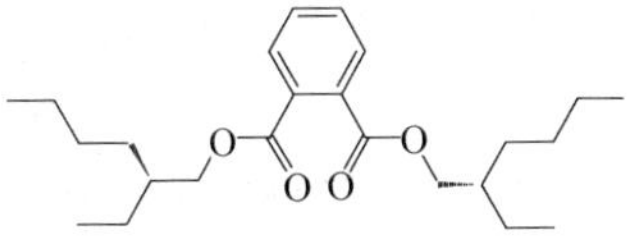
邻苯二甲酸二异壬酯	Diisononyl Phthalate	DINP	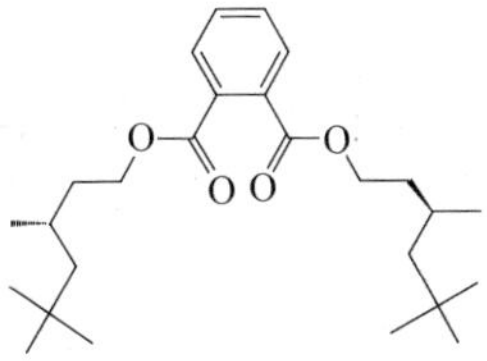
邻苯二甲酸二异癸酯	Didecyl Phthalate	DIDP	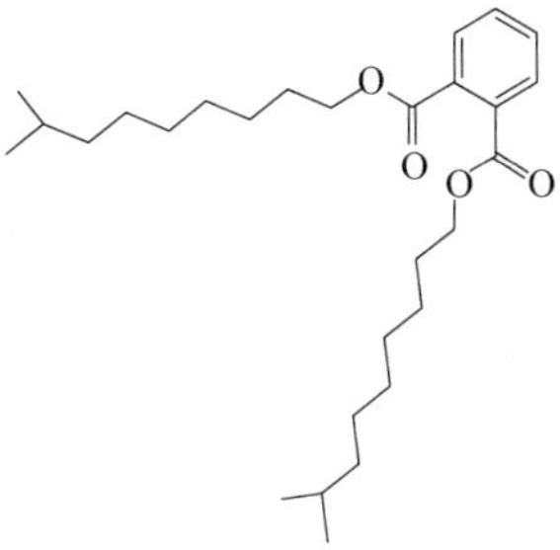
邻苯二甲酸二正辛酯	Di-n-octylo-phthalate	DNOP	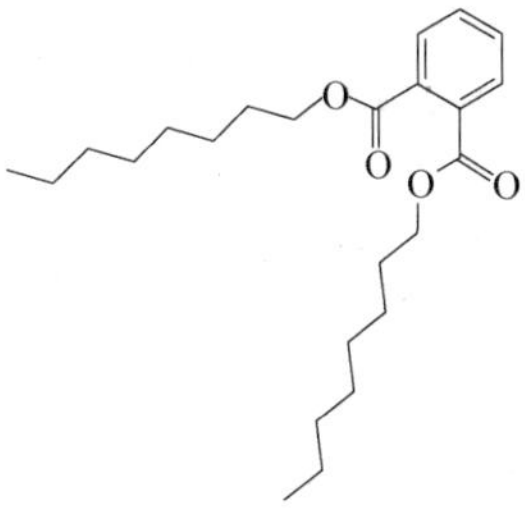
磷酸三苯酯	Triphenyl Phosphate	TPP	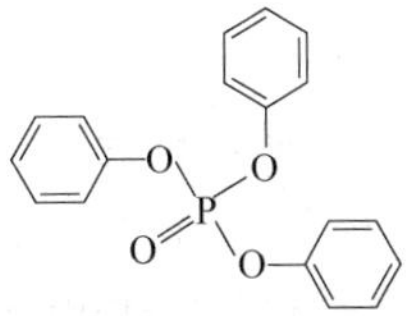

1.1.2.5　药物和个人护理品

药物和个人护理品(PPCPs)是一类与人类生产生活密切相关的新兴污染物[58]。PPCPs包括药品(如避孕药、抗生素、消炎药、降压药、止痛药等)[59]和日常个人护理用品(如香皂、洗手液、洗发水、洗面奶、牙膏、护肤品、面膜、防晒霜、染发剂、香水等)[60]。水环境中的药物及个人护理用品主要来自工业废水和生活污水的直接排放、未经处理的污水、医用垃圾、人体排泄及养殖废水[61]等。由于PPCPs被广泛且大量地使用,以及持续地排放,在世界很多国家

9

和地区的地下水、土壤、空气以及植物组织、动物脂肪组织甚至人体的乳汁中均被检出[62]。很多 PPCPs 都属于 EDCs，能干扰人和动物体的内分泌系统[63]，长期暴露对生态环境和人体都具有潜在危害。PPCPs 按照用途可以分为有机紫外线滤光剂、蚊虫驱逐剂、抗菌剂和抗真菌剂、表面活性剂、芳香剂、防腐剂和硅氧烷七类[64]，常见的 PPCPs 见表 1.6。

表 1.6　常见的 PPCPs

种类	中文名	英文名	结构
有机紫外线滤光剂	2-羟基-4-甲氧基二苯甲酮	Oxybenzone	
抗菌剂和抗真菌剂	三氯生	Triclosan	
	三氯卡班	Triclocarban	
表面活性剂	壬基酚(烷基酚聚氧乙烯醚的代谢产物)	Nonylphenol	
芳香剂	佳乐麝香	Galaxolide	
防腐剂	对羟基苯甲酸甲酯	Methylparaben	

1.1.2.6　多环芳烃

多环芳烃(Polycyclic Aromatic Hydrocarbons，PAHs)是指分子中含有两个或两个以上苯环的碳氢化合物，包括萘、蒽、菲、芘、䓛等百余种化合物[65]。PAHs 广泛分布于环境中，其主要来源有天然来源和人为来源[66]，天然来源主要有生物合成作用、火山活动或爆发，以及森林火灾等。人为来源主要为煤、石油以及有机高分子化合物的不完全燃烧；焦化煤气、有机化工、石油工业、炼钢炼铁等工业所排放的废弃物；垃圾焚烧和填埋；食品烤、煎、炸等烹饪过程；汽车、飞机等排放的废气等。人为来源是环境中 PAHs 的主要来源。

大量研究表明，多环芳烃具有生殖毒性、抑制免疫功能，具有致癌、致畸、致突变效应。多种多环芳烃已经被证实可以导致皮肤、食道、胃、肝、肺等部位发生癌变[67]。生活在被污染的水环境中或食用 PAHs 浓度超标的水生生物会导致呕吐、腹泻、昏迷、神经失常等急性中毒症状，严重的甚至会危及生命[68]。1979 年美国环境保护署（EPA）公布了 129 种优先监测污染物，其中有 16 种多环芳烃[69]（见表 1.7）。苯并[a]芘（Benzoapyrene，BaP）是一种五环多环芳烃，主要存在于炭烤、熏烤或高温烹调食物，煤焦油煤、石油等燃烧产生的烟气，汽车尾气，焦化、炼油、沥青、塑料等工业污水中。BaP 不仅属于 EDCs，而且具有致癌、致畸、致突变性。䓛是一种四环多环芳烃，在 2017 年世界卫生组织国际癌症研究机构公布的致癌物清单中，䓛列在 2B 类致癌物清单中[70]。

表 1.7　16 种多环芳烃

中文名	英文名	缩写	分子结构
萘	Naphthalene	Nap	
苊烯	Acenaphthylene	AcPy	
苊	Acenaphthene	Acp	
芴	Fluorene	Flu	
菲	Phenanthrene	PA	
蒽	Anthracene	Pnt	
荧蒽	Fluoranthene	FL	
芘	Pyrene	Pyr	
苯并[a]蒽	Benzo[a]Anthracene	BaA	
䓛	Chrysene	CHR	

续表

中文名	英文名	缩写	分子结构
苯并[b]荧蒽	Benzo[b]Fluoranthene	BbF	
苯并[k]荧蒽	Benzo[k]Fluoranthene	BkF	
苯并[a]芘	Benzo[a]Pyrene	BaP	
茚苯[1,2,3-cd]芘	Indeno(1,2,3-cd)Pyrene	IND	
二苯并[a,h]蒽	Dibenzo[a,h]Anthracene	DBA	
苯并[g,h,i]苝	Benzo[g,h,i]Perylene	BghiP	

1.1.3 内分泌干扰物的来源

环境中存在着数以百计的天然的或人工合成的、已知的或疑似的 EDCs。特别是近十年来，发现并确定的具有内分泌干扰作用的化学物质数量快速增加。EDCs 通过地表水径流、大气沉降、土壤渗滤等方式广泛存在于大气、水体、土壤等生态环境中[71]，但由于不同的 EDCs 化学和物理性质不同，其分布和来源也不同。

（1）EDCs 通过焚烧医疗或城市垃圾产生的气体等途径进入大气环境[72]。例如焚烧垃圾产生的二噁英；汽车尾气排放、烹饪油烟释放或化石燃料燃烧产生的多环芳烃；旧的油漆和密封剂中的多氯联苯等。

（2）EDCs 通过城市污水、制药企业、工业废水、施用农药、垃圾填埋渗滤等借助水的淋溶作用进入水体环境[73]。例如服用避孕药的妇女排泄出的共轭炔雌醇，在污水处理过程中的微生物去甲基化而还原为原来的母体 EDCs 形式再进入水体；人类服用的镇痛药、消炎药、抗抑郁药、抗癫痫药、调节血脂药、抗生素、抗肿瘤药物和激素等药物会以代谢产物的形式经尿液和粪便排出体外进入污水处理系统；家庭用于清洁、沐浴等个人护理产品中的 EDCs 通过马桶或排水沟等进入水体环境；自来水加氯消毒产生的副产物（邻苯二甲酸酯类物质）进入水体。

（3）EDCs通过农田雨水径流等途径进入土壤环境[74]。例如施用农作物和其他农业用途的含有EDCs的农药，或含有内源激素、生长促进剂和药品的动物粪便，或腐烂的动物尸体中的激素及其微生物代谢物等被雨水冲刷进入地下水，即使经过污水处理，但仍有EDCs存在于污泥中，而这些污泥又会被使用到农田中；此外，还有电子垃圾中的多氯联苯等也会通过回收或再利用等途径而进入土壤环境。

（4）EDCs通过风和洋流长距离传输到偏远的地方[75]。某些稳定性较强的半挥发性EDCs（如多氯联苯、五溴联苯醚、硫丹等）可以通过大气传输至距离很远的地区。某些高持久性的水溶性EDCs（如全氟辛烷磺酸盐等）可以通过洋流被运送到偏远环境。某些EDCs具有持久性、广泛性、生物积累性和毒性，例如持久性有机污染物（POPs）。虽然很多POPs（如多氯联苯等）已经被世界大部分国家和地区禁用数十年，但仍可以在野生动物，甚至是较远距离的食物链顶端的动物体中（如海豹、猛禽、鳄鱼、人类）或脂肪含量高的组织与体液中（如母乳、蛋黄）被检出。

（5）EDCs食物链的生物放大效应[76]。例如接触含有药物活性成分或者含有添加剂的个人护理和清洁产品等人类排放污水的动物，这些EDCs在人类和野生动物体内会蓄积到较高的浓度，特别是在食物链顶端的更高等的生物体内。

1.1.4　人类对内分泌干扰物的暴露

人类EDCs暴露的主要途径有空气和颗粒的吸入、受污染的食物和水的摄入以及皮肤接触等[77]。

（1）通过食用食物和饮用水暴露[78]：食品和饮用水是非职业普通成年人群对EDCs暴露的主要途径，例如烧烤、烧焦肉类或烟熏食品中的多环芳烃（如苯并[a]芘）；鱼等海产品中的重金属（如镉和汞）；受污染的谷物和蔬菜中的农药残留（如滴滴涕）；加工食品中的食品添加剂（如叔丁基羟基茴香醚）；食品包装的塑化剂（如邻苯二甲酸酯类）；饮用被制药等行业污染的地表水或地下水等。

（2）通过服用药物暴露[79]：服用含有人工合成雌激素（如避孕药）、血脂调节剂、抗抑郁药或抗生素等药品或其他激素疗法等通过摄入暴露。

（3）通过使用个人护理用品暴露[80]：使用化妆品、牙膏、香皂、洗发水、护发素、家用清洁剂等含有香料（如佳乐麝香）、溶剂（如环甲基硅氧烷）、防腐剂(如苯甲酸酯)、增塑剂(如邻苯二甲酸酯类)、抗菌剂(如三氯生)、化学稳定剂(如酞酸盐)和重金属(如铅、砷、汞)等通过皮肤吸收暴露。

(4)通过家庭、学校和工作等环境暴露[81]：成年人通过吸入被污染的灰尘和颗粒物暴露于 EDCs，例如家庭、学校和工作环境中的产品和室内材料(电子和电气产品、家具、纺织品、服装、吸尘器、建材、涂料、纸、香精、防腐剂、溶剂、重金属等)中 EDCs 的释放；儿童通过手口活动摄入受重金属污染的灰尘或玩具等通过吸入暴露。

(5)通过呼吸空气暴露[82]：通过吸入香烟烟雾、化石燃料和农村地区的木材燃烧烟雾、城市地区做饭和取暖的煤炭和生物质的燃烧等烟雾暴露。

(6)通过接触包装、材料和货品暴露[83]：接触含有双酚 A 的食品容器或收据等纸产品、食品包装材料等暴露。

(7)人体或者动物体通过粪便或者尿液排出体内的激素，这些激素进入环境后在环境介质中迁移和转化，最终又作为 EDCs 进入生物体内[84]。

(8)EDCs 具有亲脂性，可以通过食物链富集于人和动物的脂肪和乳汁中，再由胎盘传递给胎儿或由母乳传递给婴儿[85]。

(9)职业暴露[86]：施用农药或农作物收获或加工时农民通过呼吸吸入和皮肤吸收暴露。

此外，有些在环境中较为稳定存在的 EDCs 可以通过胎盘或乳汁分别转运到发育中的胎儿和新生儿体内[87]。而在环境中不稳定的 EDCs，虽然不会在人类和野生动物体内停留很长时间并蓄积，例如双酚 A 的半衰期为 $4\sim8h$[88]，但由于它们会被不断地排放到环境中，使得人类和野生动物持续地接触，因此也会在生物体内持久存在。

1.1.5　内分泌干扰物对人体的危害

EDCs 可以通过生活污水和工业污水排放、垃圾的处置焚烧或回收、农药施用、农田雨水径流、畜牧养殖、农业化学药品、风和洋流长距离传输等途径进入水、土壤和大气环境中，在全球的土壤和沉积物中均已检测到 EDCs，环境中的 EDCs 几乎无处不在。由于大多数的 EDCs 具有脂溶性、疏水性、易挥发、难降解等特点，给生态环境造成了巨大的威胁。EDCs 能改变内分泌系统的功能，干扰激素作用，对人类的生殖、发育、行为、智力、免疫等功能具有负面影响，与癌症、肥胖、糖尿病等慢性疾病的发病密切相关。此外，由于人体内分泌系统的复杂性，EDCs 的潜在影响可能是巨大的。

(1)危害雌性生殖健康[89]：诱发女性生殖系统异常，如性早熟和乳房发育、月经失调、卵巢功能早衰和不良的妊娠；损害生育能力或受孕能力，引发子宫内膜炎症、子宫肌瘤和子宫内膜异位症、不孕症、多囊卵巢综合征；影响生殖力和生育力等。

（2）危害雄性生殖健康[90]：导致男性精液质量降低、精子异常、不育、尿道下裂、隐睾症、睾丸生殖细胞肿瘤等。

（3）影响生殖与发育[91]：男婴出生率下降，男子女性化程度加剧，婴儿先天畸形、发育不全、儿童神经发育紊乱、认知和行为障碍等。

（4）诱发甲状腺相关的疾病[92]：直接干扰甲状腺激素发挥作用，引起自身免疫性甲状腺疾病等。

（5）诱发肾上腺疾病[93]：影响胎儿肾上腺皮质的发育和功能以及诱导对应激反应的延迟效应等。

（6）诱发呼吸道疾病[94]：引起过敏、哮喘等呼吸道疾病。

（7）诱发骨骼疾病：骨密度减小和骨折发生率高、骨质疏松等。

（8）诱发神经系统疾病[95]：神经系统功能障碍、神经行为障碍、智力低下、精神痴呆、注意力分散、学习能力下降、多动症等。

（9）诱发免疫功能障碍疾病[96]：与全身性感染炎症、免疫紊乱、免疫功能障碍和免疫系统癌症（如淋巴瘤和白血病）有关。

（10）影响代谢障碍[97]：破坏内分泌系统中控制体重增加（脂肪组织、脑、骨骼肌、肝脏、胰腺和胃肠道）的许多组件，与肥胖、糖尿病和代谢综合征等有关。

（11）诱发内分泌相关的癌症[98]：与乳腺癌、子宫内膜癌、卵巢癌、前列腺癌、睾丸癌和甲状腺癌等的发病率有关。

不同的EDCs对不同生物种类的影响不一样，例如EDCs对胚胎、胎儿和新生儿的影响不同于成人；EDCs效应有时不是直接体现在受污染的一代人身上，而是表现在下一代身上；尽管EDCs污染发生在胚胎发育期，但可能到成年后才会表现出明显效应[99]。

1.2 蛋白质的结构与功能

1.2.1 蛋白质的结构

蛋白质是细胞组分中含量最丰富、功能最多的生物大分子[100]，它存在于所有生物的细胞中，并参与大部分的生命活动过程，在生物体生长过程中起着十分重要的作用。蛋白质是生命活动最基本的物质基础，同时也是构成机体的重要物质，不同蛋白质具有不同的生理功能，主要有调节生理功能，充当药物分子、维生素、矿物质与微量元素的载体，提供生物体所需能量的生理功能等[101]。

蛋白质分子具有四级结构：一级结构、二级结构、三级结构和四级结构，其中二级结构、三级结构和四级结构统称为高级结构（或空间构象），是蛋白质特有功能的结构基础[102]。

1.2.1.1　一级结构

蛋白质的一级结构是指蛋白质分子中氨基酸的排列顺序，该结构中氨基酸通过肽键连接，由氨基酸残基首尾相连而成的共价多肽链结构，不涉及其空间排列。一级结构是蛋白质空间构象和功能的基础，每种蛋白质都有唯一且确定的氨基酸序列。胰岛素的一级结构如图 1.1 所示。

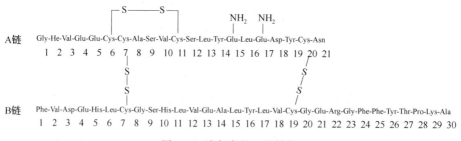

图 1.1　胰岛素的一级结构

1.2.1.2　二级结构

二级结构是指蛋白质分子中多肽链的局部空间结构，蛋白质分子具有一条或数条多肽链，多肽链中的所有原子，由于主链骨架上单键的旋转而产生不同的空间排列，形成多肽链的不同构象，即肽链主链骨架原子 N、C_α、C_o 的相对空间位置，蛋白质分子的构象不涉及氨基酸侧链的构象及整个肽链的空间排布（见图 1.2）。

主链上的 C_α—N 和 C_o—N 键，由于受到侧链基团及氢原子和氧原子空间障碍的限制，不能完全自由旋转，因此多肽链主链骨架中各个肽段形成了规则或不规则的构象，常见的二级结构有：α-螺旋、β-折叠、β-转角和无规则卷曲等几种形式。

（1）α-螺旋。α-螺旋（如图 1.3 所示）是多肽链主链沿中心轴螺旋式上升的右手螺旋构象，氨基酸侧链伸向螺旋外侧。α-螺旋中每个肽键的酰胺氢和羧基氧形成链内氢键以稳固 α-螺旋结构。在蛋白质表面的 α-螺旋中，由疏水性氨基酸残基组成的肽段和由亲水氨基酸残基组成的肽段交替出现，因此能够在极性或非极性环境中存在。

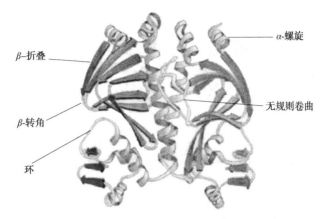

图 1.2　蛋白质的二级结构

（2）β-折叠。β-折叠（如图 1.4 所示）是多肽链的局部肽段以肽键平面为单位折叠成锯齿状结构，氨基酸残基侧链交替位于锯齿状结构的上方和下方。β-折叠由肽链间的肽键羰基氧和酰胺氢形成氢键以稳定 β-折叠结构。

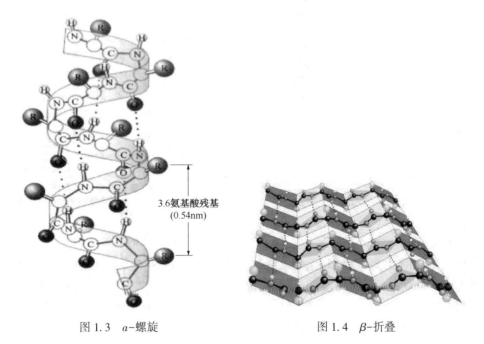

3.6氨基酸残基
(0.54nm)

图 1.3　a-螺旋　　　　　　　　　图 1.4　β-折叠

（3）β-转角。β-转角（如图 1.5 所示）是指肽键在 180° 回折的折角上形成的构象。转角中肽链走向的多次逆转使得球状蛋白质呈紧密球形，通常由四个氨基酸残基组成，弯曲处的第一个氨基酸残基的—C＝O 和第四个残基的—N—H 形

17

成氢键以稳定 β-转角结构。

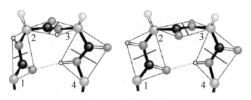

图 1.5 蛋白质的两种 β-转角结构

（4）无规则卷曲。无规则卷曲是指蛋白质肽链中没有确定规律的主链构象，可以通过主链间氢键而维持其构象，仍然是紧密有序的稳定结构，这些区域参与二级结构的连接或肽链折叠方向的改变。

1.2.1.3 超二级结构和结构域

超二级结构是指若干相邻的二级结构单元按照一定规律组合在一起，相互作用形成的更高一级有规律的结构，其空间结构介于蛋白质二级结构和三级结构之间。常见的几种超二级结构如图 1.6 所示[103]。

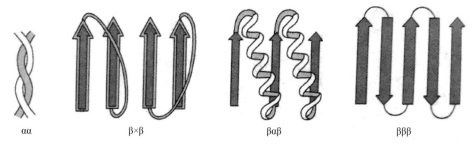

αα   β×β   βαβ   βββ

图 1.6 蛋白质的几种超二级结构

多个超二级结构结合形成结构域，结构域是在一个蛋白质分子内的相对独立的球状结构或功能模块，是蛋白质的生物功能的基本单位，与蛋白质的功能直接相关。

1.2.1.4 三级结构

三级结构是在二级结构或超二级结构基础上，多肽链进一步盘绕、折叠或卷曲形成的球状的完整三维空间结构。三级结构是整条肽链中全部氨基酸残基的折叠情况，包括肽链一切原子在三维空间的位置，疏水侧链埋藏在分子内部，亲水侧链暴露在分子表面。维系三级结构稳定的化学键主要是次级键，包括氢键、疏水键、离子键、范德华力和金属配位键[104]。

1.2.1.5 四级结构

四级结构是指由若干条具有一级、二级、三级结构的多肽链靠非共价键结合起来的结构形式，各亚基的种类、数目、在蛋白质中的空间排布以及亚基之间的相互作用关系，称为蛋白质的四级结构。

1.2.2　血清白蛋白的功能

生物体内的蛋白质有很多种类，血清白蛋白（Serum Albumin）是脊椎动物血浆中含量最丰富的蛋白质，含量约为 $0.04g \cdot mL^{-1}$，占血浆总蛋白质的 60%。血清白蛋白也是生物体内具有重要生理功能的大分子，可以与许多内源性物质（例如脂肪酸、胆红素、激素、维生素等）和外源性物质（药物、染料、表面活性剂、金属离子、配合物、量子点等）结合，起着重要的储存和运输作用[105]。血清白蛋白具有相对分子质量小、水溶性好、稳定性高、易提纯等优点，是研究小分子与蛋白质相互作用的最常用的模型蛋白[106]。

血清白蛋白具有维持血液胶体渗透压、清除自由基、抑制血小板聚集、抗凝血以及影响动脉血管的渗透性等生理功能[107]。

（1）结合与运输功能。血清白蛋白分子在血液循环中可作为许多内源性物质和外源性物质的转运蛋白，血清白蛋白与配体小分子的结合可以增加配体小分子在血浆中的溶解度，也影响配体小分子的代谢。

（2）维持血液胶体渗透压。正常人血浆渗透压约为 10^5Pa，血浆中蛋白质浓度大于组织液，具有较高的渗透压，血浆的有效渗透压约为 $2000Pa$。在正常人体微循环中，血浆与组织液不断地交换液体。

（3）清除自由基。血清白蛋白中存在自由的半胱氨酸残基，是血管内还原性巯基的主要来源，可以清除活性氧和氮，因此血清白蛋白具有较好的抗氧化能力。

（4）抗凝血。血清白蛋白具有肝磷脂样的活性，肝磷脂具有带负电荷的硫酸基团，能与抗凝血酶的正电基团结合，因此具有抗凝血作用。

（5）维持血液酸碱平衡。血清白蛋白带有大量的负电荷，可以维持血液酸碱平衡，是血浆中有效的缓冲液。

1.2.2.1　人血清白蛋白

人血清白蛋白（Human Serum Albumin，HSA）是由 585 个氨基酸残基组成的单肽链蛋白质，相对分子质量约为 66kDa。HSA 含有 35 个半胱氨酸残基，18 个酪氨酸残基，1 个色氨酸残基，N 端为天冬氨酸残基，C 端为亮氨酸残基。HSA 有 3 个结构相似的 α-螺旋结构域，从 N 端开始依次为结构域Ⅰ（1~195）、结构域Ⅱ（196~383）、结构域Ⅲ（384~585），这些结构域主要由 α-螺旋结构反向平行形成。每个结构域由两个槽口相对的疏水性空腔，即亚结构域 A 和亚结构域 B 组成，几乎所有疏水性氨基酸都包埋在圆筒腔内部（见图 1.7）。

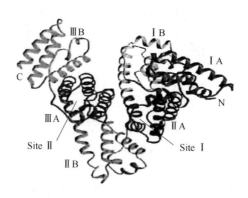

图 1.7　人血清白蛋白的分子结构

1.2.2.2　牛血清白蛋白

牛血清白蛋白(Bovine Serum Albumin, BSA)是牛血清中的一种白蛋白，由 583 个氨基酸残基组成，相对分子质量约为 66kDa，等电点为 4.7。BSA 含有 40 个酸性氨基酸谷氨酸，59 个天冬氨酸，59 个碱性氨基酸赖氨酸，23 个精氨酸，其中 35 个半胱氨酸组成 17 个二硫键，在肽链的第 34 位有一个自由巯基(见图 1.8)。BSA 能够与亲水表面、疏水表面，以及活化的共价结合表面，如活化羧基、氨基、环氧基、甲苯磺酰基等结合，牛血清白蛋白在生化实验中有广泛的应用。

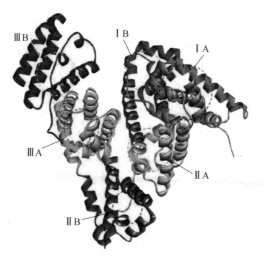

图 1.8　牛血清白蛋白的分子结构

BSA 与 HSA 的结构和生理功能非常相似，差别是 HSA 分子在ⅡA 亚域第 214 位只有 1 个色氨酸残基，而 BSA 分子有 2 个色氨酸残基(Trp134 和 Trp212)，分别位于靠近 BSA 分子表面的ⅠB 亚域(Trp134)，以及位于 BSA 分子内部的ⅡA 亚域(Trp212)[108]。

1.3 内分泌干扰物与蛋白质相互作用的研究进展

国外对于 EDCs 与生物大分子结合的研究相对较早。虽然近年来，国内外对 EDCs 与蛋白质相互作用的研究取得了一定的成果，但由于 EDCs 种类众多，可参考的数据仍然不足，仍需要更多更全面的研究数据，为阐明 EDCs 的干扰机制提供更有效的参考依据。

1.3.1 双酚 A 及其类似物与蛋白质相互作用的研究进展

1.3.1.1 双酚 A 及其类似物与血清白蛋白的相互作用

多篇论文研究了 BPA 与 HSA 的相互作用机制，但结果有所不同。Xie 等计算 BPA 与 HSA 的结合常数为 $2.45 \times 10^3 L \cdot mol^{-1}$，平均结合距离为 1.82nm。BPA 通过疏水作用自发结合在 HSA 子结构域 ⅡA 疏水性空腔。Zhang 等的研究结果显示，BPA 与 HSA 结合常数为 $4.25 \times 10^4 L \cdot mol^{-1}$，结合距离为 2.036nm，BPA 通过范德华力和氢键与 HSA 结合。二者都认为 BPA 诱导 HSA 的结构发生变化。

有学者对比研究了 BPA 及其类似物与 HSA 的不同作用机制。Mathew 等对比研究发现 BPS 和 BPA 均能与 HSA 高亲和力结合，但二者对 BAS 的荧光淬灭途径不同。当 BPS 浓度较低时，HSA 的蛋白质结构基本没有变化，但当 BPS 浓度为 $10^{-5} mol \cdot L^{-1}$ 时，诱导 HSA 的 α-螺旋完全扭曲。Grumetto 等对比研究了 BPA 以及 BPB、BPS、BPF、BPE、BPAF、BPM 与 HSA 之间的相互作用，显示 BPs 和 HSA 间的作用是亲脂性驱动，BPAF 和 BPM 的高亲脂性导致与 HSA 的结合比 BPA 更强，因此增加了 BPAF 和 BPM 生物积累的可能性。

也有学者从不同角度研究了 BPB 等双酚 A 类似物与 SA 的结合过程。Yang 等研究了 BPB/BPE 与 HSA 的结合位点，BPB 和 BPE 具有相似的结合方式和取向，酚环在空间上靠近 HSA 的结合位点 Ⅱ。Ikhlas 等[41] 研究认为 BPB/BPF 与 BSA 的相互作用方式和 BPA 相似，都是动态淬灭，相同的疏水作用，结合常数在 $10^3 \sim 10^4 L \cdot mol^{-1}$ 范围内，都对 BSA 具有明显的变性作用，不同的是 BPB 与 BSA 的结合更强，引起的 BSA 构象变化也更多。Luo 等认为四溴双酚 A（TBBPA）、四氯双酚 A（TCBPA）、BPA、BPS 和 BPAF 五种 BPs 中，TBBPA 与 SA 的结合能力最强，其次是 TBBPA 和 BPS，双酚酚醛环上的卤代取代基可以增强其与 SA 的结合能力。Yang 等发现 BPAF 通过氢键和范德华力自发结合在 HSA 的 ⅡA 亚域的疏水性空腔，对 HSA 有明显的变性作用。Pan 等发现 BPF 通过氢键和范德华作用自发结合在 HSA 的 ⅡA 亚域，并且明显改变了 HSA 的构象。Wu 等研究了双酚 A3、4-醌（BPAQ）能改变 HSA 的二级结构，干扰 HSA 芳香族氨基酸残基的微环境（见表 1.8）。

表1.8 双酚A及其类似物与血清白蛋白相互作用的研究结果

BPs	SA	淬灭类型	结合常数 K/($L \cdot mol^{-1}$)	作用力	氨基酸残基			文献
					氢键	疏水作用	静电作用	
BPA	HSA	动态淬灭	2.45×10^3	疏水、氢键	Arg222, Lys195	—	—	[36]
	HSA	静态淬灭	4.25×10^4	氢键、范德华力	—	—	—	[37]
	BSA	动态淬灭	1.12×10^4	疏水、氢键	Asp323 Ala209	Arg208, Gly327, Lys350, Glu353, Val481, Ala(212, 345), Leu(326, 330, 346)	—	[41]
	BSA	动态淬灭	1.18×10^3	疏水	—	Phe205, Lys350, Val481, Ala(209, 212, 349)	—	[46]
	BSA	静态淬灭	—	疏水	—	F211, W214, F395, F206, F403, F488, Y192, Y411	—	[48]
	BSA	动态淬灭	6.40×10^3	疏水	His145	Leu115, Glu140, Lys(114, 136), Arg(144, 185), Tyr(160, 137), Ile(181, 141)	—	[41]
BPB	HSA	—	2.80×10^4	静电、氢键、疏水	Thr422	Tyr411, Lys414, Phe488, Val(415, 426), Leu(423, 460, 491)	—	[40]
BPC	BSA	动态淬灭	7.24×10^3	疏水	—	Lue386, Tyr410	Arg409	[46]
	BSA	静态淬灭	1.16×10^4	疏水、氢键	Asn390	Leu386	—	[46]
BPE	HSA	—	7.79×10^4	静电、氢键、疏水	Ser427 Lys414 Phe488	Tyr411, Lys414, Val(415, 426), Leu(423, 460, 491)	—	[40]

续表

BPs	SA	淬灭类型	结合常数 K/($L\cdot mol^{-1}$)	作用力	氨基酸残基 氢键	氨基酸残基 疏水作用	氨基酸残基 静电作用	文献
BPF	BSA	动态淬灭	9.58×10^3	疏水、氢键	Asp323 Leu346	Glu353, Arg208, Gly327, Ala(212, 349), Leu(326, 330), Lys(350, 211)	—	[41]
BPF	HSA	静态淬灭	1.42×10^4	氢键、范德华力	—	—	—	[44]
BPAF	HSA	—	1.86×10^4	疏水、静电	—	A213, V216, F228, V235, V325, G328, M329	D324, E208, E209, K212	[36]
BPAF	HSA	静态淬灭	1.96×10^4	范德华力	—	—	—	[43]
BPS	HSA	静态淬灭	7.91×10^5	—	—	—	—	
BPS	HSA	动态淬灭	2.54×10^2	—	—	—	—	[38]
BPS	BSA	静态淬灭	1.17×10^6	—	—	—	—	
BPS	BSA	动态淬灭	0.84×10^2	—	—	—	—	
BPS	HSA	静态淬灭	4.36×10^4	氢键、静电	Lys136, Tyr137	Ile(141, 181), Leu115, Pro117	—	[42]
BPS	BSA	静态淬灭	5.07×10^4	氢键、疏水	—	—	—	[49]
BPAP	BSA	静态淬灭	1.52×10^4	疏水、静电	—	Glu152, Thr190, Ala290	Arg217, Arg194	[46]
BPP	BSA	动态淬灭	5.04×10^2	疏水、静电	—	Tyr149, Glu152, Ala290	Arg194, Arg198	[46]
BPM	BSA	动态淬灭	1.10×10^4	疏水、氢键	His241	Glu291, Ala290, Thr190, Glu152	Arg198	[46]
BPZ	BSA	静态淬灭	1.51×10^2	疏水、氢键	Leu481	Ala290, Tyr149	Arg194	[46]
TBBPA	HSA	静态淬灭	5.92×10^5	氢键、静电	—	—	—	[42]
TCBPA	HSA	静态淬灭	5.84×10^5	氢键、静电	—	—	—	[42]
BPAQ	HSA	静态淬灭	—	—	Arg222	—	—	[45]

双酚 A 的类似物种类较多，其结构相似，但对 SA 结构的影响略有不同。笔者等研究了七种 BPs（BPA、BPB、BPC、BPP、BPM、BPZ、BPAP）的结构与 BSA 构象变化之间的构效关系（见图 1.9）。BPAP、BPC 和 BPZ 与 BSA 具有中等强度的结合亲和力，BPAP、BPC、BPZ 和 BPB 与 BSA 的结合亲和力大于 BPA 与 BSA 的结合亲和力。由于 BPs 具有相同的骨架结构，七种 BPs 与 BSA 的相互作用在结合力、自发结合反应、结合位点数目、诱导 BSA 构象变化等方面相似。然而，由于 BPs 的结构差异在一定程度上影响了它们与 BSA 的结合。结合度和分子结构是影响结合过程和 BSA 构象变化的主要原因。

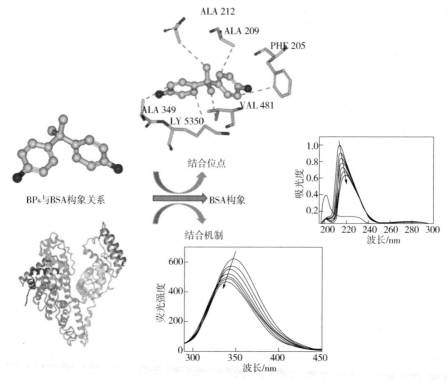

图 1.9　BPs 与 BSA 结合

1.3.1.2　双酚及其类似物与其他蛋白质的相互作用

蛋白质结构复杂，其性质取决于结构，而结构受外界因素的影响较大，结构的变化可能会导致其功能和性质发生极大改变[55]。由 BPs 与多种蛋白质的作用结果可见（见表 1.9），BPs 与不同种类蛋白质的作用机制相似，均有 BPs–蛋白质复合物的形成（静态淬灭），结合亲和力都比较大（结合常数约为 $10^5 L \cdot mol^{-1}$），氢键和疏水作用力在其结合中起到主要作用，且与 BPs 作用的氨基酸残基也比较相似。

表 1.9 双酚 A 及其类似物与蛋白质相互作用的研究结果

BPs	蛋白	淬灭类型	结合常数 K/ (L·mol^{-1})	作用力	氨基酸残基		文献
					氢键	疏水作用	
BPA	Hb	静态淬灭	1.49×10^5	氢键	Asp99，Thr38，Asn139	—	[57]
	TTR	—	3.10×10^5	—	—	—	[60]
	TBG	—	5.90×10^5	—	—	—	
BPB	Hb	静态淬灭	—	氢键，疏水	Trp37，Arg40，Thr(38，41)	Val98，Trp37，Phe41	[58]
	GPER	—	—	氢键	Cys207	—	[61]
BPF	Hb	静态淬灭	—	氢键，疏水	Trp37，Thr41，Arg40	Val98，Trp37，Phe41	[58]
BPS	Hb	静态淬灭	7.28×10^3	氢键，疏水	Trp37，Asp99，Asn102，Thr(38，41)	Val98，Trp37，Phe41	
BPAF	GPER	—	—	氢键	Gln138	—	[61]

血红蛋白(Hb)是一种含铁的氧转运蛋白，是红细胞中最丰富的蛋白[56]。经 Fang 等研究表明，BPA 通过氢键结合在 BHb 中心腔内，导致 Hb 的二级结构发生改变，并可能影响 Hb 的生理功能。Zhang 等认为 BPF 将 Hb 内部氨基酸暴露在疏水环境中，而 BPS 对 Hb 特征荧光具有明显的淬灭作用。BPB 可以作为 BPA 的替代品，但应将 BPS 和 BPF 的浓度控制在 $10\mu mol \cdot L^{-1}$ 以下。

甲状腺激素的运输和信号传导是 BPs 内分泌干扰活性的潜在靶点。甲状腺结合球蛋白(TBG)是血液中甲状腺素(T4)和三碘甲状腺原氨酸(T3)的主要载体蛋白。甲状腺激素通过甲状腺激素受体(TRα 和 TRβ)发挥作用。Beg 等研究了 BPB、BPE、BPF、BPP、BPS、BPZ、BPAF、BPAP 和四甲基双酚 A 共 9 种 BPs 与 TBG 残基(77%~100%)和 TRα 残基(70%~91%)的作用机制，与其和天然配体 T4、T3 残基相同。大多数 BPs 与 TBG 通过 Lys270 形成盐桥。BPP、BPB、BPZ、BPAP 和 TMBPA 与两种蛋白质的结合能更接近天然配体的结合能。从结合亲和力来看，BPP、BPB、BPZ、BPAP 和 TMBPA 可能具有更大的破坏甲状腺的潜力。Cao 等研究了 BPA、T4 和 T3 与三种甲状腺激素转运蛋白、HSA、转甲状腺素蛋白(TTR)和 TBG 的结合作用。BPA 与蛋白质的结合亲和力低于 T3 和 T4。推测人血浆中常见的 BPA 浓度可能不足以影响 T4 的转运。

有学者利用计算机技术，通过分子模拟从微观上预测 BPs 在蛋白质上的结合机制。Cao 等由分子对接模拟结果推测，BPs 进入 G 蛋白偶联雌激素受体(GPER)空腔，对 GPER 具有激动活性。BPAF 和 BPB 在纳摩尔浓度下可以发挥比 BPA 更高的雌激素作用。Engdahl 等也预测 BPA 显著抑制了血脑屏障中重要的外排转运蛋白——乳腺癌抵抗蛋白(BCRP)的转运功能，而且 BPA 可能通过与转运体的直接相互作用在体外抑制了 BCRP 的功能。

1.3.2 合成雌激素与蛋白质相互作用的研究进展

人工合成雌激素主要是指与雌二醇结构相似的类固醇衍生物以及结构简单的同型物(非甾体雌激素)，例如己烯雌酚(DES)、己烷雌酚(Hexestrol)、炔雌醇(Ethinyl Estradiol)、炔雌醚(Quinestrol)等常被用作口服避孕药和促进家畜生长的同化激素药物。

Tanveer 等[115]研究了尼拉替尼和三苯氧胺分别与 BSA 和 HSA 的相互作用。BSA 和 HSA 的亚结构域ⅡA 均与三苯氧胺和尼拉替尼结合，尼拉替尼不影响 SA 与他莫昔芬的相互作用，而尼拉替尼与水杨酸之间的相互作用受三苯氧胺的影响。三苯氧胺能从血清白蛋白复合物中清除尼拉替尼，而尼拉替尼不影响 SA 与三苯氧胺的相互作用。Sun 等[116]采用荧光光谱法和紫外光谱法研究了模拟生理条件下，己烯雌酚(DES)与牛血清白蛋白(BSA)的相互作用以及硒、镉对 DES 与

BSA 相互作用的影响。结果表明，DES 对 BSA 内源性荧光的淬灭机理为静态淬灭，二者之间的作用力主要为氢键和范德华力，DES 主要结合在 BSA 亚结构域 ⅢA。Cd(Ⅱ)存在时，DES 与 BSA 的相互作用减小。武玉杰[117]采用多种光谱法研究了模拟生理条件下炔诺酮(NET)与 BSA 的相互作用，以及硒、镉离子对 NET 与 BSA 作用的影响。结果表明，NET 与 BSA 形成复合物导致 BSA 的内源性荧光被淬灭，二者结合中主要作用力为范德华力和氢键，NET 主要结合在 BSA 的亚结构域ⅡA(Site Ⅰ)。硒、镉离子存在时，NET 诱导 BSA 构象变化。张兴梅[118]采用荧光光谱法和平衡透析法研究了二苯乙烯类激素(己烷雌酚、己烯雌酚、双烯雌酚)与 BSA 的结合作用。结果表明，己烷雌酚和己烯雌酚对 BSA 均为单一的静态淬灭，而双烯雌酚对 BSA 为静态淬灭为主、动态淬灭为辅的过程。三种二苯乙烯类激素在 BSA 上均存在 1 个结合位点，说明二苯乙烯类激素进入生物体后，可与血清白蛋白结合。Poor 等[119]采用光谱法、超滤法和分子模拟技术研究了植物性雌激素玉米赤霉烯酮(ZEN)与 HSA 的相互作用机制。结果表明，ZEN 与 HSA 形成了结合力较强的复合物，根据位点标记的调查结果以及对接研究，ZEN 在 HSA 上占有一个非常规的结合位点。Faisal 等采用荧光光谱法、亲和色谱法、热力学研究和分子对接技术研究了玉米赤霉烯酮(ZEN)及其代谢产物 α-ZEL 和β-ZEL与人血清白蛋白(HSA)、牛血清白蛋白(BSA)、猪血清白蛋白(PSA)、大鼠血清白蛋白(RSA)的相互作用机制。结果表明，ZEN 与蛋白质的结合亲和力强于 α-ZEL 和β-ZEL。β-ZEL 与白蛋白的结合位点与 ZEN 和α-ZEL 不同。三种霉菌毒素-白蛋白复合物的结合常数随菌种的不同而存在显著差异。从热力学角度看，ZEN-HSA 与 ZEN-RSA 复合物的形成相似，而 ZEN-BSA 与 ZEN-PSA 复合物的形成有明显的不同。Zahra 等采用荧光偏振光谱法、圆二色光谱法和高效液相色谱法(HPLC)研究了环磷酰胺(Cyc)和雌二醇(ES)与 HSA 之间的相互作用。结果表明 ES 与 HSA 的亲和力更高。药物与蛋白质结合，并且 ES 的存在影响 Cyc 与蛋白质之间的相互作用和耐药性。

1.3.3　邻苯二甲酸酯类塑化剂与蛋白质相互作用的研究进展

邻苯二甲酸酯类化合物(PAEs)是一种常用的塑化剂，添加到商品中可以保持商品的颜色或香味；作为塑料薄膜的添加剂，可以增加其光泽和柔韧性[122]。PAEs 被广泛应用于个人护理产品(如香水、乳液、化妆品)、油漆、工业塑料以及医疗器械和药品中。由于在塑料等产品中的大量使用，使得 PAEs 成为环境中普遍存在的 EDCs，不仅危及生态环境，而且影响生物体的个体发育和机体功能，因此研究模拟生理条件下 PAEs 类塑化剂与蛋白质的相互作用机制，对于了解 PAEs 在血液运输过程中对蛋白质功能的影响具有一定的参考意义。

Wang 等[123]研究了饮料中非法使用的塑化剂邻苯二甲酸二丁酯（DBP）与 BSA 之间的相互作用。阐明了 DBP 与 BSA 作用的荧光淬灭机理、粒径分布和 zeta 电位变化、构象变化、位点标记竞争荧光淬灭。Zhang 等[124]采用三维荧光光谱法、紫外-可见吸收光谱法和圆二色光谱法，探讨了增塑剂邻苯二甲酸二（2-乙基己基）酯（DEHP）与 BSA 的结合机制。结果表明，DEHP 对 BSA 的荧光淬灭是由基态 DEHP-BSA 复合物的形成而引起的静态淬灭。DEHP 主要结合在 BSA 分子ⅡA域中 Site Ⅰ上，BSA 与 DEHP 之间的距离 r 为 2.95nm。当 DEHP 浓度较高时，BSA 的二级结构发生了变化，这意味着血浆中 DEHP 浓度较高可能具有毒性。王亚萍等[125]采用多种光谱法以及分子模拟技术，测定了塑化剂邻苯二甲酸二正辛酯（DNOP）与 HSA 的相互作用模式。结果表明，HSA 与 DNOP 形成了复合物，结合反应主要由疏水作用和氢键驱动，DNOP 主要结合在 HSA 亚结构域ⅡA 的 Site Ⅰ位，DNOP 与 HSA 的结合导致了 HSA 二级结构发生变化，降低了 HSA 中 α-螺旋的含量，并诱导 HSA 的多肽链发生部分伸展。谢晓芸采用光谱法和分子对接技术研究了邻苯二甲酸二甲酯（DMP）、邻苯二甲酸丁基苄酯（BBP）和邻苯二甲酸二（2-乙基己基）酯（DEHP）三种 PAEs 与 HSA 的相互作用。实验表明，DMP 与 HSA 的结合只有一类结合位点，而 BBP 和 DEHP 与 HSA 的结合具有两类结合位点。热力学分析显示这三种塑化剂与 HSA 的相互作用力均为疏水作用和氢键。这三种塑化剂均会对 HSA 的构象产生影响，即它们进入人体后，均能与人体内 HSA 发生相互作用。

1.3.4 药物和个人护理品与蛋白质相互作用的研究进展

药物和个人护理品（PPCPs）是与日常生活密切相关的一类新兴 EDCs。PPCPs 包括药品（如抗生素、消炎药等）和个人护理用品（如洗发水、染发剂、香水等）；按用途可以分为滤光剂、洗涤剂、抗菌剂、防腐剂等[127]。例如紫外线滤光剂广泛应用于防晒护理用品中，以保护人体免受紫外线的伤害，但通过皮肤的接触可以在人体血液中积蓄，导致人类健康风险[128]；烷基酚类化合物具有良好的润湿、乳化、渗透、增溶、洗涤等作用，广泛应用于个人护理用品中，但烷基酚类化合物被认为是内分泌干扰物[129]。虽然 PPCPs 种类较多，但直接与蛋白质作用的研究不多。

Clara 等采用等温滴定热法（ITC）和高效毛细管电泳法研究了药物萘普生、布洛芬和氟比洛芬与 BSA 和 HSA 的相互作用。Munkboel 等[131]采用体外测定法和计算机化学方法研究了药物拉莫三嗪（LAM）与类固醇 17α 羟化酶（CYP17A1）、芳香化酶（CYP19A1）和 21-羟化酶（CYP21A2）的相互作用。研究表明，LAM 能够直接与 CYP17A1 活性位点的血红素铁结合，但不能与 CYP21A2 的活性位点结合。Ao 等[132]采用荧光光谱法、圆二色光谱法、竞争性结合实验和分子对接技术研究了常用的四种紫外线滤光剂，包括 2-羟基-4-甲氧基苯甲酮（BP-3）、甲氧基肉桂酸（EHMC）、苄基樟脑（4-MBC）、乙基己基甲氧基二苯甲酰甲烷（BDM）与 BSA 的相互作用机制。结果表明，这些紫外线滤光剂通过静态淬灭机制淬灭了 BSA 的荧光。结合常数（K_b）的范围为（0.78 ± 0.02）$\times 10^3 \sim$（1.29 ± 0.01）$\times 10^5 \mathrm{L \cdot mol^{-1}}$。主要结合力为氢键和疏水作用。同步荧光光谱和圆二色光谱表明，有机紫外线滤光剂导致 BSA 的构象发生明显变化。竞争性结合实验和分子对接结果显示，有机紫外线滤光剂位于 BSA 的 Site Ⅱ（亚区ⅡA）。有机紫外线滤光剂可以扰乱 BSA 的 α-螺旋稳定。此研究为研究有机紫外线滤光剂在体内的运输、分布和毒性作用，以及为评估防晒产品中活性成分的健康风险提供了重要信息。Zhang 等[133]采用多种光谱法和分子对接技术研究了四种苯并苯甲酮类紫外线滤光剂（BP-1、BP-2、BP-3 和 BP-8）与 HSA 的相互作用机制。四种 BPs 通过静态淬灭方式淬灭 HSA 的内源荧光。竞争荧光实验和分子对接实验均表明，BPs 结合在 HSA 的 Site Ⅱ，结合常数在 $1.91 \times 10^4 \sim 12.96 \times 10^4 \mathrm{L \cdot mol^{-1}}$。BP-8 主要通过氢键和范德华力与 HSA 相互作用，BP-1、BP-2、BP-3 与 HSA 相互作用以疏水作用和静电力为主。圆二色光谱法和时间分辨荧光光谱表明，BP 引起了 HSA 的整体和局部结构变化，说明 BP 对 HSA 结构具有潜在毒性。BP-3 的两种降解产物与HSA 均具有较高的结合亲和性，对人体健康的不良影响更大。Xie 等[134]采用分子模拟、稳态和时间分辨荧光光谱法、紫外-可见吸收光谱法和圆二色光谱法等方法研究了烷基酚类化合物 4-叔辛基酚（OP）和 4-壬基酚（NP）对 HSA 的影响。由焓变和熵变可知，烷基酚通过疏水作用和氢键与 HSA 结合。HSA 与 NP 的结合常数远大于 HSA 与 OP 的结合常数，说明 NP 的碳链较长，与 HSA 的亲和度高于OP。紫外-可见吸收光谱法和圆二色光谱法表明烷基酚诱导蛋白质二级结构改变。时间分辨荧光光谱法表明，与烷基酚作用后，HSA 的 Trp 残基寿命下降，NP 碳链较长，对 Trp 平均寿命的影响大于 OP。

1.3.5 多环芳烃与蛋白质相互作用的研究进展

多环芳烃（Polycyclic Aromatic Hydrocarbons，PAHs）是环境中普遍存在的污染物。环境中的多环芳烃主要来自化石燃料燃烧、工业废物排放（如焦炉厂、水泥厂、焚烧厂、铝业）、移动污染源（如汽车和飞机尾气）和森林火灾[135]。由于多环芳烃在环境中的持久性和潜在毒性，16 种多环芳烃已被美国环境保护署和欧盟委员会确定为重点污染物，因此深入研究 PAHs 与蛋白质的直接相互作用，分析 PAHs 与 BSA 的结合特性，获得二者的结合常数、结合位点以及热力学参数和结合距离，探讨其对 BSA 构象的影响，对于了解 PAHs 的毒性机理具有一定的参考意义。

Zhang 等[136]采用激发-发射矩阵（EEM）-平行因子分析（PARAFAC）方法，结合荧光淬灭分析和分子对接法，研究了芘（Pyr）及其代谢产物 1-羟基芘（1-OHPyr）与 BSA 在二元和三元体系中的相互作用。结果表明，BSA 与 1-OHPyr 的结合能力强于 Pyr。在二元和三元体系中，Pyr 均位于 BSA 的 II A 和 III A 区域之间，而 1-OHPyr 位于 I B 区域。BSA-Pyr 配合物的形成作用力主要是范德华力，而对于 BSA-1-OHPyr 配合物的形成作用力主要是范德华力和氢键。Pyr 和 1-OHPyr 的共存加剧了 BSA 构象的变化，导致 Trp 残基周围微环境的疏水性显著降低。在三元体系中，1-OHPyr 对 BSA 构象的影响比 Pyr 更大。Skupinska 等[137]测定了十种多环芳烃（蒽及其八种衍生物：蒽醌、9-蒽甲醇、9-蒽甲醛、9-蒽甲酸、1,4-二羟蒽醌、1,5-二羟蒽醌、1,8-二羟蒽醌、2,6-二羟蒽醌及苯并[a]芘）与白蛋白的结合亲和力。蒽和蒽醌不能淬灭白蛋白的荧光，9-蒽甲酸的结合亲和力最高，9-蒽甲醇的结合亲和力最低；9-蒽甲醛和苯并[a]芘的结合亲和力常数相差不多，亲和力较低；其他四种二羟基蒽醌类化合物的常数相对较高但不相同。取代基的类型在 PAH-白蛋白复合物的形成中起着重要的作用，羧基比羰基和羟基的存在更能提高蒽分子的结合亲和力。Ling 等[138]通过稳态和时间分辨荧光技术、分子对接和分子动力学（MD）模拟，研究了芘与 HSA 之间的相互作用。根据 Förster 共振能量转移（FRET）理论，通过对芘存在时，色氨酸残基 Trp214 荧光强度的轻微淬灭，确定了蛋白质中的配体结合位点，推测芘与 Trp214 之间的 FRET 表观距离为 27Å。分子对接结果发现，芘的亲和力最高的位点在 I B 子域。利用 MD 模拟计算得到的配体平衡结构表明，配体与 Phe165、Phe127 的疏水作用以及与 Tyr138 和 Tyr161 的非极性基团的相互作用使配体在很大程度上得到稳定。HSA 作为血液中几种药物和配体的主要载体，除了已知的与大多数疏水性药物结合的亚域 II A 外，还具有与腔内疏水分子结合的能力。这种能力源于形成蛋白质结合位点的氨基酸的性质，这些氨基酸可以很容易地改变其形状以适应各种分子结构。Zhang 等[139]在模拟生理条件下（pH=7.40）利用荧光光谱法、紫外-可见吸收光谱法、圆二色光谱法、分子对接和分子动力学模拟方法，研究了典型的多环芳烃代谢产物 1-羟基芘（1-OHP）与运输蛋白 BSA 之间的相互作用。实验结果表明，1-OHP 对 BSA 的荧光淬灭是静态淬灭和动态淬灭共同作用的结果。热力学参数、分子对接和 MD 研究表明，1-OHP-BSA 配合物的主要作用力为范德华力。1-OHP 与 BSA 的结合距离为 2.88nm。时间分辨荧光光谱、紫外光谱、3D 荧光光谱和 CD 光谱实验表明，高浓度的 1-OHP 诱导 BSA 的构象转换，增加 BSA 的 α-螺旋含量，使 Trp 残基暴露于更亲水的微环境。分子对接研究显示 1-OHP 插入 BSA 的结合袋中。

1.3.6 其他内分泌干扰物与蛋白质相互作用的研究进展

Fang 等[140]利用荧光光谱法和分子动力学（MD）模拟方法确定了多氯联苯（PCB180）与 HSA 的结合模式。结果表明，PCB180 结合在 HSA 的 ⅢA 亚区，PCB180 会诱导 HSA 构象的变化，结合模式主要为疏水作用。实验结果为阐明 PCB180 与 HSA 结合的机制提供了参考依据，也有助于进一步研究多氯联苯进入人血清后的运输、分布和毒性作用。Równicka 等研究了三种五氯联苯 PCB 同源物（PCB118、PCB126、PCB153）与 HSA 复合物的结合常数、荧光淬灭常数、结合位点等结合参数。采用 Stern-Volmer 方法对 HSA 荧光淬灭进行了分析。在所有分析的复合物中，在 HSA 子域 ⅡA 中发现了 PCB 同源物的一个独立的结合位点。Tyr 残基对 PCB126 与 HSA 的结合作用最为显著，而 Trp214 在 PCB153 与 HSA 的相互作用中起主导作用。在所研究的 PCB 同源物中，PCB118 与 HSA 形成了最稳定的络合物。

Purcell 等[142]采用凝胶电泳、毛细管电泳、紫外-可见吸收光谱和傅里叶变换红外光谱等方法考察了除草剂阿特拉津和 2,4-D（二氯苯氧乙酸）与 HSA 的结合方式、结合常数以及蛋白质的二级结构。结果表明，除草剂的结合导致药物-HSA 复合物中 α-螺旋含量降低，β-折叠和 β-转角含量增加，即除草剂诱导蛋白质结构的部分展开。Huang 等[143]采用二维凝胶电泳方法研究了农药阿特拉津与人乳腺上皮（MCF-10A）细胞中的一组磷蛋白和总蛋白相互作用。结果表明，阿特拉津处理后宿主蛋白（ANP32）的表达依赖剂量和时间增加，并且主要位于细胞核中，说明阿特拉津可能对人体细胞有潜在毒性。

Xu 等[144]采用电化学免疫分析方法研究了杀虫剂毒死蜱和甲基对硫磷与 DNA 甲基转移酶（MTase）的相互作用，结果证实了毒死蜱和甲基对硫磷对 MTase 活性的抑制作用，为农药致癌机理提供了有用的信息。Feng 等[145]通过多种光谱学方法和计算机模拟法研究了杀虫剂百利普芬（PPF）与 BSA 的相互作用。结果表明 PPF 与 BSA 形成 1:1 复合物，二者具有中等强度的亲和力。PPF 以氢键、范德华力和疏水作用结合在 BSA 的 Site Ⅰ区域。PPF 导致 BSA 的 Trp 残基和 α-螺旋周围的亲水性降低，由计算机模拟可知与 PPF 结合后，BSA 的偶极矩、原子电荷分布、分子构象等显著改变。

Okumura 等[146]采用生物物理和功能分析方法研究了双酚 A（BPA）与从大鼠脑浆中分离出的蛋白质-二硫键异构酶（PDI）的相互作用，结果表明 BPA 明显抑制了 PDI 活性，BPA 减慢了 PDI 的再氧化并导致海拉细胞系（Hela Cells）中 PDI 的减少，对细胞内 PDI 的氧化还原稳态具有很大的影响。Hoda 等采用循环伏安法（CV）、电化学阻抗谱（EIS）和场发射扫描电子显微镜（FESEM）研究了双酚 A

（BPA）和 DNA 之间的相互作用。结果表明，双酚 A 与单链和双链 DNA 的相互作用是嵌入模式，电子转移数和电子转移系数分别为 2 和 0.68。Wang 等[148]采用示差脉冲伏安法（DPV）研究了双酚 AF（BPAF）与 HSA 之间的相互作用，结果表明，BPAF 与 HSA 形成了 1:1 超分子复合物，BPAF 的峰值电流线性下降。通过示差脉冲伏安法（DPV）获得的 BPAF 与 HSA 之间的结合常数与荧光分析一致。分子建模结果表明，BPAF 与 HSA 之间的相互作用是疏水和静电力协同作用。

Harada 等[150]采用 X 射线晶体学和质谱法研究了杀菌剂三苯基锡（TPT）和三丁基锡（TBT）与过氧化物酶体增殖物激活受体 γ（PPARγ）配体结合域（LBD）的相互作用，结果表明 TPT 的强活性主要通过 π-π 相互作用与 LBD 的螺旋相互作用而产生。

1.4 内分泌干扰物与蛋白质相互作用的研究方法

EDCs 与蛋白质的结合作用主要可以从二者的相互作用、结合机制、蛋白质构象的变化以及计算机模拟最佳结合方式等几个方面进行研究。

1.4.1 内分泌干扰物与蛋白质结合机制的研究

荧光光谱法是研究 EDCs 与蛋白质结合机制的最常用、最成熟的方法。利用荧光淬灭法可以判断 EDCs 与蛋白质之间是否发生相互作用，以及确定二者的结合作用力和结合位点等信息。

当物质分子吸收光后，会从基态被激发到激发态，处于激发态的分子很快发生振动松弛而衰变到第一激发态的最低振动能级，然后又经由内转化及振动松弛而衰变到基态的振动能级。分子内的激发和跃迁衰变过程如图 1.10 所示。这种由第一激发单重态所产生的的辐射跃迁而伴随的发光现象称为荧光。由于物质分子吸收光能后发射出荧光光谱，根据其光谱的特征及强度对物质进行定性和定量分析的方法称为分子荧光光谱法。

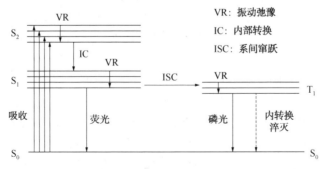

图 1.10 荧光光谱能级跃迁示意图

荧光光谱法不仅可以作为组分的定性检测和定量测定的手段，还可以作为一种表征技术，即通过检测某种荧光特性参数(如荧光的波长、强度、偏振和寿命等)的变化情况来表征研究体系的物理和化学性质及其变化情况。例如，可以利用荧光光谱法检测生物大分子在结构和构象上的变化[151]。许多化合物由于自身具有刚性的平面结构和较大的共轭体系，因而本身能发射荧光，这些化合物被称为荧光化合物。例如，蛋白质分子中含有的 Trp、Tyr 和 Phe 等残基具有内源荧光，通过检测蛋白质内源荧光特性参数，就可以研究蛋白质结构的变化。

1.4.1.1 荧光淬灭光谱法

广义的荧光淬灭是指任何可使荧光量子产率降低(或荧光强度减弱)的作用。本书中涉及的荧光淬灭是指荧光物质分子与淬灭剂之间相互作用，导致荧光物质荧光强度下降的物理或化学作用过程。荧光淬灭光谱法具有灵敏度高、简便快速、样品用量少等优点，是目前研究配体小分子与蛋白质相互作用的最广泛最成熟的方法。利用荧光淬灭光谱法可以判断小分子对蛋白质的荧光淬灭类型、结合常数和结合位点数、作用力类型、作用距离以及结合位点等。

(1) 荧光淬灭类型的确定。荧光淬灭过程主要有两种：一是动态淬灭，是指淬灭剂与荧光物质的激发态分子之间发生相互作用，以能量转移的机制或电荷转移的机制丧失激发能而返回基态，从而导致稳态荧光强度和荧光寿命的变化。动态淬灭的效率与荧光物质激发态分子的寿命和淬灭剂的浓度有关。二是静态淬灭，是指淬灭剂与荧光物质的基态分子之间的相互作用，生成不发射荧光的复合物，因此导致荧光物质荧光强度下降[152]。

判断动态淬灭和静态淬灭的方法主要有四种[153]。

方法1：根据动态淬灭常数 K_{sv} 随温度的变化情况判断[154]。对于动态淬灭过程，升温会加快扩散运动，因此 Stern-Volmer 淬灭常数 (K_{sv}) 会随着温度的升高而增大；反之，对于静态淬灭，升温会降低荧光物质的稳定性，因此 Stern-Volmer 淬灭常数 K_{sv} 会随着温度的升高而减小。

方法2：根据双分子动态淬灭速率常数 (k_q) 判断[155]。各类淬灭剂对蛋白质等生物大分子的最大扩散淬灭常数约为 $2.0 \times 10^{10} L \cdot mol \cdot s^{-1}$，由 $K_{sv} = k_q \tau_0$ 可以求得 k_q，若大于 $2.0 \times 10^{10} L \cdot mol \cdot s^{-1}$，则可以推断此过程非动态淬灭，静态淬灭应该是导致蛋白质荧光淬灭的主要原因。

方法3：根据与淬灭剂作用前后蛋白质的荧光寿命变化情况判断[156]。对于动态淬灭，淬灭剂与蛋白质在激发态时相互作用，因此淬灭剂会缩短蛋白质的荧光寿命；而对于静态淬灭，淬灭剂与蛋白质在基态时相互作用，因此淬灭剂并不会改变蛋白质激发态的寿命。

方法4：根据与淬灭剂作用前后蛋白质的吸收光谱判断[157]。对于动态淬灭，只影响蛋白质分子的激发态，因此并不会改变其吸收光谱；反之，对于静态淬灭，静态复合物的生成会改变蛋白质吸收光谱峰位置和强度的变化。

（2）结合常数和结合位点数的确定。若淬灭剂对蛋白质的淬灭为静态淬灭，即淬灭剂与蛋白质之间形成了复合物，假设淬灭剂（Q）分子在蛋白质（B）分子中有 n 个相同且独立的结合位点，则淬灭剂与蛋白质的结合反应为：

$$nQ+B \rightarrow Q_nB \tag{1.1}$$

结合常数 K_b 可以用公式（1.2）计算：

$$K_b = \frac{[Q_nB]}{[Q]^n[B]} \tag{1.2}$$

式中　　[Q]——淬灭剂浓度；

　　　　[B]——游离蛋白质的浓度；

　　　　Q_nB——蛋白质与 n 摩尔淬灭剂形成的复合物；

　　　　[Q_nB]——复合物浓度；

　　　　K_b——结合常数；

　　　　n——结合位点数。

对公式（1.2）取对数得到公式（1.3）：

$$\lg K_b = \lg \frac{[Q_nB]}{[B]} - n\lg[Q] \tag{1.3}$$

设[B_0]为蛋白质的总浓度，则[Q_nB]=[B_0]-[B]。在静态淬灭过程中，荧光强度 F 与游离蛋白质的浓度成正比，因此得到：

$$\frac{[B]}{[B_0]} = \frac{[B]}{[B]+[Q_nB]} = \frac{[F]}{[F_0]} \tag{1.4}$$

将公式（1.4）代入公式（1.3），得到公式（1.5）：

$$\lg\left(\frac{F_0-F}{F}\right) = \lg K_b + n\lg[Q] \tag{1.5}$$

以 $\lg\left(\dfrac{F_0-F}{F}\right)$ 对 $\lg[Q]$ 作图，由曲线的截距和斜率可以分别求得结合常数 K_b 以及结合位点数 n。

（3）作用力类型的确定。配体小分子与蛋白质之间的相互作用力主要包括氢键、范德华力、静电力和疏水作用[158]。可以根据热力学参数焓变（ΔH）和熵变（ΔS）推断其作用力类型[159]。当 $\Delta H < 0$、$\Delta S < 0$ 时，主要是氢键和范德华力；当 $\Delta H \approx 0$ 或较小、$\Delta S > 0$ 时，主要是静电力；当 $\Delta H > 0$、$\Delta S > 0$ 时，主要是疏水作用。在小分子与蛋白质结合时，很多情况下作用力往往不是一种，而是几种作用力共同作用的结果[160]。

（4）结合距离的确定。根据 Föster 的荧光供体-受体非辐射能量转移理论[161]，当荧光供体和受体分子满足条件：荧光供体的荧光发射光谱与受体的吸收光谱有足够的重叠，以及荧光供体与受体足够接近（最大作用距离小于 7nm）时，将发生荧光供体-受体之间的非辐射能量转移。

（5）结合位点的确定。SA 具有三维晶体结构，含有 3 种类似的结构域：domain Ⅰ、domain Ⅱ 和 domain Ⅲ[162]，每个结构域包含 2 个名为 A 和 B 的亚结构域[163]。BSA 和 HSA 是同源蛋白，与 HSA 结构相似度 76%[164]。它们之间的主要区别之一是，HSA 由 585 个氨基酸组成，在亚结构域 ⅡA 中有 1 个色氨酸（Trp）残基（Trp214），而 BSA 有 583 个氨基酸，包含 Trp134 和 Trp213，位于亚结构域 ⅠB 和 ⅡA[165]。通常，已知其高亲和力结合位点位置的位点标记是小分子，包括用于标记子域 ⅡA 的华法林、酮洛芬、丹磺酰胺和碘克酰胺以及用于标记亚域 ⅢA 的氟芬那酸和布洛芬等[166]。

大多数外源性配体小分子与血清白蛋白的主要结合位点位于血清白蛋白的 ⅡA 亚域和 ⅢA 亚域的疏水性空腔内，即 Site Ⅰ 和 Site Ⅱ。当两个配体同时与 SA 结合时，会发生两种类型的相互作用[167]。

竞争：$L_1 \xrightarrow{SA} L_1\text{-}SA \xrightarrow{L_2} L_2\text{-}SA + L_1$

非竞争：$L_1 \xrightarrow{SA} L_1\text{-}SA \xrightarrow{L_2} L_1\text{-}SA\text{-}L_2$

在竞争作用中，在 L_1-SA 中加入了 L_2，L_2 完全取代 L_1，形成了新的复合物 L_2-SA。在非竞争作用中，L_1 和 L_2 同时与 SA 结合，形成新的 L_1-SA-L_2 配合物。

通常可以使用荧光位点探针确认配体在 SA 上的结合位点[168]，常用的方法有两种。

方法一：固定 SA 和荧光位点探针的浓度为一定比例，向此混合体系中滴加配体小分子，测定不同配体浓度下，SA-探针体系的荧光强度。利用 Stern-Volmer 方程计算加入荧光位点探针前后配体小分子与 SA 的结合常数。通过比较得到的结合常数，若结合常数在加入荧光位点探针前后有显著变化，则认为配体与荧光位点探针在同一位点与 SA 发生作用[169]。

方法二：固定 SA 和配体的浓度为一定比例，向此混合体系中加入荧光位点探针，测定不同荧光位点探针浓度下，SA-配体体系的荧光强度。根据配体对荧光位点探针的取代百分比判断配体在 SA 上的结合位点[170]。

Zhang 等[171]利用方法一以华法林和布洛芬为位点标记，研究葛根素与 HSA 的结合位点，实验结果表明：在存在华法林的情况下，葛根素-HSA 系统的结合常数显著降低，而在加入布洛芬的情况下，其结合常数的降低可忽略不计。因此得出结论，葛根素被华法林从结合位点置换，葛根素位于 HSA 中的 ⅡA 子域。

Makegowda 等[172]利用方法一以华法林和布洛芬为位点标记，研究了兰索拉唑与 BSA 的结合位点，实验结果表明，布洛芬的存在使结合常数显著下降，而华法林对兰索拉唑–BSA 系统的结合常数几乎没有改变。因此得出结论，布洛芬与兰索拉唑在位点 Ⅱ 的 BSA 结合方面竞争，兰索拉唑在子域 ⅢA 上结合 BSA。Razzak 等[173]利用方法二以华法林和布洛芬为位点标记，研究了光甘草定和 HSA 的结合位点，实验结果表明，华法林显著影响 HSA–配体体系的荧光强度。但是，布洛芬对 HSA–配体体系的荧光光谱影响较小。因此说明，光甘草定主要与华法林竞争并且最可能结合在 HSA 的亚结构域 ⅡA 的疏水性空腔。Hamishehkar 等[174]利用方法二以华法林和布洛芬为位点标记，确定了头孢氨苄与 BSA 的结合位点，通过计算取代百分比后发现，华法林的加入使荧光强度的比值明显降低，而布洛芬的加入对比值影响较小，因而认为，头孢氨苄结合在 BSA 子域 ⅡA 中的 Ⅰ 位。Sun 等[175]研究了苏丹红 Ⅱ 和苏丹红 Ⅳ 与血红蛋白(Hb)的相互作用，荧光淬灭实验结果表明两种食品添加剂对 Hb 的荧光淬灭主要为静态淬灭，且诱导 Trp 和 Tyr 残基的微环境发生变化。Pathaw 等[176]采用荧光淬灭光谱法研究了 Cu(Ⅰ)配合物与 BSA 的结合常数，有助于 Cu(Ⅰ)配合物药物的开发。Li 等利用荧光淬灭光谱法研究了抗凝血剂华法林对 HSA 相互作用的荧光淬灭机理、结合常数、Hill 系数、结合方式，以及不同浓度阿魏酸对二者结合的影响，结果表明华法林主要通过静态淬灭方式淬灭 HSA 的内源荧光。阿魏酸降低了华法林与 HSA 的结合常数和 Hill 系数，增大了血浆中游离华法林浓度，可能会增加出血风险。

1.4.1.2 荧光增强法

荧光增强法也称为敏化荧光法，也是研究配体小分子与蛋白质相互作用的常用方法。若配体小分子本身会发射荧光，则与蛋白质相互作用后会使蛋白质荧光增强或者有新的荧光峰出现。

荧光增强可以用下列方程处理[178]：

$$\frac{F}{Q} = \frac{F_\infty}{K_d} - \frac{F}{K_D} \tag{1.6}$$

式中　F——荧光强度；

　　　F_∞——小分子与蛋白质相互作用的荧光强度饱和值；

　　　K_D——配合物解离常数；

　　　K_d——分子与蛋白质作用的荧光强度达到饱和值时配合物的解离常数；

　　　Q——总小分子浓度。

$$\frac{M_t}{M_b} = \frac{1}{K_b(nP_t - M_b)} + 1 \tag{1.7}$$

$$\Delta F = F - F_D \tag{1.8}$$

$$\frac{1}{(\Delta F-F_\mathrm{A})}=\frac{1}{(F_\mathrm{b}-F_\mathrm{A})}\left[1+\frac{1}{K_\mathrm{b}(nP_\mathrm{t}-M_\mathrm{b})}\right]\qquad(1.9)$$

式中 M_t——配体总浓度；

M_b——结合在蛋白质上的配体浓度；

P_t——蛋白质的总浓度；

K_b——生成常数；

n——结合位点数；

F——在蛋白质溶液中加入配体小分子后的荧光强度；

F_D——自由蛋白质分子的荧光强度；

ΔF——蛋白质溶液与小分子作用后的荧光强度与给体的荧光强度差；

F_A——自由配体的荧光强度；

F_b——结合在蛋白质上的配体对荧光的贡献。

若蛋白质与小分子的相互作用只存在单一结合位点时，可以用下列方程处理：

$$\frac{1}{\Delta F}=\frac{1}{\Delta F_\mathrm{max}}+\frac{1}{KQ}\frac{1}{\Delta F_\mathrm{max}}\qquad(1.10)$$

式中 $\Delta F=F_\mathrm{X}-F_0$，$\Delta F_\mathrm{max}=F_\infty-F_0$。其中：

F_X——加入小分子时的荧光强度；

F_∞——小分子与蛋白质相互作用的荧光强度饱和值；

K——键合常数；

ΔF_max——加入小分子前后体系的荧光强度最大差值；

F_0——未加入小分子时蛋白质的荧光强度；

Q——小分子浓度。

Bhattacharyya 等[179]采用荧光增强法研究了精神药物氯丙嗪(CPZ)与肌红蛋白的结合模式，并与血红蛋白结合的结果进行了比较，结合常数和热力学常数的计算结果表明 CPZ 与血红蛋白的结合是放热过程，而与肌红蛋白的结合是吸热过程。何文英等[180]利用荧光增强法研究了文多灵碱与 BSA 的相互作用，由测定的热力学参数可知药物与 BSA 的作用力主要是疏水作用和氢键。根据荧光增敏的方程求得不同温度下药物与 BSA 作用的结合常数及结合位点数，并且基于文多灵碱的荧光敏化效应，探讨了药物-蛋白质体系的电荷密度、离解常数及量子产率等几种参数，及共存离子对药物-蛋白质体系结合常数的影响。马纪等[181]研究了染料木素、鸡豆黄素 A 和 3′,4′,7-三羟基异黄酮三种异黄酮类化合物与不同异构体 HSA 的相互作用机制。荧光增强光谱结果显示，HSA 使得药物的荧光强度明显增加且最大发射峰蓝移，说明药物与 HSA 发生了特异性结合，异黄酮分子进入蛋白质疏水性空腔内，所处的微环境极性降低，荧光量子产率增加，并且与 HSA 结合使得异黄酮的结构发生了变化。邓世星等[182]研究了不同的 pH 条件下 BSA 与酚藏花红的结合反应特征，实验结果表明，酚藏花红与 BSA 的反应导致了 BSA 荧光淬灭及酚藏花红的荧光增强，其荧光淬灭值与酚藏花红的浓度成正比，可用于酚藏花红的测定。

1.4.1.3　时间分辨荧光光谱法

分子吸收能量后，基态电子从基态被激发到单线激发态，再从单线激发态返回到基态时产生荧光，荧光寿命是指分子在单线激发态平均停留的时间。分子中处于单线激发态的基态电子能级（S_0）上的电子，吸收某一波长的光子能量后，基态电子从基态被激发到单线激发态的激发态电子能级（S_1）中的某一个振动能级上，这个过程的时间约为 10^{-15} s。经过短暂的振动弛豫过程后（时间为 $10^{-12} \sim 10^{-10}$ s），S_1 态的最低振动能级上会积累大量的电子。这一状态的电子通过释放能量，返回基态 S_0 能级的过程称为去活化的过程。若释放能量的过程中，伴随有光子的产生，称为辐射去活，即发射荧光，这个过程的时间为 $10^{-10} \sim 10^{-7}$ s。若通过碰撞等途径释放能量，没有光子的产生，称为无辐射去活[183]。

途径主要有：（1）内部转换。电子在具有相同多重度的电子能级之间发生跃迁的过程，例如从第二单线激发态 S_2 向第一单线激发态 S_1 的跃迁，时间为 $10^{-11} \sim 10^{-9}$ s。（2）系间跨越。电子在不同多重度的能级间发生跃迁的过程，例如从第一单线态激发态 S_1 向第一三线激发态 T_1 的跃迁，时间为 $10^{-10} \sim 10^{-8}$ s。（3）荧光淬灭。激发分子通过分子间的相互作用和能量转换而释放能量的过程。电子跃迁到 T_1 态后，也可能以释放光子的形式跃迁至 S_0 态，即发射磷光；或者再次通过系间跨越回 S_1 态，并释放一个光子后回到 S_0 态，即延迟荧光[184]。

在激发光源的照射下，一个荧光体系会向各个方向发射荧光，而当光源停止照射后，荧光不会立即消失，而是逐渐衰减。荧光寿命是指分子受到光脉冲激发后返回到基态之前，在激发态的平均停留时间。荧光寿命通常是绝对的，不受激发光强度、荧光团浓度等因素的影响，仅仅与荧光团所处的微环境有关。对于复杂的荧光体系，由于各种荧光物质的性质或所处微环境的不同，整个体系的荧光衰减曲线是多个指数衰减函数的加和，可以采用双指数迭代拟合程序对所有寿命测量值进行荧光衰减曲线分析。

$$F(t) = \sum_i \alpha_i \exp\left(-\frac{t}{\tau_i}\right) \qquad (1.11)$$

式中　α_i——指数因子，表示对随寿命变化（τ_i）的时间分辨衰减的部分贡献。由衰减次数和指数前因子计算荧光双指数衰减的平均寿命 $<\tau>$。

时间分辨法将动态时间分辨荧光数据与稳态发射光谱相结合，用于测量强度衰减或各向异性衰减。测量中样品暴露在光脉冲中，其中脉冲宽度通常小于样品的衰减时间。强度衰减由高速检测系统记录在"ns"时间尺度上测量强度或各向异性[185]。荧光寿命是一个荧光团所处环境的灵敏指标，采用时间分辨荧光光谱法测定蛋白质与配体小分子相互作用前后的衰减时间，根据蛋白质荧光寿命的变化值可以区分配体小分子对蛋白质的荧光淬灭类型为静态淬灭还是动态淬灭。

Banerjee 等[186]研究了血清白蛋白(BSA 和 HSA)在不同摩尔比的生物活性光敏剂 1-AS 下的荧光衰减，揭示了该荧光基团与蛋白质结合后微环境的变化情况。实验结果表明随着 1-AS 浓度的增加，BSA 和 HSA 的平均寿命下降，淬灭常数约为 $10^{13} L \cdot mol^{-1} \cdot s^{-1}$，这一结果与稳态荧光实验的结论一致。Bardhan 等采用稳态荧光和时间分辨荧光光谱法研究了 BSA 与金精三羧酸(ATA)的相互作用机制，结果表明 ATA 对 BSA 的荧光淬灭是由静态淬灭和动态淬灭共同作用的结果。对 425nm 处的荧光衰减观察结果表明，从能量供体 BSA 向 ATA 发生了非常快速的非辐射能量转移。Zolese 等[188]采用稳态荧光和时间分辨荧光研究比较了 NOEA 对蛋白质的影响。在激发波长 295nm 下，采用时间分辨荧光光谱法采集了 15 个不同频率各向异性衰减数据，并通过非线性最小二乘分析数据，获得了蛋白质构象异质性的相关信息。Togashi 等[189]采用瞬态荧光分析法研究了盐酸胍(GuH^+Cl^-)对 BSA 的变性作用。用离散三指数、拉伸指数和高斯寿命分布三种不同的模型分析了 BSA-ANS 复合物在不同变性阶段的非指数荧光动力学，结果表明，荧光衰减时间随蛋白质变性而减小，BSA 中至少存在两个不同的结合位点，且具有不同的水可达性。Togashi 等[190]利用热力学双态和三态模型对稳态和时间分辨荧光光谱数据进行了分析，荧光寿命数据清楚地表明了盐酸胍(GuHCl)对 BSA 的变性过程中间态的形成，即包括两个阶段。通过对 BSA 的变性过程热力学的研究，更为详细地揭示了 BSA 的变性过程。

1.4.2 蛋白质构象变化的表征

EDCs 与蛋白质的结合会改变蛋白质的结构及其周围的微环境，即蛋白质的构象发生改变。研究蛋白质构象变化的表征方法主要有：荧光光谱法、紫外-可见吸收光谱法、圆二色光谱法、傅里叶变换红外光谱法、电化学分析法、原子力显微镜法、毛细管电泳法、核磁共振法、平衡透析法、激光拉曼光谱法等，这些方法从不同角度研究了 EDCs 对蛋白质构象的影响。

1.4.2.1 同步荧光光谱法

荧光分析法通常固定激发(或发射)波长，扫描发射(或激发)波长，得到发射光谱和激发光谱。但这种常规的荧光光谱法在处理复杂荧光体系时，会出现光谱重叠等问题。1971 年，Loyd[191]首先提出同时扫描激发和发射两个单色器波长，由测得的荧光强度信号与对应的激发波长(或发射波长)构成光谱图，称为同步荧光光谱。

同步荧光光谱法根据光谱扫描方式的不同可分为恒波长法、恒能量法、可变角法和恒基体法。其中最早提出的方法为恒波长法(Constant-Wavelength Synchronous Fluorescence Spectrometry，CWSFS)，即固定激发波长(λ_{ex})和发射波长(λ_{em})保持固定的波长间隔($\Delta\lambda = \lambda_{ex} - \lambda_{em} =$ 常数)不变，同时扫描激发波长和发射波长。同步荧光光谱的强度可以表示为：

$$I_{sf}(\lambda_{ex}, \lambda_{em}) = kcb\, \text{Ex}(\lambda_{ex})\,\text{Em}(\lambda_{em}) \tag{1.12}$$

式中 k——常数；

        c——被测物质的浓度；

        b——试样溶液的厚度；

  $\text{Ex}(\lambda_{ex})$——激发光谱；

$\text{Em}(\lambda_{em})$——发射光谱。

同步荧光光谱既可看作同步扫描激发波长时的发射光谱，也可以看作同步扫描发射波长时的激发光谱，即同步荧光光谱同时利用待测物质的吸收特性和发射特性，提高了选择性。

1979 年，Miller 等[192]提出，当 $\Delta\lambda$ ($\Delta\lambda = \lambda_{ex} - \lambda_{em}$) = 15mm 时，扫描得到的同步荧光光谱仅表现为 Tyr 残基的光谱特性；而 $\Delta\lambda$ ($\Delta\lambda = \lambda_{ex} - \lambda_{em}$) = 60nm 时，扫描得到的同步荧光光谱仅表现为 Trp 残基的光谱特性。由于氨基酸残基的最大发射波长与其所处环境的极性有关，因此由氨基酸残基最大发射波长位置的变化可以判断蛋白质构象的变化，是检测发色团微环境的有效方法。

同步荧光光谱法能简化谱图以及减少光散射干扰，适合于多组分荧光体系的分析。Zhou 等[193]采用同步荧光光谱法研究了食品加工过程中产生的一种副产品 5-羟甲基-2-呋喃甲醛(5-HMF)与 HSA 的相互作用机制，随着 5-HMF 浓度的增加，酪氨酸(291nm)和色氨酸(287nm)的荧光强度均显著降低，酪氨酸和色氨酸的荧光峰分别出现轻微的红移(4nm)和蓝移(3nm)，表明酪氨酸残基周围的极性增强，疏水性减弱，但色氨酸残基周围的极性降低，疏水性增加。Xu 等[194]采用同步荧光光谱法研究了三角形银纳米棱柱(TAgNPrs)与 BSA 的相互作用，结果表明 TAgNPrs 可以淬灭 Trp 残基和 Tyr 残基的荧光，但最大发射波长位置没有明显改变，这表明 BSA 的构象和氨基酸残基周围的极性略有改变。Wani 等采用同步荧光光谱法研究了萨利多胺的亲脂衍生物(6P)与 BSA 复合物的微环境。分别扫描了不同 6P 浓度下 BSA 的同步荧光光谱($\Delta\lambda = 15$nm 和 $\Delta\lambda = 60$nm)，当 $\Delta\lambda = 60$nm 时，发射波长偏移了 1nm，这说明 BSA 的 Trp 残基与 6P 相互作用后，其微环境极性发生了变化。

1.4.2.2　三维荧光光谱法

常规的荧光光谱是以荧光强度为纵坐标，荧光发射波长为横坐标的平面光谱图。而三维荧光光谱(Three Dimensional Fluorescence，3D)则是由激发波长(y

轴)—发射波长(x轴)—荧光强度(z轴)三维坐标所表示的矩阵光谱(Excitation—Emission—Matrix Spectra，EEM)。

三维荧光光谱有两种表示形式：即三维投影图和等高线光谱图。三维投影图，即三维立体投影图，空间坐标x、y、z轴分别表示发射波长、激发波长和荧光强度。等高线光谱图以平面坐标的x轴表示发射波长，y轴表示激发波长，平面上的点表示由两个波长所决定的荧光强度。将荧光强度相等的各个点连接起来，便在λ_{ex}-λ_{em}构成的平面上显示了由一系列等强度线组成的等高线光谱。HSA的三维荧光图(A)及其等高线图(B)如图1.11所示。由图可见，HSA的3D光谱中，形似山脊状(三维荧光图)或铅笔状(等高线图)的峰a为瑞利散射峰($\lambda_{ex}=\lambda_{em}$)和二级散射峰($\lambda_{em}=2\lambda_{ex}$)。驼形峰峰1($\lambda_{ex}=282nm$，$\lambda_{em}=336nm$)为HSA特征的荧光峰，主要反映HSA的Trp残基和Tyr残基的光谱特征，其最大发射波长和荧光强度与微环境极性密切相关[196]。驼形峰峰2($\lambda_{ex}=230nm$，$\lambda_{em}=336nm$)主要反映HSA中多肽骨架结构的特征和强度，与蛋白质的二级结构有关。

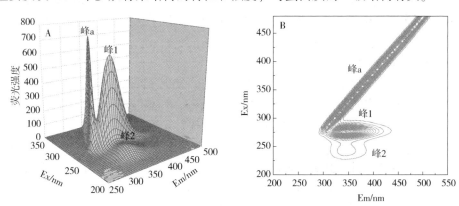

图1.11 HSA的三维荧光图(A)及等高线图(B)

三维荧光光谱可以描述荧光强度同时随激发波长和发射波长变化的关系曲线，因此可以直观地反映荧光峰的位置和高度以及光谱的某些特性。通过比较与配体小分子作用前后蛋白质的三维荧光光谱变化情况，可以揭示配体对蛋白质构象和微环境的影响。

Dong等[197]研究发现多效唑(PAC)具有较强的淬灭HSA固有荧光的能力。HSA的荧光特征峰强度随着PAC的加入而降低，说明PAC与HSA的结合降低了Trp残基和Tyr残基的极性，使更多的氨基酸埋藏在疏水性空腔中，这些变化导致了蛋白质多肽链的轻微折叠。由于峰a位置未观察到显著变化，但峰b蓝移，说明HSA与PAC的结合增强了氨基酸疏水性空腔微环境的疏水性，因此得出结论PAC与HSA的结合导致HSA微环境和构象发生变化。Liu等[198]利用三维荧光光谱法研究了核苷类药物b-L-胞苷(Lctd)和b-D-胞苷(Dctd)与HSA的作用机制。随着 Dctd 或 Lctd 的加入，荧光发射峰 1 增大，表明复合物的形成使大分子直径增大。荧光发射峰 2 随 Dctd 或 Lctd 浓度的增加而降低，说明 HSA 与 Dctd 或 Lctd 的相互作用导致 HSA 荧光强度降低。此外，当 Dctd 或 Lctd 被添加到 HSA 中时，峰 3 的变化很小。与 Lctd 和 HSA 结合相比，Dctd 的加入对 HSA 的结构有较大的影响，尤其是在 HSA 的多肽链中。Ge 等[199]采用三维荧光光谱法比较了姜黄素及其衍生物对 HSA 微环境的影响。由 3D 荧光光谱可见，当研究体系中存在姜黄素及其衍生物时，HSA 的瑞利散射峰增强，说明化合物-HSA 复合物的形成增大了分子直径。三种化合物均会对 HSA 荧光特征峰产生淬灭，其中去甲氧基姜黄素对蛋白质的骨架结构和二级结构的影响最大，说明去除一个甲氧基对 HSA 构象的影响是最有效的。Siddiqui 等[200]利用三维荧光光谱及相应的等高线图阐明了与曲安奈德作用后，BSA 结构和构象变化的详细信息。结果表明，由于 BSA-曲安奈德复合物的形成，BSA 的瑞利散射峰强度降低，这说明曲安奈德使得蛋白质的直径变小，因而导致散射效应的减弱。此外，BSA 的特征荧光峰强度也相应降低，说明 BSA 中 Trp 残基和 Tyr 残基周围构象发生了改变，即曲安奈德与 BSA 的相互作用引起了 BSA 微环境和构象的改变。

1.4.2.3　ANS 荧光光谱法

疏水性是指非极性物质与水之间的排斥力，分子之间的疏水相互作用是连接蛋白质与小分子之间相互作用的重要作用力之一。8-苯胺基-1-萘磺酸(ANS)是一种非极性的荧光探针，可以用作疏水性荧光探针来表征蛋白质的表面疏水性和构象的变化。通常情况下在水中游离的 ANS 的荧光强度较低，但当它与蛋白质中的疏水区域结合时，其荧光强度会显著增加[201-202]。荧光强度增强和最大发射波长蓝移通常意味着所处环境疏水性的增强[203]。

彭丽萍等[204]利用 ANS 荧光技术研究发现，当维生素 D_3(VD$_3$)与 HSA 相互作用时，HSA 表面疏水性的改变，K_d^{app} 随着 VD$_3$ 浓度的增加而减小，表明 VD$_3$ 存在下 HSA 和 ANS 的解离能力下降。与游离的 HSA 相比，ANS 与 VD$_3$-HSA 复合物的缔合能力更强。VD$_3$ 引起蛋白质表面疏水性的提高。Wang 等[205]利用 ANS 荧光光谱技术研究了抗癌药物吡铂与 HSA 的相互作用，实验结果表明，随着吡铂浓度的增加，ANS-HSA-吡铂体系的荧光强度逐渐降低，由此可以推断吡铂对 HSA 与 ANS 结合能力的影响取决于其与 ANS 的竞争结合和蛋白质构象变化。Wang 等[206]通过 ANS 荧光光谱技术探讨了灵芝多糖(GLP)与 BSA 的相互作用，GLP 浓度增加导致体系荧光强度淬灭，最大发射波长红移，表明 GLP 的存在使 BSA 表面疏水性降低。Wang 等[207]研究 lenvatinib 和 BSA 间作用力类型时发现，游离 ANS 的荧光性较弱，与 BSA 疏水表面结合后，荧光强度明显增强。而加入 lenvatinib 后，ANS-BSA 体系的荧光强度降低，说明 ANS 和 lenvatinib 与 BSA 疏水表面存在竞争相互作用。Zhou 等[208]在研究福辛普利-BSA 复合物时，发现不同浓度 ANS 的荧光强度均低于对照 BSA。合理的解释是福辛普利占据了部分 BSA 疏水表面。由此推出，在福辛普利-BSA 相互作用中也可能存在疏水相互作用。

1.4.2.4　紫外-可见吸收光谱法

紫外-可见吸收光谱法（UV-vis spectroscopy）是由于分子（或离子）吸收紫外线或者可见光后，分子中价电子的跃迁而产生的分子光谱。由于不同物质对不同波长的光具有选择性吸收，因此可以利用紫外-可见吸收光谱和吸光度对物质的组成、含量和结构进行测定和表征。紫外-可见吸收光谱法具有仪器简单、操作方便、准确度较高、可定量分析等优点，是研究配体小分子对蛋白质构象影响的常用方法之一[209]。利用紫外-可见吸收光谱法不仅可以推断 Trp 或 Tyr 微环境或蛋白质分子在不同环境中的构象变化，还可用于证明复合物的形成等。

蛋白质的紫外-可见吸收光谱中，一般在 210nm 和 280nm 附近会有两个特征吸收峰，210nm 处的峰是肽键的强吸收峰，280nm 处的峰是 Tyr 残基、Trp 残基以及 Phe 残基中共扼双键的吸收峰。在蛋白质分子中，其微环境因生色团（Trp 的吲哚基、Tyr 的酚基、Phe 的苯基）的分布不同而不同，当生色团位于蛋白质分子表面时，溶剂的极性会影响基团的吸收峰；当生色团处于蛋白质分子内部时，即相当于生色团处在非极性溶剂的疏水环境中，则非极性溶剂会影响基团的吸收峰。蛋白质分子中微环境的性质由蛋白质分子的构象决定，即蛋白质分子构象的变化会导致其微环境发生改变，而微环境的变化则会导致其生色团的紫外吸收光谱发生改变，包括吸收光谱红移或蓝移以及吸光度强度等变化[210]。因此，可以在不经分离的情况下，根据配体小分子与蛋白质相互作用前后，蛋白质紫外吸收峰的形状和位置的变化，推断肽链中的氨基酸残基所处微环境的变化，进而推断配体小分子对蛋白质分子构象变化的影响[211]。此外，紫外-可见吸收光谱与荧光发射光谱结合使用，通过两者之间的重叠积分，还可以计算配体小分子与蛋白质之间的距离。

近年来，用紫外-可见吸收光谱法研究配体小分子与血清白蛋白相互作用的报道已有很多。倪永年等[212]利用紫外-可见吸收光谱法研究了刺芒柄花素与 BSA 相互作用的机理，结果表明刺芒柄花素使 BSA 的吸光度增加，且吸收峰红移，说明药物与 BSA 发生了作用。Yasmeen 等[213]利用紫外-可见吸收光谱法研究了盐酸小檗碱（BC）对 BSA 结构的影响，BSA 在 278nm 和 345nm 处有较强的吸收峰，吸收峰强度随 BC 浓度的增加而增大。此外，BC-BSA 复合物的形成导致光谱峰由 278nm 向较低波长轻微偏移，说明 BC 与 BSA 之间存在相互作用。Wang 等[214]研究了杀虫剂溴氰菊酯（DM）对 HSA 紫外-可见吸收光谱的影响。

HSA 在 211nm 和 280nm 处有两个吸收峰。HSA 在 211nm 处的吸光度随 DM 浓度的增加而增加，且最大吸收峰红移，此处的峰值主要反映了蛋白质的结构，因此峰值的增加表明 HSA 的构象发生变化。HSA 在 280nm 处的弱吸收归因于芳香氨基酸的 $\pi-\pi^*$ 跃迁，以及 Trp 和 Tyr 芳香杂环疏水基团的暴露。DM 在 280nm 处的吸光度很小，特别是随着 DM 浓度的增加，吸收峰逐渐消失，这说明 DM 对 Trp 残基和 Tyr 残基的影响较大，而对多肽的主链没有明显影响，即吸收光谱分析结果表明，DM 可引起 HSA 的结构变化以及 Trp 残基和 Tyr 残基附近的微环境变化。

1.4.2.5　圆二色光谱法

圆二色光谱中的平面偏振光可以分解为振幅、频率相同，旋转方向相反的两个左旋和右旋圆偏振光，其中电矢量以顺时针方向旋转的称为右旋圆偏振光，以逆时针方向旋转的称为左旋圆偏振光。两束振幅、频率相同，旋转方向相反的偏振光也可以合成为一束平面偏振光。当两束偏振光的振幅或强度不相同时，合成的将是一束椭圆偏振光[215]。如果一个物质对左旋偏振光和对右旋偏振光的吸收不同，那么称该物质具有圆二色性。圆二色光谱是一种差光谱，代表样品在左旋偏振光照射下的吸收光谱与其在右旋偏振光照射下的吸收光谱之差。由于手性结构才有可能对左、右旋偏振光的吸收表现出差异，而生物大分子基本都含有手性的基团和结构[216]，因此，适合应用这种方法进行结构和性能等方面的测定。

圆二色光谱法（Circular Dichroism，CD）具有灵敏、简单、快速、准确等优点，可以在溶液状态，即接近生理状态下测定，是目前研究蛋白质二级结构的主要手段之一，并已广泛应用于蛋白质的构象研究。远紫外区圆二色光谱主要反映肽键的圆二色性。在蛋白质或多肽的规则二级结构中，肽键是高度有规律排列的，其排列的方向性决定了肽键能级跃迁的分裂情况。具有不同二级结构的蛋白质或多肽所产生圆二色光谱带的位置、吸收的强弱都不相同。蛋白质中芳香氨基酸残基，如色氨酸（Trp）、酪氨酸（Tyr）、苯丙氨酸（Phe）及二硫键处于不对称微环境时，在近紫外区 320~250nm，表现出圆二色信号；Trp 在 279nm、284nm 和 291nm 处有圆二色特征峰；Phe 在 255nm、261nm 和 268nm 处有圆二色特征峰；Tyr 在 277nm 左右处有圆二色特征峰；二硫键（S—S）在 320~250nm 处有圆二色特征峰。因此，根据所测得蛋白质或多肽的圆二色光谱，能反映出蛋白质或多肽链二级结构的信息，以及获得蛋白质中芳香氨基酸残基（如色氨酸、酪氨酸、苯丙氨酸及二硫键等）微环境的变化，从而揭示配体小分子对蛋白质二级结构的影响。

血清白蛋白在远紫外区（245~185nm）和近紫外区（320~245mm）有吸收峰。远紫外区的生色团是肽键，该区域反映了蛋白质主链的构象特征（肽键的圆二色性），包含蛋白质多肽链的二级结构信息[217]。圆二色光谱一般在190nm左右为正峰，205~235nm 范围为负峰，负峰的形状与主链构象密切相关。一般来说，

典型的 α-螺旋在 208nm 和 220nm 附近的两个负峰，当 α-螺旋含量发生变化时，CD 光谱相应发生变化，因此利用这两处特征峰可以估算 α-螺旋的含量。β-转角在 206nm 附近有一正 CD 谱带，β-折叠的 CD 光谱分别在 200~185nm 和 216nm 处有一个正谱带和一个负谱带[218]。当 α-螺旋结构和 β-折叠结构被破坏而成随机排列时，特征峰发生变化。此外，CD 光谱还常用于估算蛋白质中 α-螺旋、β-折叠和无规则卷曲的含量。

近紫外区蛋白质的圆二色性主要由侧链基团所贡献，其圆二色光谱信号可以反映芳香氨基酸残基所处微环境的变化，即可以反映芳香氨基酸残基所在肽段三级结构的变化。由于二硫键一般是不对称的，它在 200~195nm 和 260~250nm 处各有一个峰，Trp、Tyr、Phe 三个侧链的峰在 230~310nm 处，这些残基的不对称性取决于它们所处的微环境特性。由于微环境的不同，Tyr 侧链的正峰可以变成负峰，波长也在 275nm 左右变化。Trp 侧链的峰一般集中在 290~310nm 处，但有时也会向短波移动，而与 Tyr 峰重叠。在 250~260nm 处，Phe 侧链的贡献又与二硫键的贡献重叠。因此，要通过这个光谱区的分析来推测主链的构象单元组成是相当困难的，一般均采用近紫外区光谱反映构象的细微变化。在研究蛋白质的圆二色性时，由于蛋白质的相对分子质量大小悬殊，常用平均残基摩尔椭圆率来表示蛋白质圆二色性的大小。

周娟等[219]采用圆二色光谱法研究了 Cu^{2+} 存在下葛根素（PUE）对 BSA 二级结构的影响。结果表明，葛根素与 BSA 的相互作用，可使蛋白质分子的疏水作用增强，导致 BSA 的肽链结构收缩，Cu^{2+}-葛根素与 BSA 的相互作用以配位作用为主，使得 BSA 的肽链结构伸展，蛋白质的构象发生变化。Hu 等[220]采用圆二色光谱法研究了 CdTe 量子点与 HSA 的相互作用机制，结果表明 CdTe 量子点使 HSA 的 α-螺旋和 β-折叠含量略有下降，β-转角和无规则卷曲含量有所增加。Kaspchak 等[221]用圆二色光谱法研究了槲皮素（QBS）对 BSA 构象的影响。结果表明，当 QBS∶BSA 质量比为 0.25∶1.00 和 0.50∶1.00 时，BSA 溶液的椭圆度没有变化，当 QBS∶BSA 质量比最高（1.00∶1.00）时，椭圆度在 275~250nm 范围内轻微增加，表明 QBS 可能将蛋白质的芳香苯丙氨酸残基暴露在溶剂的更极性环境中。Khatun 等[222]利用荧光光谱法和 CD 光谱法研究了抗氧化剂没食子酸（GA）与 BSA 的相互作用，在 GA 存在下，α-螺旋含量从 56.05% 增加到 60.40%，说明负责维持二级和三级结构的分子间力可能重新排列，导致蛋白质构象的改变。但是，峰的形状和峰的最大位置没有发生变化，说明即使与 GA 结合，BSA 本质上仍以 α-螺旋为主。

1.4.2.6 红外光谱法

红外光谱是由于分子振动能级的跃迁而产生的。当一束连续波长的红外光通过物质时，若物质分子中某个基团的振动频率和红外光的频率一致，则分子会吸收能量由原来的基态振动能级跃迁到能量较高的振动能级。红外光谱法可以根据光谱中吸收峰的位置和形状来推断待测物结构。傅里叶变换红外光谱法（Fourier Transformation Infrared Spectroscopy，FT-IR）具有分辨率高、灵敏度高、信噪比高等优点，与去卷积、二阶导数和曲线拟合等处理方法相结合，可以用于分析蛋白质二级结构的变化。

蛋白质二级结构的形成主要是肽链中的 C＝O 和酰胺上的 N—H 之间形成氢键，当配体小分子和蛋白质发生作用时，可根据各个谱峰分量所占的面积百分比确定其各二级结构的含量，依据不同蛋白质二级结构的红外酰胺带各峰的指认标准来判断小分子对蛋白质的二级结构是否产生了影响。蛋白质在红外区域表现为特征振动模式或基团频率[223]：酰胺 A 主要归因于 N＝H 伸缩振动；酰胺 B 主要归因于酰胺 II 带的一次泛频，费米共振；酰胺 I 带主要归因于 C＝O 伸缩振动；酰胺 II 带主要归因于 N—H 面内弯曲振动和 C—N 伸缩振动；酰胺 III 带主要归因于 C—N 伸缩振动和 N—H 面内弯曲振动；酰胺 IV 带主要归因于 O＝C—N 面内弯曲振动；酰胺 V 带主要归因于 N—H 面外弯曲振动；酰胺 VI 带主要归因于 C＝O 面外弯曲振动。

蛋白质的酰胺吸收带主要分为酰胺 I 带、酰胺 II 带及酰胺 III 带等，在红外光谱图上表现为特征性的吸收峰。酰胺 I 带（1700～1600cm^{-1}）主要归因于氨基酸残基的 C＝O 的伸缩振动，对蛋白质二级结构变化非常敏感；酰胺 II 带（1600～1500cm^{-1}）是由于 C—N 的伸缩振动以及 N—H 的面内变形振动造成的，它对蛋白质结构的变化敏感程度及吸收强度均次于酰胺 I 带；酰胺 III 带（1240～1230cm^{-1}）的吸收最弱，其主要也来自 C—N 的伸缩振动和 N—H 的面内变形振动。

在蛋白质二级结构分析中，最常用的是酰胺 I 带（1700～1600cm^{-1}），其振动频率反映了蛋白质的二级结构（α-螺旋、β-折叠、β-转角和无规则卷曲）。但是由于蛋白质含有多种不同的二级结构，它们对应的振动吸收峰重叠在一起，形成宽峰，而各子峰固有的宽度大于仪器分辨率，所以利用普通光谱技术难以直接将各子峰分开。1983 年 Susi 和 Byler 首先提出采用 FT-IR 的二阶导数理论定量研究蛋白质二级结构。

利用傅里叶自去卷积、二阶导数等技术处理，可将重叠的酰胺 I 带及酰胺 III 带未能分辨的重叠的谱带进一步分解为各个子吸收带，确定各个子峰与不同二阶结构的对应关系，指出各个子峰的峰位置，再通过曲线拟合的方法，通过积分面积计算出各二级结构的相对百分含量，进而定量分析蛋白质结构的变化情况。酰胺 I 带的谱峰归属目前较为成熟，例如 α-螺旋的吸收峰 1658～1650cm^{-1}，β-折叠的吸收峰 1640~1610cm^{-1}，β-转角的吸收峰 1700~1660cm^{-1}，无规则卷曲的吸收峰 1650~1640cm^{-1}。由酰胺Ⅲ带所分解出来的峰：α-螺旋的吸收峰 1330~1290cm^{-1}，β-转角的吸收峰 1295~1265cm^{-1}，无规卷曲的吸收峰 1270~1245cm^{-1}，β-折叠的吸收峰 1250~1220cm^{-1}。

采用红外差谱的方法，首先，将蛋白质的红外光谱图与不含有蛋白质的缓冲体系的红外光谱做差谱，以消除水及其他底物对谱图产生的影响，得到蛋白质与小分子作用前的红外光谱图。其次，将小分子与蛋白质相互作用后的红外光谱图与小分子的缓冲体系的红外光谱图做差谱，得到蛋白质与小分子作用后的红外光谱图。最后，再将蛋白质与小分子作用前后的红外光谱图做差谱，若差谱为一条直线，说明蛋白质和小分子没有发生相互作用；若得到的差谱发生了变化，则说明小分子诱导蛋白质的二级结构发生了变化。

傅里叶变换红外光谱法（FT-IR）是根据蛋白质分子和配体小分子作用前后各酰胺带峰位和相对强度变化，进行曲线拟合后定量检测蛋白质二级结构（如α-螺旋、β-折叠、β-转角等）含量。杨朝霞等[224]用荧光光谱和傅里叶变换红外光谱法研究了呋苄西林钠（FBS）与 BSA 的结合反应。采用 Gausse 函数对谱图进行拟合，确实了各子峰与不同二级结构的对应关系，根据其积分面积计算各种二级结构的相对百分含量。结果表明，与 FBS 作用后，BSA 的红外光谱曲线拟合结果与游离 BSA 的红外光谱曲线拟合结果相比有较大变化。蛋白质和 FBS 作用后，α-螺旋与无规则卷曲结构向β-折叠转变，这一结果说明了蛋白质分子中肽链出现部分展开，与蛋白质热变性的结果比较相似。王田虎[225]用傅里叶变换红外光谱技术研究了三种药物（地巴唑、曲克芦丁和利血平）对 BSA 二级结构的影响，将红外差谱用二阶导数和去卷积工具进行处理，将酰胺Ⅰ带的峰分解为多个子峰，再通过曲线拟合获得代表药物（地巴唑、曲克芦丁和利血平）与 BSA 体系中 BSA 二级结构的不同子峰，最终根据组分带的积分面积计算 BSA 的二级结构含量。结果表明药物与 BSA 的结合作用后，α-螺旋、β-折叠、β-转角含量均发生了变化。

1.4.2.7 共振光散射光谱法

共振光散射光谱法（Resonance Light Scattering, RLS）是 1993 年由 Pasternack 等人提出并建立起来的技术，在生物大分子识别、组装和聚集等方面有着广泛的应用。共振光散射是指当散射粒子同入射光的频率接近时产生的弹性散射光。

实验中，共振光散射光谱通常是由相等的激发波长和发射波长同时扫描得到的同步光谱（$\Delta\lambda=0$），可以根据下列方程描述[227]：

$$I_{RLS} = KcbE_{ex}(\lambda_{ex})E_{em}(\lambda_{ex}+\Delta\lambda) \tag{1.13}$$

式中　E_{ex}——给定激发波长处的激发函数；

　　　E_{em}——对应的发射波长处的发射函数；

　　　K——常数；

　　　b——液池厚度。

当 $\Delta\lambda = 0$ 时，得到共振光散射强度为：

$$I_{RLS} = KcbE_{ex}(\lambda_{ex})E_{em}(\lambda_{ex}) \tag{1.14}$$

RLS 法具有简单、快速、灵敏等优点，可以用于分析配体小分子对蛋白质聚集结构的影响。Li 等[228]利用 RLS 法和荧光光谱法研究了亚甲蓝（MB）/TiO₂ 纳米复合材料与 BSA 的相互作用。结果表明，在 MB/TiO₂ 纳米复合材料悬浮液中加入 BSA 后，RLS 强度明显降低，说明 BSA 与 MB/TiO₂ 之间存在相互作用。这可能是由于 MB/TiO₂ 纳米复合材料的聚集，这也导致了电磁场在纳米颗粒和 BSA 之间发生了强烈的耦合。Zhang 等[229]利用 RLS 法研究了硝基呋喃类抗生素与 BSA 的相互作用，游离的 BSA 和硝基呋喃类抗生素都表现出非常弱的 RLS 信号，但当硝基呋喃酮（NFZ）和硝基呋喃妥因（NFT）存在时，BSA 的 RLS 强度显著增强。这表明 NFZ 和 NFT 与 BSA 发生相互作用形成了 NFZ/NFT-BSA 复合物，较大的粒子导致 RLS 信号的增加。张秋菊等[230]利用 RLS 法研究硫酸黏杆菌素（CS）与 BSA 之间的反应机理。随着 CS 浓度的增加，BSA 的 RLS 强度下降且明显蓝移，并有一个新峰形成，这说明 BSA 与 CS 发生了反应。由 RLS 法所得到的淬灭机理和淬灭参数与荧光淬灭法一致，说明 RLS 法适用于研究药物与蛋白质的相互作用。吴飞等[231]研究了 BSA 与全氟辛烷磺酸（PFOS）相互作用的共振光散射光谱，建立了 PFOS 的共振光散射分析方法。全氟辛烷磺酸根阴离子与质子化的 BSA 通过静电引力和疏水作用形成离子缔合物，引起 RLS 强度显著增强，增强的散射信号强度与 PFOS 浓度呈线性关系，该法适用于环境水样中 PFOS 的测定。李晓燕[232]用荧光光谱和共振光散射光谱对比研究了甲硝唑与 BSA 的相互作用，探讨了甲硝唑对 BSA 荧光和共振光散射淬灭的机理。BSA 的 RLS 强度随着甲硝唑浓度的增加而降低，其原因可能是由于甲硝唑在 BSA 表面的结合破坏了 BSA 表面的保护水层，使原来的 BSA 更加分散，即由于解聚作用引起蛋白质粒径减小，共振散射的截面积减小，因此 RLS 强度下降。

1.4.2.8　电化学分析法

电化学分析法也是研究配体小分子与蛋白质相互作用的常用方法之一，特别是当配体分子吸收光谱比较弱，或无法用光谱法分析时，电化学分析法可以获得更多更精确的信息，是光谱分析法的有益补充。电化学分析法具有灵敏、简便、快速等优点，但是由于电化学性质受环境因素影响较大，存在结果不稳定、重现性差等问题，使得电化学分析法在研究配体小分子与蛋白质相互作用时的应用仍不及光谱法普遍。

根据与蛋白质作用前后，具有电化学活性的配体小分子的特征氧化峰或还原峰的峰电位和峰电流的变化情况，可获得配体小分子与蛋白质相互作用的相关信息。孙伟等[233]采用电化学分析法研究了茜素红S(ARS)与BSA之间的相互作用机制，实验结果表明ARS与BSA非电活性复合物的形成，导致ARS还原峰电流下降。梁慧等[234]采用电化学分析法测定了大黄酸与BSA的结合常数和结合位点数，数据结果与荧光光谱法基本一致。王婉君等[235]采用循环伏安法研究了异烟肼与BSA的相互作用，实验结果表明异烟肼–BSA体系的氧化峰和还原峰电位均随着pH值的增加而逐渐负移，且峰电位与pH值呈良好的线性关系。

1.4.2.9 原子力显微镜法

原子力显微镜(Atomic Force Microscope，AFM)法，是通过检测样品表面和一个微型力敏感元件之间的极微弱的原子间相互作用力，作用力将使得极端敏感的微悬臂发生形变或运动状态发生变化，从而以纳米级分辨率获得表面形貌结构信息及表面粗糙度信息。AFM法具有较好的信噪比、空间分辨率和精度，在单分子成像、蛋白单分子结构与功能研究以及生物分子间相互作用力的识别和表征中有着广泛的应用。

例如，近年来采用光谱法并结合AFM等方法研究配体小分子与BSA之间的相互作用机制。Khalili等[236]利用AFM和FT-IR等方法研究了宽叶阿魏酮与HSA/BSA之间的相互作用，结果表明与宽叶阿魏酮结合后HSA/BSA形貌发生变化，说明宽叶阿魏酮改变了蛋白质形成复合物，且改变了蛋白质的二级结构。张秋兰等[237]利用AFM等方法研究呋喃唑酮(FZD)与BSA之间的相互作用，结果表明与FZD结合后，BSA分子的直径、厚度以及表面粗糙度均增大，其原因可能是BSA所处微环境和构象发生了变化。Gao等[238]利用AFM法观测到，与紫丁香甙作用后，云母片上HSA形貌变得更为膨胀，平均宽度和高度均增加，此外还观察到HSA分子在云母基底上出现聚集现象，并由此得出结论，与紫丁香甙的结合使得HSA的微环境发生变化，蛋白质分子暴露在更疏水的环境中。

1.4.2.10 毛细管电泳法

毛细管电泳(Capillary Electrophoresis，CE)又称高效毛细管电泳(High Performance Capillary Electrophoresis，HPCE)，是在传统电泳基础上发展起来的一类以毛细管为分离通道，以高压直流电场为驱动力，以样品的多种特性为根据的新型高效分离技术[239]。毛细管电泳具有分离效率高、速度快、样品用量少、可选模式多等特点。20世纪90年代，CE法开始被应用于分子间相互作用的研究，很快发展成为亲和毛细管电泳技术（ACE），并开始用于蛋白质等生物大分子的相互作用研究。赵新颖等[240]采用亲和毛细管电泳技术考察了离子液体与BSA等蛋白质之间的结合常数。郭明等[241]采用区带毛细管电泳方法，在位点结合模型的基础上，得到了实用的非线性模拟计算公式，并计算了加替沙星与BSA相互作用的结合参数。吕达等[242]采用多种毛细管电泳方法研究了邻苯二甲酸二甲酯（DMP）与BSA之间的结合作用，并运用多个理论模型方程计算了两者之间的作用参数，建立了检测DMP-BSA相互作用的有效检测方法。姜萍等[243]利用毛细管电泳前沿分析技术，考察了荧光素钠和BSA之间的结合常数、结合位点数以及热力学常数。谢明一等[244]利用毛细管电泳方法建立了针对微量纳米颗粒与蛋白相互作用的快速检测方法，并测得了二者结合常数和每个纳米金颗粒吸附BSA的分子数。姚之等[245]采用淌度移动法，固定待测试样的浓度，改变缓冲液中作为添加剂的另一种物质的浓度，由待测组分淌度的变化与添加剂浓度变化之间的关系，计算了加替沙星与BSA间的结合常数。Leuna等[246]采用循环伏安法和方波伏安法研究了马氏菌素（MA）在玻璃碳电极溶液中的电化学氧化，以及不同pH值（5.4，7.2，9.5）下，MA与BSA的相互作用机制，并计算了MA的扩散系数以及MA-BSA复合物的结合常数。结果表明，MA与BSA的亲和结合形成了不活泼的电化学活性络合物。在BSA存在下，MA的氧化电位与pH值有关。

1.4.2.11　核磁共振波谱法

在磁场的激励下，一些具有磁性的原子核存在着不同的能级，如果此时外加能量，使其恰好等于相邻2个能级之差，则该核就可能吸收能量，从低能态跃迁至高能态，而所吸收能量的数量级相当于射频范围的电磁波。核磁共振（Nuclear Magnetic Resonance，NMR）技术具有快速、准确、分辨率高等优点，一般以配体小分子作为研究对象，考察蛋白质的结合使得小分子化学位移及弛豫时间等核磁谱参数的变化情况，以研究配体小分子与蛋白质之间的相互作用机制。

李晓晶等[247]采用核磁共振弛豫分析法研究了造影剂母体化合物钆-二乙三胺五乙酸和BSA溶液中的诱导弛豫增强性质，BSA分子可非共价地结合钆-二乙三胺五乙酸络合物，并使其在BSA溶液中的弛豫效率增高。吴丽敏等[248]采用核磁共振波谱技术比较不同浓度小檗碱在BSA溶液中的化学位移、弛豫时间和扩散系数的变化情况。结果表明，BSA的结合使得小檗碱各个质子的弛豫时间减少，质子在溶液中运动受限，并根据自扩散系数拟合得到两者解离常数及结合位点数。张先廷等[249]采用核磁共振技术证实了葫芦[7]脲（CB[7]）与盐酸巴马汀（PAL）之间形成了包结配合物，PAL分子中含甲氧基的异喹啉部分进入CB[7]的疏水性空腔，杂环氮处于羰基环绕的入口邻近处，PAL分子不能与CB[7]紧密结合。Dahiya等[250]采用核磁共振（1H NMR）和分子对接技术研究了有机磷酸酯代谢物 3,5,6-三氯-2-吡啶醇(TCPy)和对氧磷甲基(PM)与 BSA 的相互作用。1H NMR 结果表明，BSA 存在时，TCPy 在溶液中保持稳定，而 PM 降解加速。TCPy 与 BSA 结合得更好。BSA-TCPy 络合物可防止 TCPy 水解，并且该络合物的行为就像血清中 TCPy 的储库。而亲和常数较小的 PM 不仅由于其较高的游离浓度而易于代谢，而且更有可能会扩散到其他组织中。

1.4.2.12 等温滴定量热法

等温滴定量热法(Isothermal Titration Calorimetry，简称 ITC)可以直接用于测量生物结合过程中能量变化[251]，用于测定可溶性蛋白质-蛋白质、配体小分子-蛋白质相互作用的亲和性和热力学参数[252-253]。

在绝热的条件下，设置参比池和样品池为一个恒定的功率差，当两种物质在样品池中发生反应时，样品池和参比池之间的功率差发生改变，并被仪器所检测和分析。吸热反应引起恒温功率的正反馈，反之为负反馈。同时可以通过仪器自带的数据处理软件计算出反应过程中的各个参数值，如结合常数(K_b)、结合位点数(n)、反应焓变(ΔH)、反应熵变(ΔS)[254]。与此同时，还可通过公式间接计算出摩尔恒压热容(ΔC_p)和反应的吉布斯自由能变化(ΔG)，通过数值得出两个反应物间的相互作用的情况。ITC 方法不干扰蛋白质的生理功能，对溶剂性质、光谱性质和电学性质等没有限制条件，样品用量小，灵敏度较高。然而，ITC 方法属于非特异性方法，对于蛋白质和核酸等本身具有特异性的研究对象，有时不能得到理想的效果。另外，滴定实验时间较长(每组至少需要 30~60min)，而荧光光谱法通常只需要几秒即可测得数据，并且由 ITC 方法得到的热力学参数同样可以用荧光光谱法得到。

Keswani 等[255]用等温滴定量热法(ITC)研究了新霉素与 BSA 和 HSA 的相互作用热力学关系。ITC 结果表明，在研究的温度范围内，新霉素的化学计量比为1:1。这表明新霉素和 HSA/BSA 的结合位点数为1。Pathak 等[256]利用 ITC 研究 BSA 与丙酮酸乙酯间反应热量变化时发现，BSA 与丙酮酸乙酯结合的 ITC 等温线表现出负热偏转，由此得出反应本质上是放热的。董哲等[257]通过 ITC 法得到了阿托伐他汀与 HSA 的相互作用机制的热力学常数(ΔG，ΔH，ΔS)，结合常数和结合位点数，由此可判断当阿托伐他汀进入 HSA 的表面疏水性空腔后，通过熵驱动放热作用自发地与 HSA 结合，形成了较为稳定的配合物。Precupas 等[258]利用 ITC 法与位点竞争相结合的方法对咖啡酸(CA)与 BSA 的相互作用进行了研究，结果表明 CA 与 BSA 有一个高亲和力结合位点和一个低亲和力结合位点。Siddiqui 等[259]通过 ITC 法探讨了香兰素(VAN)与 BSA 的相互作用机制，研究表明，随着 VAN 的加入等温滴定量热图出现了负热偏转，说明结合过程为放热；且 $\Delta H<0$、$\Delta S<0$，表明 BSA 与 VAN 的结合过程主要涉及范德华力和氢键相互作用。

1.4.3 计算机模拟分子对接

分子模拟是指以量子力学和分子力学为理论基础，利用计算机的数据处理和图形的显示功能，模拟分子结构及分子运动的微观行为[260]，可以用于解释实验现象或指导预测新的实验[261]。近年来分子模拟技术在预测蛋白质的结构与功能关系分析、分子结构和分子间相互作用[262]、蛋白质小分子设计[263]等方面得到了较为广泛的应用。计算机分子模拟最常用的方法有同源建模（Homology Modeling）、分子对接（Molecular Docking）、分子动力学（Molecular Dynamics，MD）模拟、量子力学/分子力学（Quantum Mechanics/Molecular Mechanics，QM/MM）方法、密度泛函理论（Density Functional Theory，DFT）以及结合自由能（Binding Free Energy）计算等[264]。在小分子与生物大分子相互作用机制的研究中，常采用的是分子对接技术。

分子对接源于19世纪Fisher提出的"锁和钥匙"模型，该学说认为配体与受体之间存在类似于钥匙与锁的识别关系，而这种识别关系主要依赖于配体和受体的空间匹配。这一学说的提出使得人们对小分子与生物大分子之间的相互作用有了更加深入的理解[265]，并成功地应用于研究配体和受体之间的作用，进而预测其结合模式、亲和力以及最佳结合位置。现在分子对接技术在计算机辅助药物设计领域有着广泛的应用，但在研究配体小分子与生物大分子之间的相互作用方面仍处于探索阶段。

分子对接方法是将两个或多个分子之间通过几何匹配和能量匹配而相互识别的过程，即要求配体和受体在空间结构、氢键作用、静电作用、疏水作用等方面的互补匹配。分子对接方法主要有刚性对接、半柔性对接、柔性对接三类；使用的软件主要有DOCK、AutoDock和FlexX等。

韩忠保等[266]应用分子对接模拟技术研究了齐墩果酸（OA）和熊果酸（UA）与HSA的作用，结果表明OA与UA均对接在HSA的疏水性空腔内，主客体之间存在氢键与疏水作用，且UA与HSA疏水性空腔的空间匹配程度高于OA。因此推断，HSA-UA/OA两种复合物的稳定性差异是HSA对OA与UA异构体识别的结果。王岩等[267]采用分子对接模拟技术研究了甲基苯丙胺与BSA的分子动力学过程，结果显示，甲基苯丙胺可能与BSA的Trp和Phe通过静电引力结合形成络合物。这种相互作用破坏了BSA的发光能力，在一定程度上减弱了荧光强度。徐倩等采用分子对接模拟技术研究了一种合成雌激素与HSA的结合方式，结果表明合成雌激素被Ile388、Tyr411、Val426、Leu430、Val433、Leu453、Leu457、Leu460和Phe488等氨基酸残基组成的疏水核心所包围，与Arg485氨基酸残基之间存在氢键，雌激素骨架的酚环A以共面的方式定位在Tyr411和Phe488的芳香环之间。Beberoka 等[269]采用分子对接模拟技术研究发现环丙沙星与 Mcl-1 蛋白中常见的残基 Arg263 具有离子相互作用。环丙沙星与 Mcl-1 的配合物显示，哌嗪部分在 p2 和 p3 的口袋深处结合，而羧酸和喹诺酮类的羰基与 Arg263 相互作用。Archit 等[270]采用分子对接模拟技术研究了香豆素衍生物与 HSA 作用，分子对接研究表明，香豆素衍生物通过疏水作用和氢键作用在亚结构域 I B 与 HSA 结合。Satoa 等[271]采用分子对接模拟技术研究了 tau 蛋白与姜黄素衍生物之间的特异性相互作用。结果表明，PE859 衍生物的含量最低，由于在 PE859 的中心有一个吡唑基，所以它与许多 tau 蛋白的残基结合得更紧密。PE859 的吲哚环修饰有可能增强其与 tau 蛋白的相互作用。Neelam 等[272]采用分子对接模拟技术研究了 N-对反式香豆酰酪胺（CT）与 HSA 作用，研究表明，CT 与 HSA 的亚结构域 Ⅱ A 通过氢键作用结合，CT 的碳－16 和碳－2 的羟基（OH）与 HSA 的 Arg222、Ala291、Val293 和 Met298 之间的氢键距离分别为 2.488Å、2.811Å、2.678Å 和 2.586Å。Jana 等[273]采用了分子对接模拟技术研究了 5-(4-二甲氨基苯基)-5-二-4-二烯腈（DMAPPDN）与 BSA 作用，结果表明与 DMAPPDN 结合后，BSA 的氨基酸残基疏水性增多，并得到了二者能量最低的结合构象。Shi 等[274]采用了分子对接模拟技术研究了乙酸孕甾酮（MA）与 BSA 作用，推断出 MA 插入 BSA 的 Ⅲ A 亚域（Site Ⅱ）的疏水性空腔中。MA 与 BSA 的结合导致 BSA 构象的轻微变化，但 BSA 保留了其二级结构，而 MA 的构象在形成 MA-BSA 复合物后发生了显著变化。Mahaki 等[275]采用分子对接模拟技术研究了乙酸卡莫洛尔（KamA）与 DNA 和 HSA 作用，分子对接研究表明，静电和疏水相互作用在 DNA-KamA 和 HSA-KamA 复合物的形成中起着关键作用，HSA 上的 KamA 结合位点位于 Ⅱ A 子域中。Siddiqui 等[276]采用分子对接模拟技术研究了香兰素（VAN）与 BSA 作用，分子对接结果发现 VAN 结合在 BSA 的 Ⅱ A 亚结构域。

1.5　研究方法

本书采用多种结构表征方法和分子对接模拟技术研究了四类 EDCs 与 SA 的相互作用机理，主要从以下三个方面开展工作。

1. EDCs 与 SA 作用机制的研究

作用机制的研究路线见图 1.12，主要包括四个方面内容。

（1）判断复合物形成：通过荧光淬灭实验，由 Stern-Volmer 方程计算荧光淬灭常数，根据淬灭常数与温度的关系，判断荧光淬灭类型。实验结果可以通过时间分辨荧光光谱法、紫外-可见吸收光谱法、红外光谱法以及三维荧光光谱法进行验证。

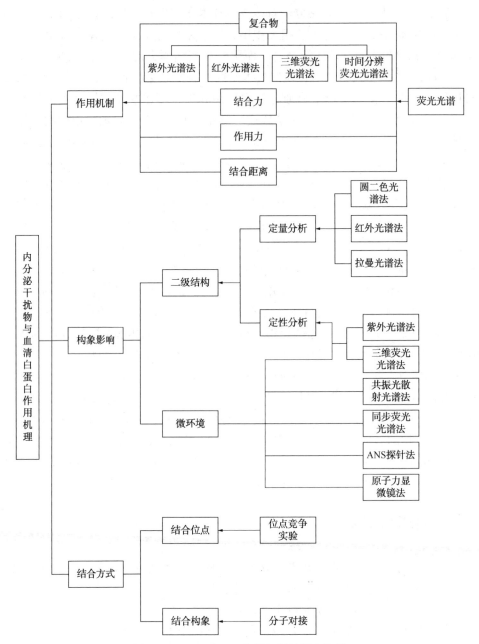

图 1.12　EDCs 与 SA 作用机制的研究路线

（2）判断结合强度：通过荧光淬灭实验，由双倒数对数方法计算结合常数和结合位点数，根据数值判断结合强度。

（3）推断作用力类型：通过荧光淬灭实验，由 Van't Hoff 方程计算热力学常数

ΔH 和 ΔS，根据 Ross 等人总结的经验，由 ΔS 和 ΔH 的符号和大小判断作用力类型。

（4）推断结合距离：通过荧光光谱和吸收光谱，根据 Föster 非辐射能量转移理论推断结合距离。

2. EDCs 对 SA 构象的影响

主要从两个方面判断 SA 构象的变化。

（1）SA 二级结构的变化：可以从定性和定量两个方面进行分析，通过紫外光谱和三维荧光光谱的光谱形状以及峰位置和强度的变化进行定性分析；由圆二色光谱法、红外光谱法对 α-螺旋等 SA 二级结构含量进行定量分析。

（2）氨基酸残基周围微环境的变化：由同步荧光光谱法、共振光散射光谱法、原子力显微镜法等方法判断氨基酸残基周围微环境极性的变化。

3. 推断结合方式

EDCs 与 SA 最佳的结合方式可以从两个方面研究。

（1）结合位点的确定：通过位点竞争实验推断 EDCs 在 SA 上的结合区域；

（2）结合方式的模拟：根据位点竞争实验确定的结合区域，通过分子对接模拟得到最佳的结合构象，同时还可以获得 EDCs 与 SA 结合的作用力，以验证荧光淬灭实验结果。

参 考 文 献

［1］R. Carson，著. 寂静的春天［M］. 吕瑞兰，李长生，译. 上海：上海译文出版社，2007.

［2］T. Colborn，著. 我们被偷走的未来［M］. 唐艳鸿，译. 长沙：湖南科学技术出版社，2001.

［3］Morthorst J. E.，Lund B. F.，Holbech H.，et al. Two common mild analgesics have no effect on general endocrine mediated endpoints in zebrafish（Danio rerio）［J］. Comp. Biochem. Physiol.，Part C：Toxicol. Pharmacol.，2018，204：63-70.

［4］Rotroff D. M.，Dix D. J.，Houck K. A.，et al. Using in vitro high throuput screening assays to identify potential endocrine-disrupting chemicals［J］. Environ. Health Perspect.，2012，121（1）：7-14.

［5］Legler J.，Fletcher T.，Govarts E.，et al. Obesity，diabetes，and associated costs of exposure to endocrine-disrupting chemicals in the European Union［J］. J. Clinical Endocrinol. Metab.，2015，100（4）：1278-1288.

［6］任仁，黄俊. 哪些物质属于内分泌干扰物（EDCs）［J］. 安全与环境工程，2004，11（3）：7-10.

［7］熊小萍. 环境内分泌干扰物的痕量分析研究及其在水环境监测中的应用［D］. 广州：广州大学，2019.

［8］Montgomery T. M.，Brown A. C.，Gendelman，H. K.，et al. Exposure to 17α-ethinylestradiol decreases motility and ATP in sperm of male fighting fish betta splendens［J］. Environ. Toxicol.，2014，29（3）：243-252.

[9] He L., Gielen G., Bolan N. S., et al. Contamination and remediation of phthalic acid esters in agricultural soils in China: a review[J]. Agron. Sustain. Dev., 2015, 35(2): 519-534.

[10] Saito T., Hong P., Tanabe R., et al. Enzymatic hydrolysis of structurally diverse phthalic acid esters by porcine and bovine pancreatic cholesterol esterases[J]. Chemosphere, 2010, 81(11): 1544-1548.

[11] Jackson J., Sutton R. Sources of endocrine-disrupting chemicals in urban wastewater, Oakland, CA[J]. Sci. Total Environ., 2008, 405(1-3): 153-160.

[12] Shen J. Y., Chang M. S., Yang S. H, et al. Simultaneous determination of triclosan, triclocarban, and transformation products of triclocarban in aqueous samples using solid-phase micro-extraction-HPLC-MS/MS[J]. J. Sep. Sci., 2012, 35(19): 2544-2552.

[13] Papaevangelou V. A., Gikas G. D., Tsihrintzis V. A., et al. Removal of endocrine disrupting chemicals in HSF and VF pilot-scale constructed wetlands[J]. Chem. Eng. J., 2016, 294: 146-156.

[14] Regnault C., Willison J., Veyrenc S., et al. Metabolic and immune impairments induced by the endocrine disruptors benzo[a]pyrene and triclosan in Xenopus tropicalis[J]. Chemosphere, 2016, 155: 519-527.

[15] Anja F., Bojana Z., Marija S. D., et al. Mutagenicity and DNA damage of bisphenol A and its structural analogues in HepG2 cells[J]. Arh. Hig. Rada. Toksiko., 2013, 64: 189-200.

[16] 张灵丽, 吴巧灵, 刘丰, 等. 纳米材料增敏的电化学检测技术在食品双酚类物质检测应用进展[J]. 食品与发酵工业, 2021, 47(19): 314-322.

[17] Lucia G., Francesco B., Giacomo R. Scrutinizing the interactions between bisphenol analogues and plasma proteins: insights from biomimetic liquid chromatography, molecular docking simulations and in silico predictions[J]. Environ. Toxicol. Phar., 2019, 68: 148-154.

[18] Ben-Jonathan N., Steinmetz R. Xenoestrogens: the emerging story of bisphenol A[J]. Trends Endocrin. Met., 1998, 9(3): 124-128.

[19] Kang J. H., Kondo F., Katayama Y. Human exposure to bisphenol A[J]. Toxicology, 2006, 226(2-3): 79-89.

[20] Xiao X., Li J. Y., Yu T., et al. Bisphenol AP is anti-estrogenic and may cause adverse effects at low doses relevant to human exposure[J]. Environ. Pollut., 2018, 242: 1625-1632.

[21] Cunha S. C., Fernandes J. O. Quantification of free and total bisphenol A and bisphenol B in human urine by dispersive liquid-liquid microextraction(DLLME) and heart-cutting multidimensional gas chromatography-mass spectrometry(MD-GC/MS)[J]. Talanta, 2011, 83(1): 117-125.

[22] Chen M. Y. Acute toxicity, mutagenicity, and estrogenicity of bisphenol-A and other bisphenols[J]. Environ. Toxicol., 2002, 17(1): 80-86.

[23] Rosenmai A. K., Dybdahl M., Pedersen M., et al. Are structural analogues to bisphenol a safe alternatives?[J]. Toxicol. Sci., 2014, 139(1): 35-47.

[24] 付国瑞, 鲁文嘉. 袋装液态乳中4种双酚类化合物的检测与分析[J]. 食品安全导刊,

2018, 197(06): 162-165.

[25] Wang G., Huang L., Yu R., et al. Photocatalytic degradation of 2,2-bis(4-hydroxy-3-methylphenyl) propane (BPP) based on molecular recognition interaction [J]. J. Chem. Technol. Biot., 2008, 83(5): 601-608.

[26] Yao J. Y., Gao M. Q., Guo X. F., et al. Enhanced degradation performance of bisphenol M using peroxymonosulfate activated by zero-valent iron in aqueous solution: kinetic study and product identification[J]. Chemosphere, 2019, 221: 314-323.

[27] Jin H, Zhu L. Occurrence and partitioning of bisphenol analogues in water and sediment from Liaohe River Basin and Taihu Lake, China[J]. Water Res., 2016, 103: 343-351.

[28] Wang Q., Chen M., Shan G., et al. Bioaccumulation and biomagnification of emerging bisphenol analogues in aquatic organisms from Taihu Lake, China[J]. Sci. Total Environ., 2017, 598: 814-820.

[29] Coleman K. P., Toscano W. A., Wiese T. E. J. QSAR models of the in vitro estrogen activity of bisphenol A analogs[J]. Mol. Inform., 2003, 22(1): 78-88.

[30] Jin H., Zhu J., Chen Z., et al. Occurrence and partitioning of bisphenol analogues in Adults' Blood from China[J]. Environ. Sci. Technol., 2017, 52(2): 812-820.

[31] Frommea H., Kuchlerb T., Ottoc T., et al. Occurrence of phthalates and bisphenol A and F in the environment[J]. Water Res., 2002, 36(6): 1429-1438.

[32] Danzl E., Sei K., Soda S., et al. Biodegradation of bisphenol A, bisphenol F and bisphenol S in seawater[J]. Int. J. Env. Res. Pub. He., 2009, 6(4): 1472-1484.

[33] Gallart-Ayala H., Moyano E., Galceran M. T. Analysis of bisphenols in soft drinks by on-line solid phase extraction fast liquid chromatography-tandem mass spectrometry[J]. Anal. Chim. Acta, 2011, 683(2): 227-233.

[34] Liao C., Liu F., Moon H. B., et al. Bisphenol analogues in sediments from industrialized areas in the United States, Japan, and Korea: spatial and temporal distributions[J]. Environ. Sci. Technol., 2012, 46(21): 11558-11565.

[35] Stanczyk F. Z., Archer D. F., Bhavnani B. R. Ethinyl estradiol and 17β-estradiol in combined oral contraceptives: pharmacokinetics, pharmacodynamics and risk assessment[J]. Contraception, 2013, 87(6): 706-727.

[36] Mattox J. H., Shulman L. P. Combined oral hormone replacement therapy formulations[J]. Am. J. Obstet. Gynecol, 2001, 185(2): 38-46.

[37] Rhen T., Cidlowski J. A. Antiinflammatory action of glucocorticoids-new mechanisms for old drugs[J]. N. Engl. J. Med., 2005, 353(16): 1711-1723.

[38] Khanal S. K., Xie B., Thompson M. L., et al. Fate, transport, and biodegradation of natural estrogens in the environment and engineered systems [J]. Environ. Sci. Technol., 2006, 40(21): 6537-6546.

[39] Patel S., Homaei A., Raju A. B., et al. Estrogen: the necessary evil for human health, and ways to tame it[J]. Biomed. Pharmacother., 2018, 102: 403-411.

［40］Lata K., Mukherjee T. K. Knockdown of receptor for advanced glycation end products attenuate 17α-ethinyl-estradiol dependent proliferation and survival of MCF-7 breast cancer cells［J］. BBA-Biomembranes., 2014, 1840(3)：1083-1091.

［41］Aschbacher P. W. Diethylstilbestrol metabolism in food-producing animals［J］. J. Toxicol Environ. Health Suppl., 1976, 1：45-59.

［42］Baker, L. M., Varkkevielus V. K. Reevaluation of rebound regression in disseminated carcinoma of the breast［J］. Cancer, 1972, 29(5)：1268-1271.

［43］Yearley E. J., Zhurova E. A., Zhurov V. V., et al. Experimental electron density studies of non-steroidal synthetic estrogens：diethylstilbestrol and dienestrol［J］. J. Mol. Struct., 2008, 890(1-3)：240-248.

［44］Herbst A. L., Uldfelder H., Poskanzer D. C. Adenocarcinoma of the vagina：association of maternal stilbestrol therapy with tumor appearance in young women［J］. N. Engl. J. Med., 1971, 284：878-881.

［45］McMartin K. E., Kennedy K. A., Greenspan P., et al. Diethylstilbestrol：a review of its toxicity and use as a growth promotant in food-producing animals［J］. J. Environ. Pathol. and Toxicol., 1978, 1(3)：279-313.

［46］Ousji O., Sleno L. Identification of in vitro metabolites of synthetic phenolic antioxidants BHT, BHA, and TBHQ by LC-HRMS/MS［J］. Int. J. Mol. Sci., 2020, 21(24)：9525.

［47］Hughes P. J., McLellan H., Lowes D. A., et al. Estrogenic alkylphenols induce cell death by inhibiting testis endoplasmic reticulum Ca^{2+} pumps［J］. Boichem. Bioph. Res. Co., 2000, 277(3)：568-574.

［48］Pop A., Kiss B., Loghin F. Endocrine disrupting effects of butylated hydroxyanisole(BHA-E320)［J］. Clujul Medical, 2013, 86(1)：16.

［49］GB 2760—2014. 食品安全国家标准 食品添加剂使用标准［S］. 2014.

［50］Pop A., Berce C., Bolfa P., et al. Evaluation of the possible endocrine disruptive effect of butylated hydroxyanisole, butylated hydroxytoluene and propyl gallate in immature female rats［J］. Farmacia, 2013, 61(1)：202-211.

［51］Nowak K., Ratajczak-Wrona W., Górska M., et al. Parabens and their effects on the endocrine system［J］. Mol. Cell. Endocrinology, 2018, 474：238-251.

［52］Boberg J., Taxvig C., Christiansen S., et al. Possible endocrine disrupting effects of parabens and their metabolites［J］. Reprod. Toxico., 2010, 30(2)：301-312.

［53］Palmer J. R., Wise L. A., Hatch E. E. et al. Prenatal diethylstilbestrol exposure and risk of breast cancer［J］. Cancer Epidemiol. Biomarkers Prev., 2006, 15(8)：1509-1514.

［54］Chang W. L., Hou M. L., Chang L., et al. Determination and pharmacokinetics of di-(2-ethylhexyl) phthalate in rats by ultra performance liquid chromatography with tandem mass spectrometry［J］. Molecules, 2013, 18(9)：11452-11466.

［55］杨彦, 于云江, 李定龙, 等. 太湖流域(苏南地区)农业活动区人群 PAEs 健康风险评估［J］. 中国环境科学, 2013, 33(6)：1097-1105.

[56] Gesler R. M. Toxicology of di-2-ethylhexyl phthalate and other phthalic acid ester plasticizers [J]. Environ. Health Perspect., 1973, 3：73-79.

[57] Vidaeff A. C., Sever L. E. In utero exposure to environmental chemical polutants and male reproductive health：a systematic review of biological and epidemiologic evidence [J]. Reprod. Toxicol., 2005, 20(1)：5-20.

[58] 王丹丹, 张婧, 杨桂朋, 等. 药物及个人护理品的污染现状、分析技术及生态毒性研究进展[J]. 环境科学研究, 2018, 31(12)：2013-2020.

[59] 秦秦, 宋科, 孙丽娟, 等. 药品和个人护理品(PPCPs)在土壤中的迁移转化和毒性效应研究进展[J]. 生态环境学报, 2019, 28(5)：1046-1054.

[60] 丁腾达, 李雯, 阚啸林, 等. 水环境中药物和个人护理品(PPCPs)的污染现状及对藻类的毒性研究进展[J]. 应用生态学报, 2019, 30(9)：3252-3264.

[61] 吕小明. 典型新兴环境污染物的研究进展[J]. 中国环境监测, 2012, 28(4)：118-123.

[62] 吕妍, 袁涛, 王文华, 等. 个人护理用品生态风险评价研究进展[J]. 环境与健康杂志, 2007, 24(8)：650-653.

[63] 贾瑷, 胡建英, 孙建仙, 等. 环境中的医药品与个人护理品[J]. 化学进展, 2009, 21(2/3)：389-398.

[64] 孙洪芹, 江文静, 郭艳敏, 等. 个人护理用品(PCPs)的生态毒性和处理工艺效果研究进展[J]. 生态毒理学报, 2016, 11(1)：94-102.

[65] 李欣红, 史咲頔, 马瑾, 等. 浙江省农田土壤多环芳烃污染及风险评价[J]. 农业环境科学学报, 2019, 38(7)：1531-1540.

[66] Adeniyi A. A., Okedeyi O. O., Yusuf K. A. Flame ionization gas chromatographic determination of phthalate esters in water, surface sediments and fish species in the Ogun river catchments, Ketu, Lagos, Nigeria[J]. Environ. Monit. Assess., 2011, 172(1-4)：561-569.

[67] Mitrunen K., Hirvonen A. Molecular epidemiology of sporadic breast cancer. The role of polymorphic genes involved in oestrogen biosynthesis and metabolism[J]. Mutat. Res-Fund. Mol. M., 2003, 544(1)：9-41.

[68] Woodruff T. J., Carlson A., Schwartz J. M., et al. Proceedings of the summit on environmental challenges to reproductive health and fertility：executive summary[J]. Fertil. Steril., 2008, 89(2)：1-20.

[69] 范博, 王晓南, 黄云, 等. 我国七大流域水体多环芳烃的分布特征及风险评价[J]. 环境科学, 2019, 40(5)：2101-2114.

[70] Ringelberg D. B., Tulley J. W., Perkins E. J., et al. Succession of phenotypic, genotypic, and metabolic community characteristics during in vitro bioslurry treatment of polycyclic aromatic hydrocarbon-contaminated sediments [J]. App. Environ. Microb., 2001, 67(4)：1542-1550.

[71] 谢晓芸. 几种典型内分泌干扰物与人血清白蛋白相互作用的研究[D]. 兰州：兰州大学, 2011.

[72] 马晶晶, 徐继润. 环境雌激素在环境中的迁移转化研究[J]. 四川环境, 2013, 32(3)：

112-116.

[73] Kuster M., Azevedo D. A., De Alda M. L., et al. Analysis of phytoestrogens, progestogens and estrogens in environmental waters from Rio de Janeiro(Brazil)[J]. Environ. Int., 2009, 35(7): 997-1003.

[74] 杨建军. 渭河陕西段环境内分泌干扰物质量基准研究[D]. 西安: 长安大学, 2011.

[75] 佐藤淳, 著. 环境激素[M]. 魏春燕, 译. 北京: 科学出版社, 2003.

[76] 贾瑞宝, 孙韶华, 王明泉, 等. 水环境中内分泌干扰物的检测评估及风险控制[J]. 中国给水排水, 2017, 33(18): 33-38.

[77] Liu S., Ying G. G., Zhao J. L., et al. Occurrence and fate of androgens, estrogens, glucocorticoids and progestagens in two different types of municipal wastewater treatment plants[J]. J. Environ. Monitor., 2012, 14(2): 482-491.

[78] Schug T. T., Janesick A., Blumberg B., et al. Endocrine disrupting chemicals and disease susceptibility[J]. J. Steroid Biochem., 2011, 127(3-5): 204-215.

[79] Khanal S. K, Xie B., Thompson M. L., et al. Fate, transport, and biodegradation of natural estrogens in the environment and engineered systems[J]. Environ. Sci. Technol., 2006, 40(21): 6537-6546.

[80] 刘畅伶, 张文强, 单保庆. 珠江口典型河段内分泌干扰物的空间分布及风险评价[J]. 环境科学学报, 2018, 38(1): 115-124.

[81] 杨清伟, 梅晓杏, 孙姣霞, 等. 典型环境内分泌干扰物的来源、环境分布和主要环境过程[J]. 生态毒理学报, 2018, 13(3): 42-55.

[82] Danesh N., Navaee Sedighi Z., Beigoli S., et al. Determining the binding site and binding affinity of estradiol to human serum albumin and holo-transferrin: fluorescence spectroscopic, isothermal titration calorimetry and molecular modeling approaches[J]. J. Biomol. Struct. Dyn., 2018, 36(7): 1747-1763.

[83] Yang H., Huang Y., Liu J., et al. Binding modes of environmental endocrine disruptors to human serum albumin: insights from STD-NMR, ITC, spectroscopic and molecular docking studies[J]. Sci. Rep., 2017, 7(1): 11126-11136.

[84] Coldham N. G., Sivapathasundaram S., Dave M., et al. Biotransformation, tissue distribution, and persistence of 4-nonylphenol residues in juvenile rainbow trout(oncorhynchus mykiss)[J]. Drug Metab. Dispos., 1998, 26(4): 347-354.

[85] Duong C. N., Jinsung R., Jaeweon C., et al. Estrogenic chemicals and estrogenicity in river waters of South Korea and seven Asian countries[J]. Chemosphere, 2010, 78(3): 286-293.

[86] Moralessuarezvarela M., Toft G., Jensen M. S., et al. Parental occupational exposure to endocrine disrupting chemicals and male genital malformations: a study in the danish national birth cohort study[J]. Environ. Health-glob, 2011, 10: 3-11.

[87] Rodriguezgomez R., Jimenezdiaz I., Zafragomez A., et al. A multiresidue method for the determination of selected endocrine disrupting chemicals in human breast milk based on a simple extraction procedure[J]. Talanta, 2014, 130: 561-570.

［88］卢崇伟. 环境内分泌干扰物三氯生、双酚 A 对斑马鱼的毒性研究［D］. 镇江：江苏大学，2016.

［89］Bengtsson J., Kaerlev L., et al. Potential exposure to endocrine disrupting chemicals and selected adverse pregnancy outcomes：a follow-up study of pregnant women referred for occupational counselling［J］. J. Occup. Med. Toxicol., 2017, 12：6-11.

［90］Sastre B. E., Artero C. C., Ruiz Y. G., et al. Endocrine disrupting chemicals exposure and other parental factors in hypospadias and cryptorchidism etiology［J］. Cir. Pediatr., 2015, 28（3）：128-132.

［91］Fedder J., Loft A., Parner E. T., et al. Neonatal outcome and congenital malformations in children born after ICSI with testicular or epididymal sperm：A controlled national cohort study［J］. Hum. Reprod., 2013, 28（1）：230-240.

［92］Boas M., Feldtrasmussen U., Main K. M., et al. Thyroid effects of endocrine disrupting chemicals［J］. Mol. Cell. Endocrinol., 2012, 355（2）：240-248.

［93］Lan H., Lin I., Yang Z., et al. Low-dose bisphenol a activates cyp11a1 gene expression and corticosterone secretion in adrenal gland via the JNK signaling pathway［J］. Toxicol. Sci., 2015, 148（1）：26-34.

［94］Colborn T., Saal F. S., Soto A. M., et al. Developmental effects of endocrine-disrupting chemicals in wildlife and humans［J］. Environ. Health Perspect., 1993, 101（5）：378-384.

［95］Gray L. E., Ostby J., Wolf C., et al. The value of mechanistic studies in laboratory animals for the prediction of reproductive effects in wildlife：endocrine effects on mammalian sexual differentiation［J］. Environ. Toxicol. Chem., 1998, 17（1）：109-118.

［96］Kuo C., Yang S., Kuo P., et al. Immunomodulatory effects of environmental endocrine disrupting chemicals［J］. Kaohsiung J. Med. Sci., 2012, 28（7Suppl）：S37-42.

［97］Deierlein A., Rock S., Park S., et al. Persistent endocrine disrupting chemicals and fatty liver disease［J］. Curr. Environ. Health Rep., 2017, 4（4）：439-449.

［98］Imaida K., Shirai T. Endocrine disrupting chemicals and carcinogenesis-breast, testis and prostate cancer［J］. Nihon. Rinsho., 2000, 58（12）：2527-2532.

［99］Wirbisky S. E., Weber G. J., Sepúlveda Maria S., et al. An embryonic atrazine exposure results in reproductive dysfunction in adult zebrafish and morphological alterations in their offspring［J］. Sci. Rep., 2016, 6：21337.

［100］宋方洲. 生物化学与分子生物学［M］. 北京：科学出版社，2014

［101］Xie W., He H., Dong J., et al. Thermodynamics of the interaction of morin with bovine serum albumin［J］. Acta Phys. -Chim. Sin, 2019, 35（7）：725-733.

［102］王冬梅. 生物化学［M］. 北京：科学出版社，2010.

［103］马林，古练权. 化学生物学导论［M］. 北京：化学工业出版社，2009.

［104］杨荣武. 生物化学原理［M］. 北京：高等教育出版社，2006.

［105］Basu A., Kumar G. S. Study on the interaction of the toxic food additive carmoisine with serum albumins：a microcalorimetric investigation［J］. J. Hazard. Mater., 2014, 273：200-206.

［106］张秋兰，倪永年. 光谱和伏安法研究沙丁胺醇与牛血清白蛋白的相互作用［J］. 南昌大学学报（理科版），2014，38（1）：69-73.

［107］张英霞，张云. 血清白蛋白的功能及应用［J］. 海南大学学报自然科学版，2007，25（3）：315-320.

［108］领小. 胡椒碱衍生物的分析测定及与蛋白分子之间的相互作用［M］. 呼和浩特：内蒙古大学出版社，2013.

［109］Ikhlas S., Usman A., Ahmad M. Comparative study of the interactions between bisphenol-A and its endocrine disrupting analogues with bovine serum albumin using multi-spectroscopic and molecular docking studies［J］. J. Biomol. Struct. Dyn., 2018：1-30.

［110］Wang Y. Q., Zhang H. M. Exploration of binding of bisphenol A and its analogues with calf thymus DNA by optical spectroscopic and molecular docking methods［J］. J. Photoch. Photobio. B., 2015, 149：9-20.

［111］Grumetto L., Barbato F., Russo G. Scrutinizing the interactions between bisphenol analogues and plasma proteins：insights from biomimetic liquid chromatography, molecular docking simulations and in silico predictions［J］. Environ. Toxicol. Phar., 2019, 68：148-154.

［112］Mathew M., Sreedhanya S., Manoj P. Exploring the interaction of bisphenol-S with serum albumins：a better or worse alternative for bisphenol A? ［J］. J. Phys. Chem. B., 2014, 118：3832-3843.

［113］Xie X., Wang X., Xu X., et al. Investigation of the interaction between endocrine disruptor bisphenol A and human serum albumin［J］. Chemosphere, 2010, 80(9)：1075-1080.

［114］Yang H., Huang Y., Liu J., et al. Binding modes of environmental endocrine disruptors to human serum albumin：insights from STD-NMR, ITC, spectroscopic and molecular docking studies［J］. Sci. Rep-UK., 2017, 7(1)：11126.

［115］Tanveer A. W., Ahmed H. B., Seema Z., et al. Evaluation of competitive binding interaction of neratinib and tamoxifen to serum albumin in multidrug therapy［J］. Spectrochim. Acta A, 2019：117691.

［116］Sun H., Wu Y., Xia X., et al. Interaction between diethylstilbestrol and bovine serum albumin［J］. Monatsh. für Chem., 2013, 144：739-746.

［117］武玉杰. 光谱法研究 Se 的分析及 Se 存在下药物与血清白蛋白的相互作用［D］. 保定：河北大学，2012.

［118］张兴梅. 环境友好前处理技术检测动物源性食品中兽药残留的研究与应用［D］. 烟台：烟台大学，2014.

［119］Poor M., Kunsagimate S., Balint M., et al. Interaction of mycotoxin zearalenone with human serum albumin［J］. J. Photochem. Photobiol B., 2017, 170：16-24.

［120］Zelma F., Lemli B., Szerencsés D., et al. Interactions of zearalenone and its reduced metabolites α-zearalenol and β-zearalenol with serum albumins：species differences, binding sites, and thermodynamics［J］. Mycotoxin Res., 2018, 34：269-278.

［121］Sharif-Barfeh Z., Beigoli S., Marouzi S., et al. Multi-spectroscopic and HPLC studies of the interaction between estradiol and cyclophosphamide with human serum albumin: binary and ternary systems[J]. J. Solution Chem., 2017, 46(2): 488-504.

[122] 潘静静，钟怀宁，李丹，等. 食品接触材料及制品中邻苯二甲酸酯类塑化剂的风险管控 [J]. 中国油脂，2019，44(4): 85-90.

[123] L. Wang, J. Dong, R. Li, et al. Elucidation of binding mechanism of dibutyl phthalate on bovine serum albumins by spectroscopic analysis and molecular docking method[J]. Spectrochim. Acta A., 2020, 1386-1429.

[124] Zhang H. X., Liu E. Binding behavior of DEHP to albumin: spectroscopic investigation[J]. J. Incl. Phenom. Macro., 2012, 74(1-4): 231-238.

[125] 王亚萍，张国文，汪浪红. 光谱技术结合分子模拟测定塑化剂邻苯二甲酸二正辛酯与人血清白蛋白相互作用模式[J]. 分析测试学报，2013，32(12): 1433-1437.

[126] 李洁，董红周，卫莺，等. 杜鹃素新结构衍生物与人血清白蛋白相互作用的光谱及分子对接[J]. 分析试验室，2017，36(06): 637-642.

[127] Birnbaum L. S., Jung P. From endocrine disruptors to nanomaterials: advancing our understanding of environmental health to protect public health[J]. Health Aff. (Millwood), 2011, 30(5): 814-822.

[128] Schlumpf M., Schmid P., Durrer S., et al. Endocrine activity and developmental toxicity of cosmetic UV filters-an update[J]. Toxicology, 2004, 205(1-2): 113-122.

[129] Laws S. C., Carey S. A., Ferrell J. M., et al. Estrogenic activity of octylphenol, nonylphenol, bisphenol a and methoxychlor in rats[J]. Toxicol. Sci., 2000, 54(1): 154-167.

[130] Ràfols C., Zarza S., Bosch E. Molecular interactions between some non-steroidal anti-inflammatory drugs(NSAID's) and bovine(BSA) or human(HSA) serum albumin estimated by means of isothermal titration calorimetry(ITC) and frontal analysis capillary electrophoresis (FA/CE)[J]. Talanta, 2014, 130: 241-250.

[131] Munkboel C. H., Christensen L. R., Islin J., et al. The antiepileptic drug lamotrigine inhibits the CYP17A1 lyase reaction in vitro[J]. Biol. Reprod., 2018, 99(4): 888-897.

[132] Ao J., Gao L., Yuan T., et al. Interaction mechanisms between organic UV filters and bovine serum albumin as determined by comprehensive spectroscopy exploration and molecular docking [J]. Chemosphere, 2015, 119: 590-600.

[133] Zhang F., Zhang J., Tong C., et al. Molecular interactions of benzophenone UV filters with human serum albumin revealed by spectroscopic techniques and molecular modeling[J]. J. Hazard Mater., 2013, 263(Pt 2): 618-626.

[134] Xie X., Lu W., Chen X., et al. Binding of the endocrine disruptors 4-tert-octylphenol and 4-nonylphenol to human serum albumin[J]. J. Hazard. Mater., 2013, 248-249: 347-354.

[135] 曹云者，柳晓娟，谢云峰，等. 我国主要地区表层土壤中多环芳烃组成及含量特征分析 [J]. 环境科学学报，2012，32(01): 197-203.

[136] Zhang J., Chen L., Liu D., et al. Interactions of pyrene and/or 1-hydroxypyrene with bovine serum albumin based on EEM-PARAFAC combined with molecular docking[J]. Talanta,

2018, 186: 497-505.

[137] Skupinska K., Zylm M., Misiewicz I., et al. Interaction of anthracene and its oxidative derivatives with human serum albumin[J]. Acta Biochim. Pol., 2006, 53(1): 101-112.

[138] Ling I., Taha M., Alsharji N. A., et al. Selective binding of pyrene in subdomain IB of human serum albumin: combining energy transfer spectroscopy and molecular modelling to understand protein binding flexibility[J]. Spectrochim. Acta A, 2018, 194: 36-44.

[139] Zhang J., Chen W., Tang B., et al. Interactions of 1-hydroxypyrene with bovine serum albumin: insights from multi-spectroscopy, docking and molecular dynamics simulation methods [J]. RSC Adv., 2016, 6(28): 1-3.

[140] Fang S., Li H., Liu T., et al. Molecular interaction of PCB180 to human serum albumin: insights from spectroscopic and molecular modelling studies[J]. J. Mol. Model., 2014, 20 (4): 2098-2107.

[141] Rownickazubik J., Sulkowski L., Toborek M. J., et al. Interactions of PCBs with human serum albumin: in vitro spectroscopic study[J]. Spectrochim. Acta. A, 2014, 124: 632-637.

[142] Purcell M., Neault J. F., Malonga H., et al. Interactions of atrazine and 2,4-D with human serum albumin studied by gel and capillary electrophoresis, and FTIR spectroscopy[J]. BBA-Biomembranes., 2001, 1548(1): 129-138.

[143] Huang P., Yang J., Song Q., et al. Atrazine affects phosphoprotein and protein expression in MCF-10A human breast epithelial cells[J]. Int. J. Mol. Sci., 2014, 15(10): 17806-17826.

[144] Xu Z., Yin H., Huo L., et al. Electrochemical immunosensor for DNA methyltransferase activity assay based on methyl cpg-binding protein and dual gold nanoparticle conjugate-based signal amplification[J]. Sensors Actuat. B-Chem., 2014, 192: 143-149.

[145] Feng J., Wu M., Wang B., et al. In vitro investigation on behavior of pyriproxyfen binding onto bovine serum albumin by mean of various spectroscopic methodologies and in Silico[J]. Chem. Select. , 2019, 4: 11626-11635.

[146] Okumura M., Kadokura H., Hashimoto S., et al. Inhibition of the functional interplay between endoplasmic reticulum (ER) oxidoreduclin-1α (Ero1α) and Protein-disulfide Isomerase(PDI) by the Endocrine Disruptor Bisphenol A[J]. J. Biol. Chem., 2014, 289 (39): 27004-27018.

[147] Ezoji H., Rahimnejad M. Electrochemical behavior of the endocrine disruptor bisphenol A and in situ investigation of its interaction with DNA[J]. Sensor. Actuat. B-Chem., 2018, 274: 370-380.

[148] Wang X., Yang J., Wang Y., et al. Studies on electrochemical oxidation of estrogenic disrupting compound bisphenol AF and its interaction with human serum albumin[J]. J. Hazard. Mater., 2014, 276: 105-111.

[149] Xu Z., Yin H., Han Y., et al. DNA-based hybridization chain reaction amplification for assaying the effect of environmental phenolic hormone on DNA methyltransferase activity[J].

Anal. Chim. Acta., 2014, 829: 9-14.

[150] Harada S., Hiromori Y., Nakamura S., et al. Structural basis for PPARγ transactivation by endocrine-disrupting organotin compounds[J]. Sci. Rep., 2015, 5: 1-7.

[151] 许金钧, 王尊本, 主编. 荧光分析法[M]. 北京: 科学出版社, 2006.

[152] Lian W., Liu Y., Yang H., et al. Investigation of the binding sites and orientation of Norfloxacin on bovine serum albumin by surface enhanced Raman scattering and molecular docking [J]. Spectrochim. Acta. Part A, 2019, 207: 307-312.

[153] Zou L., Mi C., Yu H., et al. Characterization of the interaction between triclosan and catalase[J]. RSC Adv., 2017, 7: 9031-9036.

[154] 李全文, 郭江宁. 阳离子卟啉与牛血清白蛋白相互作用的光谱研究[J]. 分子科学学报, 2014, 30(04): 345-353.

[155] 吴春惠, 叶红德, 吴德洪, 等. 荧光光谱法研究新型碳硼烷金属有机衍生物与牛血清白蛋白的相互作用[J]. 光谱学与光谱分析, 2013, 33(01): 120-125.

[156] 赵虎, 庞艳玲, 张敏, 等. 伊文思蓝作荧光探针研究牛血清白蛋白与氨苄青霉素之间的竞争反应[J]. 高等学校化学学报, 2008, (03): 482-487.

[157] 孟丽艳, 屈凌波, 杨冉, 等. 紫外吸收光谱和荧光光谱法研究大黄酚与牛血清白蛋白相互作用机制[J]. 理化检验-化学分册, 2009, 45(10): 1169-1173.

[158] 杨淑玲, 廖先萍, 范星, 等. 光谱法及分子对接技术研究黄体酮与牛血清白蛋白的结合机制[J]. 发光学报, 2019, 40(11): 1439-1445.

[159] Liu B., Wang J., Xue C., et al. Effects of synthetic food colorants on the interaction between norfloxacin and bovine serum albumin by fluorescence spectroscopy[J]. Monatsh Chem., 2012, 143: 401-408.

[160] Xiangyu C., Yonglin H., Dan L., et al. Characterization of interaction between scoparone and bovine serum albumin: spectroscopic and molecular docking methods[J]. RSC Adv., 2018, 8: 25519-25525.

[161] Förster T., Sinanoglu O. Modern Quantum Chemistry[M]. New York: Academic Press, 1966.

[162] Carter D. C., Ho J. X. Structure of serum albumin. [J]. Adv. Protein Chem., 1994, 45(6): 153-176.

[163] Minic S., Stanic-Vucinic D., Radomirovic M., et al. Characterization and effects of binding of food-derived bioactive phycocyanobilin to bovine serum albumin[J]. Food Chem., 2018, 239(15): 1090-1099.

[164] Paul S., Ghanti R., Sardar P. S., et al. Synthesis of a novel coumarin derivative and its binding interaction with serum albumins[J]. Chem. Heterocycl Compd., 2019, 55: 607-611.

[165] Bolaños K., Kogan M. J., Araya E. Capping gold nanoparticles with albumin to improve their biomedical properties[J]. Int. J. Nanomed, 2019, 14: 6387-6406.

[166] Zhao H. Y., Bojko B., Liu F. M., et al. Mechanism of interactions between organophosphorus

insecticides and human serum albumin： solid‐phase microextraction， thermodynamics and computational approach‐ScienceDirect[J]. Chemosphere， 2020， 253： 126698.

[167] Ni Y.， Zhang X.， Kokot S. Spectrometric and voltammetric studies of the interaction between quercetin and bovine serum albumin using warfarin as site marker with the aid of chemometrics [J]. Spectrochim. Acta A.， 2009， 71(5)： 1865‐1872.

[168] 易丽. 光谱法研究对硝基苯酚‐苏丹红‐与牛血清白蛋白的相互作用[D]. 沈阳：辽宁大学，2013.

[169] Xu X. Y.， Du Z. Y.， Wu W. H.， et al. Synthesis of triangular silver nanoprisms and spectroscopic analysis on the interaction with bovine serum albumin[J]. Anal. Bioanal. Chem.， 2017， 409(22)： 5327‐5336.

[170] 张海蓉，边贺东，潘英明，等. 光谱法研究儿茶素与牛血清白蛋白的相互作用[J]. 光谱学与光谱分析，2009，(11)：3052‐3056.

[171] Zhang G.， Zhao N.， Wang L. Fluorescence spectrometric studies on the binding of puerarin to human serum albumin using warfarin， ibuprofen and digitoxin as site markers with the aid of chemometrics[J]. J. Lumin.， 2011， 131(12)： 2716‐2724.

[172] Makegowda M.， Doddarevanna R. H.， Mukundaswamy C. K. Molecular docking and multitudinous spectroscopic studies to elucidating proton‐pump inhibitor a lansoprazole binding interaction with bovine serum albumin[J]. Biointerface Research in Applied Chemistry， 2019， 9 (4)： 4015‐4021.

[173] Razzak M. A.， Lee J. E.， Choi S. S. Structural insights into the binding behavior of isoflavonoid glabridin with human serum albumin[J]. Food Hydrocolloids， 2019， 91(7)： 290‐300.

[174] Hamishehkar H.， Hosseini S.， Naseri A.， et al. Interactions of cephalexin with bovine serum albumin： displacement reaction and molecular docking[J]. Bioimpacts Bi， 2016， 6(3)： 125‐133.

[175] Sun H.， Xia Q.， Liu R. Comparison of the binding of the dyes Sudan Ⅱ and Sudan Ⅳ to bovine hemoglobin[J]. J. Lumin.， 2014(148)： 143‐150.

[176] Pathaw L.， Khamrang T.， Kathiravan A.， et al. Synthesis， crystal structure， bovine serum albumin binding studies of 1,2,4‐triazine based copper(Ⅰ) complexes[J]. J. Mol. Struct.， 2020， 1207(1).

[177] Qiang L.， Wen Y. Y.， Ling L. Q.， et al. Interaction of warfarin with human serum albumin and effect of ferulic acid on the binding[J]. J. Spectrosc.， 2014： 1‐7.

[178] 杨曼曼，席小莉，杨频. 用荧光淬灭和荧光加强两种理论研究喹诺酮类新药与白蛋白的作用[J]. 高等学校化学学报，2006，27(4)：687‐691.

[179] Bhattacharyya J.， Bhattacharyya M.， Chakrabarty A. S.， et al. Interaction of chlorpromazine with myoglobin and hemoglobin. A comparative study[J]. Biochem. Pharmacol.， 1994， 47 (11)： 2049‐2053.

[180] 何文英，张连华，陈光英，等. 光谱法研究文多灵碱与牛血清白蛋白的键合[J]. 光谱

实验室，2008，25(5)：847-853.

[181] 马纪，刘媛，谢孟峡. 三种异黄酮类药物与不同异构体人血清白蛋白的作用机制研究 [J]. 光谱学与光谱分析，2012，32(1)：1-6.

[182] 邓世星，杨季冬. 荧光法研究酚藏花红与牛血清白蛋白的相互作用[J]. 分析测试学报，2007，26(3)：360-364.

[183] Beechem J. M., Brand L. Time-resolved fluorescence of proteins [J]. Annu. Rev. Biochem., 1985, 54：43-71.

[184] Rayner D. M., Szabo A. G. Time resolved fluorescence of aqueous tryptophan[J]. Can. J. Chem., 1978, 56(5)：743-745.

[185] Ariga G. G., Naik P. N., Nandibewoor S. T., et al. Study of fluorescence interaction and conformational changes of bovine serum albumin with histamine H\r, 1\r, -receptor-drug epinastine hydrochloride by spectroscopic and time-resolved fluorescence methods[J]. Biopolymers, 2015, 103(11)：646-657.

[186] Banerjee P., Ghosh S., Sarkar A., et al. Fluorescence resonance energy transfer：a promising tool for investigation of the interaction between 1-anthracene sulphonate and serum albumins[J]. J. Lumin., 2011, 131(2)：316-321.

[187] Munmun B., Joydeep C., Tapan G. Investigations on the interactions of aurintricarboxylic acid with bovine serum albumin：steady state/time resolved spectroscopic and docking studies[J]. J. Photochem. Photobiol. B, 2011, 102(1)：11-19.

[188] Zolese G., Falcioni G., Bertoli E., et al. Steady-state and time resolved fluorescence of albumins interacting with N-oleylethanolamine, a component of the endogenous N-acylethanolamines [J]. Proteins, 2000, 40(1)：39-48.

[189] Togashi D. M., Ryder A. G. Time-resolved fluorescence studies on bovine serum albumin denaturationprocess[J]. J. Fluoresc., 2006, 16(2)：153-160.

[190] Togashi D. M., Ryder A. G., et al. Monitoring local unfolding of bovine serum albumin during denaturation using steady-state and time-resolved fluorescence spectroscopy[J]. J. Fluoresc., 2010, 20(2)：441-452.

[191] Loyd J. B. F., Evett I. W. Sychronized excitation of fluorescence emission spectra [J]. Nature Physical Science, 1971, 231(20)：64-65.

[192] Miller J. N. Recent advances in molecular luminescence analysis [J]. Proc. Anal. Div. Chem. Soc., 1979, 16：203-208.

[193] Zhou Z., Hu X., Hong X., et al. Interaction characterization of 5-hydroxymethyl-2-furaldehyde with human serum albumin：binding characteristics, conformational change and mechanism[J]. J. Mol. Liq., 2011, 30(4)：444-447.

[194] Xu X., Du Z., Wu W., et al. Synthesis of triangular silver nanoprisms and spectroscopic analysis on the interaction with bovine serum albumin[J]. Anal. Bioanal. Chem., 2017, 409 (22)：5327-5336.

[195] Tanveer W., Ahmed B., Abdul-Rahman A. M., et al. Study of the interactions of bovine se-

rum albumin with the new anti-Inflammatory agent 4-(1,3-dioxo-1,3-dihydro-2H-isoindol-2-yl)-N-[(4-ethoxy-phenyl)methylidene] benzohydrazide using a multi-spectroscopic approach and molecular docking[J]. Molecules, 2017, 22(8): 1258-1267.

[196] Yan Y., Xu J., Chen G. Protein conformation in solution by three-dimensional fluorescence spectrometry[J]. Sci. China. Ser. B Chem., 1996, 39, 5: 527-535.

[197] Dong S., Li Z., Shi L., et al. The interaction of plant-growth regulators with serum albumin: molecular modeling and spectroscopic methods[J]. Food Chem. Toxicol., 2014, 67: 123-130.

[198] Liu C., Guo J., Cui F. Study on the stereoselective binding of cytosine nucleoside enantiomers to human serum albumin[J]. Spectrochim. Acta. A, 2020, 224.

[199] Ge Y., Jin C., Song Z., et al. Multi-spectroscopic analysis and molecular modeling on the interaction of curcumin and its derivatives with human serum albumin: a comparative study[J]. Spectrochim. Acta. A, 2014, 124: 265-276.

[200] Tabish M., Siddiqui S., Ameen F., et al. A comprehensive spectroscopic and computational investigation on the binding of anti-asthmatic drug triamcinolone with serum albumin[J]. New J. Chem., 2019, 43: 4137-4151.

[201] Guan J., Yan X., Zhao Y., et al. Binding studies of triclocarban with bovine serum albumin: insights from multi-spectroscopy and molecular modeling methods[J]. Spectrochim. Acta. A, 2018, 202: 1-12.

[202] Wang B. L., Pan D. Q., Zhou K. L., et al. Multi-spectroscopic approaches and molecular simulation research of the intermolecular interaction between the angiotensin-converting enzyme inhibitor(ACE inhibitor) benazepril and bovine serum albumin(BSA)[J]. Spectrochim. Acta. A, 2019, 212: 15-24.

[203] Guo Z., Kong Z., Wei Y., et al. Effects of gene carrier polyethyleneimines on the structure and binding capability of bovine serum albumin[J]. Spectrochim. Acta. A, 2017, 173: 783-791.

[204] 彭丽萍, 丁欣悦, 张国文, 等. 光谱法结合分子模拟技术研究维生素 D3 与人血清蛋白的相互作用[J]. 南昌大学学报(理科版), 2017, 41(5): 483-489.

[205] Wang Y., Wu P., Zhou X., et al. Exploring the interaction between picoplatin and human serum albumin: the effects on protein structure and activity[J]. J. Photochem Photobiol B, 2016, 162: 611-618.

[206] Wang Y., Ying Q., Luo H, et al. Molecular characterization of the effects of Ganoderma Lucidum polysaccharides on the structure and activity of bovine serum albumin[J]. Spectrochim. Acta. A, 2019, 206: 538-546.

[207] Wang B. L., Kou S. B., Lin Z. Y., et al. Investigation on the binding behavior between BSA and lenvatinib with the help of various spectroscopic and in silico methods[J]. J. Mol. Struct., 2019, 1204: 127521.

[208] Zhou K. L., Pan D. Q., Lou Y. Y., et al. Intermolecular interaction of fosinopril with

bovine serum albumin(BSA): the multi-spectroscopic and computational investigation[J]. J. Mol. Recognit., 2018: 2716.

[209] 吴克刚, 周华丽, 柴向华, 等. 光谱法研究芳樟醇与牛血清白蛋白的相互作用[J]. 现代食品科技, 2015, 31(12): 141-148.

[210] 蒋爱雯, 段艳青, 袁维国, 等. 荧光光谱法研究间硝基苯胺与牛血清白蛋白的相互作用[J]. 理化检验-化学分册, 2015, 51(2): 500-504.

[211] 郭清莲, 何欢, 潘凌立, 等. BCBP 与牛血清白蛋白相互作用热力学[J]. 物理化学学报, 2016, 32(6): 1383-1390.

[212] 倪永年, 张方圆, 张秋兰. 光谱法研究刺芒柄花素与牛血清白蛋白的相互作用[J]. 南昌大学学报(理科版), 2011, 35(2): 146-150.

[213] Yasmeen S., Riyazuddeen. Exploring thermodynamic parameters and the binding energetic of berberine chloride to bovine serum albumin(BSA): spectroscopy, isothermal titration calorimetry and molecular docking techniques[J]. Thermochim. Acta., 2017, 655: 76-86.

[214] Wang J., Ma L., Zhang Y., et al. Investigation of the interaction of deltamethrin(DM) with human serum albumin by multi-spectroscopic method[J]. J. Mol. Struct., 2017, 1129: 160-168.

[215] 边宇凤. 生物大分子与小分子相互作用研究[D]. 杭州: 浙江大学, 2008.

[216] 王佳佳. 头孢克肟与牛血清白蛋白相互作用及微生物活性测定中的荧光分析方法研究[D]. 沈阳: 东北大学, 2012.

[217] 郑枭. 荧光光谱法研究金属与蛋白质的相互作用[D]. 杭州: 中国计量学院, 2015.

[218] Brahms S., Brahms J. Determination of protein secondary structure in solution by vacuum ultraviolet circular dichroism[J]. J. Mol. Biol., 1980, 138(2): 149-178.

[219] 周娟, 金桂云, 孙婷荃, 等. 圆二色法研究铜离子存在下葛根素对牛血清白蛋白二级结构的影响[J]. 分析试验室, 2014, 33(1): 35-38.

[220] Hu Y., Li H., Meng P., et al. Interactions between CdTe quantum dots and plasma proteins: kinetics, thermodynamics and molecular structure changes[J]. Colloids and Surface B, 2020: 110881.

[221] Kaspchak E., Misugi K., Cí. Tiemi. Interaction of Quillaja bark saponin and bovine serum albumin: effect on secondary and tertiary structure, gelation and in vitro digestibility of the protein[J]. LWT-Food Science and Technology, 2019, 121(4): 108970.

[222] Khatun S., Riyazuddeen Yasmeen S., et al. Calorimetric, spectroscopic and molecular modelling insight into the interaction of gallic acid with bovine serum albumin[J]. J. Chem. Thermodyn., 2018, 122: 85-94.

[223] 赵芳, 梁慧, 程惠, 等. 大黄酸铜(Ⅱ)配合物与牛血清白蛋白的相互作用[J]. 高等学校化学学报, 2011, 36(2): 1277-1283.

[224] 杨朝霞. 几种药物小分子与蛋白质相互作用的光谱研究[D]. 长沙: 湖南师范大学, 2008.

[225] 王田虎. 药物与生物分子相互作用的光谱特性分析与研究[D]. 南京: 南京航空航天大学, 2011.

[226] Pasternack R. F., Bustamante C., Collings P. J., et al. Porphyrin assemblies on DNA as studied by a resonance light-scattering technique[J]. J. Am. Chem. Soc., 1993, 115(13): 5393-5399.

[227] Anglister J., Steinberg I. Z. Measurement of the depolarization ratio of rayleigh scattering at absorption bands[J]. J. Chem. Phys., 1981, 74(2): 786-791.

[228] Li Y., Zhang Y., Sun S., et al. Binding investigation on the interaction between Methylene Blue (MB)/TiO_2 nanocomposites and bovine serum albumin by resonance light-scattering (RLS) technique and fluorescence spectroscopy[J]. J. Photochem. Photobiol. B, 2013, 128: 12-19.

[229] Zhang Q., Ni Y. Comparative studies on the interaction of nitrofuran antibiotics with bovine serum albumin[J]. RSC Adv., 2017, 7: 39833-39841.

[230] 张秋菊, 刘保生, 李改霞, 等. 共振光散射法研究硫酸黏杆菌素与牛血清白蛋白间的反应机理[J]. 光谱学与光谱分析, 2016, 36(9): 2879-2883.

[231] 吴飞, 朱进, 谭克俊. 全氟辛烷磺酸与蛋白质体系的共振光散射光谱及其分析应用[J]. 应用化学, 2012, 29(8): 969-973.

[232] 李晓燕. 用荧光和共振光散射光谱研究甲硝唑与牛血清白蛋白的相互作用[J]. 物理化学学报, 2007, 23(2): 262-267.

[233] 孙伟, 焦奎, 刘晓云. 电化学法研究蛋白质和茜素红S的相互作用[J]. 分析化学, 2002, 30(3): 312-314.

[234] 梁慧, 赵芳, 李炳奇. 光谱及电化学方法研究大黄酸与牛血清白蛋白的相互作用[J]. 光谱学与光谱分析, 2011, 31(9): 2446-2449.

[235] 王婉君, 马伟, 孙登明. 异烟肼与牛血清白蛋白相互作用的光谱和电化学研究[J]. 分析科学学报, 2016, 32(3): 340-344.

[236] Khalili L., Dehghan G. A comparative spectroscopic, surface plasmon resonance, atomic force microscopy and molecular docking studies on the interaction of plant derived conferone with serum albumins[J]. J. Lumin., 2019, 211: 193-202.

[237] 张秋兰, 逯露, 李璋, 等. 光谱法结合原子力显微镜研究呋喃唑酮与牛血清白蛋白的作用机理[J]. 分析科学学报, 2017, 33(6): 752-756.

[238] Gao W., Li N., Chen Y., et al. Study of interaction between syringin and human serum albumin by multi-spectroscopic method and atomic force microscopy[J]. J. Mol. Struct., 2010, 983(1-3): 133-140.

[239] 张剑, 张博, 唐一梅, 等. 毛细管电泳法对盐酸维拉帕米与牛血清白蛋白相互作用的研究[J]. 化学研究与应用, 2018, 30(10): 1697-1702.

[240] 赵新颖, 郭淑元, 陈凡, 等. 毛细管电泳法表征离子液体与蛋白质的相互作用[J]. 分析化学, 2013, 41(8): 1204-1208.

[241] 郭明, 严建伟, 俞庆森, 等. 加替沙星与牛血清白蛋白的结合反应研究[J]. 物理化学学报, 2004, 20(2): 202-206.

[242] 吕达, 郭明, 边平凤. 毛细管电泳法研究邻苯二甲酸酯与牛血清白蛋白分子的相互作用

[J]. 环境化学，2017，36(3)：496-507.

[243] 姜萍，武利庆，热娜古力·嘎依提，等. 毛细管电泳前沿分析法及分子模拟辅助研究牛血清白蛋白与荧光素钠的相互作用[J]. 分析化学，2011，39(5)：680-684.

[244] 谢明一，郭振朋，陈义. 纳米金与牛血清白蛋白作用的毛细管电泳研究[J]. 高等学校化学学报，2010，31(11)：2162-2666.

[245] 姚之，张浩波，武艺，等. 亲和毛细管电泳法测定牛血清白蛋白和加替沙星的结合常数[J]. 色谱，2007，25(6)：930-933.

[246] Leuna J. M., Sop S. K., Makota S., et al. Voltammetric behavior of Mammeisin(MA) at a glassy carbon electrode and its interaction with Bovine Serum Albumin(BSA)[J]. Bioelectrochemistry, 2018, 119：20-25.

[247] 李晓晶，冯江华，李欣宇，等. 钆-二乙三胺五乙酸与牛血清白蛋白作用的核磁共振研究[J]. 分析化学，2000，10(1)：267-272.

[248] 吴丽敏，张美玲，娄依依，等. 小檗碱与牛血清白蛋白相互作用的核磁共振研究[J]. 分析化学，2011，39(8)：1223-1227.

[249] 张先廷，荆旭，杜黎明，等. 盐酸巴马汀与葫芦[7]脲的相互作用及荧光增敏机理探讨[J]. 分析科学学报，2013，29(4)：449-453.

[250] Dahiya V., Anand B. G., Kar K., et al. In vitro interaction of organophosphate metabolites with bovine serum albumin：a comparative 1H NMR, fluorescence and molecular docking analysis[J]. Pestic. Biochem. Phys., 2019, 163：39-50.

[251] Damian L. Isothermal titration calorimetry for studying protein-ligand interactions[J]. Methods in Molecular Biology, 2013, 1008：103.

[252] Baranauskiene L., Kuo T. C., Chen W. Y., et al. Isothermal titration calorimetry for characterization of recombinant proteins[J]. Curr. Opin. Biotech., 2019, 55：9-15.

[253] Vuignier K., Schappler J., Veuthey J., et al. Drug-protein binding：a critical review of analytical tools[J]. Anal. Bioanal. Chem., 2010, 398(1)：53-66.

[254] Karonen M., Oraviita M., Mueller-Harvey I., et al. Binding of an oligomeric ellagitannin series to bovine serum albumin(BSA)：analysis by isothermal titration calorimetry(ITC)[J]. J. Agr. Food Chem., 2015, 63(49)：10647-10654.

[255] Keswani N., Choudhary S., Kishore N. Interaction of weakly bound antibiotics neomycin and lincomycin with bovine and human serum albumin：biophysical approach[J]. J. Biochem., 2010, 148(1)：71-84.

[256] Pathak M., Mishra R., Agarwala P. K., et al. Binding of ethyl pyruvate to bovine serum albumin：calorimetric, spectroscopic and molecular docking studies[J]. Thermochim. Acta., 2016, 633：140-148.

[257] 董哲，李阳，谢立娟，等. 阿托伐他汀与人血清白蛋白相互作用机制的研究[J]. 安徽医科大学学报，2018，53(10)：59-62+152.

[258] Precupas A., Sandu R., Leonties A., et al. Interaction of caffeic acid with bovine serum albumin is complex：calorimetric, spectroscopic and molecular docking evidence[J]. New J.

Chem., 2017, 41(24): 15003-15015.

[259] Siddiqui G. A., Siddiqi M. K., Khan R. H., et al. Probing the binding of phenolic aldehyde vanillin with bovine serum albumin: evidence from spectroscopic and docking approach[J]. Spectrochim. Acta. A, 2018, 203: 40-47.

[260] 朱伟平. 分子模拟技术在高分子领域的应用[J]. 塑料科技, 2002, 5: 23-25.

[261] 唐赟, 李卫华, 盛亚运. 计算机分子模拟——2013 年诺贝尔化学奖简介[J]. 自然杂志, 2013, 35(6): 408-415.

[262] 徐洪亮. 小分子药物与牛血清白蛋白相互作用研究[D]. 长春: 吉林大学, 2013.

[263] 刘伟, 丁祖泉, 王海芸. 蛋白质结构与功能研究中的分子模拟技术[J]. 上海生物医学工程, 2006(1): 20-25.

[264] 刘吉元. 蛋白质与配体相互作用分子模拟研究[D]. 咸阳: 西北农林科技大学, 2014.

[265] 段爱霞, 陈晶, 刘宏德, 等. 分子对接方法的应用与发展[J]. 分析科学学报, 2009, 25(04): 473-477.

[266] 韩忠保, 吴雨杭, 米媛媛, 等. 荧光光谱法结合分子对接研究人血清白蛋白对齐墩果酸与熊果酸的异构体识别作用[J]. 光谱学与光谱分析, 2019, 39(7): 2195-2195.

[267] 王岩, 陈平, 王云飞, 等. 甲基苯丙胺与血清白蛋白相互作用的光谱表征[J]. 高等学校化学学报, 2018, 39(11): 2507-2512.

[268] José A. C. -N., José M. L. -L., Santana A., et al. Synthesis and structural studies of 16-ferrocenemethyl-estra-1,3,5(10)-triene-3,17β-diol and its interaction with human serum albumin by fluorescence spectroscopy and in silico docking approaches[J]. Appl. Organomet. Chem., 2020: 34.

[269] Beberoka A., Roka J., Rzepka Z., et al. The role of MITF and Mcl-1 proteins in the antiproliferative and proapoptotic effect of ciprofloxacin in amelanotic melanoma cells: in silico and in vitro study[J]. Toxicol. in Vitro, 2020: 104884.

[270] Archit G., Darla M. M., Mahesh G., et al. Elucidation of the binding mechanism of coumarin derivatives with human serum albumin[J]. Plos One, 2013, 8(5): 63805.

[271] Satoa R., Vohrab S., Yamamoto S., et al. Specific interactions between tau protein and curcumin derivatives: molecular docking and ab initio molecular orbital simulations[J]. J. Mol. Graph. Model., 2020: 107611.

[272] Neelam S., Gokara M., Sudhamalla B., et al. Interaction studies of coumaroyltyramine with human serum albumin and its biological importance[J]. J. Phys. Chem. B, 2015, 114(8): 3005-3012.

[273] Jana S., Dalapati S., Ghosh S., et al. Binding interaction between plasma protein bovine serum albumin and flexible charge transfer fluorophore: a spectroscopic study in combination with molecular docking and molecular dynamics simulation[J]. J. Photochem. Photobiol. A, 2012, 231(1): 19-27.

[274] Shi J., Zhu Y., Wang J., et al. A combined spectroscopic and molecular docking approach to characterize binding interaction of megestrol acetate with bovine serum albumin[J]. Lumines-

cence，2015，30(1)：44-52.

[275] Mahaki H.，Tanzadehpanah H.，Abou–Zied O. K.，et al. Cytotoxicity and antioxidant activity of Kamolonol acetate from Ferula pseudalliacea，and studying its interactions with calf thymus DNA(ct-DNA) and human serum albumin(HSA) by spectroscopic and molecular docking techniques[J]. Process Biochem.，2019，79(APR)：203-213.

[276] Siddiqui G. A.，Siddiqi M. K.，Khan R. H.，et al. Probing the binding of phenolic aldehyde vanillin with bovine serum albumin：evidence from spectroscopic and docking approach[J]. Spectrochim. Acta. Part A，2018，203：40-47.

[277] Bergman Å.，Heindel J. J.，Jobling S.，著. 内分泌干扰物的科学现状[M]. 常兵，丁钢强，刘志勇，译. 北京：科学出版社，2018.

[278] Adams R. L.，Broughton K. S. Insulinotropic effects of whey：mechanisms of action，recent clinical trials，and clinical applications[J]. Ann. Nutr. Metab.，2016，69(1)：56-63.

[279] Bijan，Kumar，Paul，et al. A spectroscopic investigation on the interaction of a magnetic ferrofluid with a model plasma protein：effect on the conformation and activity of the protein[J]. Phys. Chem. Chem. Phys.，2012，14：15482-15493.

[280] Chen Z.，Zhang J.，Liu C. Study on the interaction between a water-soluble dinuclear nickel complex and bovine serum albumin by spectroscopic techniques[J]. Bio. Metals，2013，26：827-838.

[281] Bolaños K.，Kogan M. J.，Araya E. Capping gold nanoparticles with albumin to improve their biomedical properties[J]. Int. J. Nanomed，2019，14：6387-6406.

[282] Ghosh S.，Paul B. K.，Chattopadhyay N. Interaction of cyclodextrins with human and bovine serum albumins：a combined spectroscopic and computational investigation[J]. Int. J. Chem. Sci.，2014，126：931-944.

[283] Petitpas I.，Bhattacharya A. A.，Twine S.，et al. Crystal structure analysis of warfarin binding to human serum albumin anatomy of drug site I[J]. J. Biol. Chem.，2001，276：22804-22809.

[284] Poór M.，Kunsági–Máté S.，Bálint M.，et al. Interaction of mycotoxin zearalenone with human serum albumin[J]. J. Photochem. Photobiol. B，2017，170：16-24.

[285] Tamás M. J.，Sharma S. K.，Ibstedt S.，et al. Heavy metals and metalloids as a cause for protein misfolding and aggregation[J]. Biomolecules，2014，4：252-267.

[286] Gingrich J.，Ticiani E.，Veiga-Lopez A. Placenta disrupted：endocrine disrupting chemicals and pregnancy[J]. Trends Endocrin. Met.，2020，31(7)：508-524.

[287] Bottalico L. N.，Weljie A. M. Cross-species physiological interactions of endocrine disrupting chemicals with the circadian clock[J]. Gen. Comp. Endocr，2021，301(1-2)：113650.

[288] Gálvez-Ontiveros Y.，Páez S.，Monteagudo C.，et al. Endocrine disruptors in food：impact on gut microbiota and metabolic diseases[J]. Nutrients，2020，12(4)：1158.

第2章　双酚A及其类似物与牛血清白蛋白相互作用的研究

2.1　引言

内分泌干扰物(EDCs)是通过破坏雌激素受体而干扰机体内分泌系统正常功能的外源性物质。在我们的环境中已经鉴定出数百种EDCs物质[1]。EDCs在环境中持续存在，可以通过食物链在生物体内积累[2]，直接干扰机体的内分泌系统，甚至产生致畸、致突变和致癌作用[3]。EDCs广泛存在于环境和食品样品中[4]，包括农药、酚类化学品、多环芳烃等。双酚(BPs)是一大类用于生产聚碳酸酯和环氧树脂的化学品[5]，最广泛使用的双酚是双酚A(BPA)，BPA广泛用于奶瓶、玩具、塑料袋、牙科产品、医疗设备、电子产品等[6]。BPA也是一种公认的EDCs。体内和体外的多项研究均证实了BPA的毒性，因此，许多国家禁止在一些产品中使用BPA，而是使用BPA类似物，如双酚B(BPB)、双酚C(BPC)、双酚M(BPM)、双酚P(BPP)、双酚Z(BPZ)和双酚AP(BPAP)代替BPA(结构如表2.1所示)。但这些替代品也显示出对健康的负面影响[7]。BPB是一种BPA类似物，通常用于罐装饮料和啤酒中。BPB被发现具有类似于BPA的内分泌干扰特性，甚至比BPA表现出更大的毒性[8]。BPZ是一种工业化学品，可作为环氧树脂的单体生产[9]。BPAP常用于高分子材料和医药行业，BPAP也是被美国环境保护署确认的EDCs之一[10]。在室内灰尘以及护发产品和牙膏等个人护理品中都检测出BPAP[11]。BPC、BPM、BPP和BPZ都具有与BPA类似的结构，也同样多用于工业生产。乙烯雌酚(DES)和双烯雌酚(DS)是常见的合成雌激素，DES一直被用于防止女性的自然流产，但由于其结构与BPA相似，是具有长期健康效应的EDCs，在1971年被禁止使用[12]。DS可以用于骨质疏松症和雌激素缺乏的治疗[13]，但在世界范围内被禁止在食用动物和其他产品中使用[14,15]。然而在经济利益驱动下，仍有一些人将其作为生长促进剂，以增加瘦肉率和乳制品行业的利润，违规滥用的现象依然存在。BPs的过度使用不可避免地带来了食品和环境的污染，给人类健康和环境带来了危害。特别是它们的内分泌干扰性需要更多更全面的数据。

表 2.1　双酚 A 及其类似物的分子结构

化合物	结　　构	CAS
BPA		80-05-7
BPB		77-40-7
BPAP		1571-75-1
BPC		79-97-0
BPM		13595-25-0
BPP		2167-51-3
BPZ		843-55-0
DES		56-53-1
DS		84-17-3

　　皮肤接触、灰尘摄入和饮食接触是 BPs 进入人体的主要途径[16]。文献研究表明，BPs 进入血液后可与 SA 结合，由 SA 携带随血液循环转运至各组织器官。许多有毒化合物通过与 SA 的结合来表现出它们的毒性。有毒化合物与蛋白质的结合，还可能引起蛋白质结构的改变，影响蛋白质的正常功能和生物活性[17]。SA 是循环系统中最主要的运载蛋白质，具有许多重要的生理功能，如通过所有脊椎动物的血液运输内源性和外源性物质至细胞和组织[18]。BPs 在血液中的扩散和分布主要由转运蛋白负责[19]。BPs 在体内的吸收、代谢等与 SA 的结合亲和力有关。例如，与 SA 结合作用力强的复合物，其半衰期也较长[20]。BSA 与 HSA 是同源蛋白，具有 76% 的结构相似性，此外还具有稳定性高、水溶性好、价格低

廉等优点，被广泛用于药物-血清白蛋白相互作用的研究[21]。本章以 BSA 作为转运蛋白模型，以揭示其与 BPs 的相互作用。虽然 BPs 对内分泌系统的影响已被广泛研究[22-24]，但 BPs 的作用机制可能有很多，特别是 BPs 与 SA 的结合机制，以及具有相似结构的 BPs 与蛋白质作用的构效关系等尚未阐明。弄清 BPs 与运载蛋白质之间的相互作用机制，对于全面深入地了解 BPs 毒性是十分必要的。本章研究了九种结构相似的 BPs 与 BSA 的结合过程，通过结合常数、结合位点、作用力等数据系统研究了 BPs 对蛋白质构象的影响，以及揭示了 BPs 与蛋白质之间可能存在的构效关系。实验结果不仅为了解 BPs 在血液运输过程中对蛋白质分子毒性提供了见解，也为双酚类物质与蛋白质作用构效关系的研究提供了策略。

2.2 实验部分

2.2.1 实验仪器

仪器名称	型号	生产厂家
荧光分光光度计	Fluoromax-4NIR	法国 HORIBA 公司
稳态和瞬态荧光光谱仪	FLS1000	英国爱丁堡仪器公司
紫外-可见分光光度计	UV2800	上海舜宇恒平科学仪器有限公司
傅里叶变换红外光谱仪	OPUS	德国布鲁克公司
电子天平	FA1004N	上海菁华科技仪器有限公司
酸度计	PHS-25	上海雷磁仪器有限公司
数显恒温水浴锅	HH-1	常州荣华仪器制造有限公司
高功率数控超声波清洗器	KQ-400KD	昆山市超声仪器有限公司

2.2.2 实验试剂

名称	纯度	生产厂家
牛血清白蛋白	≥97%	西格玛奥德里奇(上海)贸易有限公司
双酚 A	≥99%	上海麦克林生化科技有限公司
双酚 B	≥98%	上海麦克林生化科技有限公司
双酚 C	≥97%	上海麦克林生化科技有限公司
双酚 M	≥98%	上海麦克林生化科技有限公司
双酚 P	≥98%	上海麦克林生化科技有限公司
双酚 Z	≥98%	上海麦克林生化科技有限公司

名称	纯度	生产厂家
双酚 AP	≥99%	上海麦克林生化科技有限公司
乙烯雌酚	≥99%	上海麦克林生化科技有限公司
双烯雌酚	≥96%	上海阿拉丁生化科技股份有限公司
华法林钠	≥98%	上海阿拉丁生化科技股份有限公司
布洛芬	≥98%	上海阿拉丁生化科技股份有限公司
三羟甲基氨基甲烷	≥99%	上海阿拉丁生化科技股份有限公司

实验用水均为二次去离子水。

Tris-HCl 缓冲溶液(pH 值 7.40)：配制 $0.1\text{mol} \cdot \text{L}^{-1}$ 的三羟甲基氨基甲烷(Tris)溶液。取 50mL 的 Tris 溶液和 42mL 的 $0.1\text{mol} \cdot \text{L}^{-1}$ 的 HCl 溶液混匀后稀释至 100mL，用酸度计调节溶液的 pH 值为 7.40。

BSA 储备液($1.0 \times 10^{-3}\text{mol} \cdot \text{L}^{-1}$)：准确称取一定量 BSA，用 Tris-HCl 缓冲液(pH 值 7.40)溶解，并定容于 50mL 容量瓶中，配制成 BSA 储备液。

BSA 工作液($1.0 \times 10^{-5}\text{mol} \cdot \text{L}^{-1}$)：准确称取一定量的 BSA 储备液，用 Tris-HCl 缓冲液(pH 值 7.40)稀释，配制成 BSA 工作液。

BPs 工作液($1.0 \times 10^{-3}\text{mol} \cdot \text{L}^{-1}$)：准确称取一定量的 BPs，用乙醇溶解，定容至 100mL。

华法林钠溶液($1.0 \times 10^{-3}\text{mol} \cdot \text{L}^{-1}$)：准确称取一定量的华法林钠，用乙醇溶解。

布洛芬溶液($1.0 \times 10^{-3}\text{mol} \cdot \text{L}^{-1}$)：准确称取一定量的布洛芬，用乙醇溶解。

本实验中乙醇的最终浓度小于 3%，在本实验范围内，乙醇对 BPs 与 BSA 相互作用的影响可以忽略不计[25]。所有的溶液均在 4℃的暗处保存。

2.2.3　实验方法

2.2.3.1　荧光光谱的测定

在 1cm 石英比色皿中加入 3mL 的 $1.0 \times 10^{-5}\text{mol} \cdot \text{L}^{-1}$ BSA 溶液，用微量进样器滴加 $1.0 \times 10^{-3}\text{mol} \cdot \text{L}^{-1}$ 的 BPs 溶液。每次滴加溶液均混合均匀，并分别在 298K、303K 和 310K 保持 10min。变化 BPs 最终的浓度为 0，6.6，13.2，19.6，26.0，32.3，38.5($\times 10^{-6}\text{mol} \cdot \text{L}^{-1}$)。用荧光光谱仪分别测定 BSA 及不同浓度 BPs 作用的荧光光谱。激发波长为 280nm，发射光谱记录范围为 290~450nm。激发和发射狭缝宽度均为 5nm。

实验记录了空白溶液的荧光光谱，以扣除配体和缓冲液对实验的影响。此外，考虑内滤荧光效应(IFE)，所有测得的荧光强度均按公式(2.1)进行校正[26]。

$$F_{cor} = F_{obs} \times 10^{\frac{A_1 + A_2}{2}} \qquad (2.1)$$

式中　F_{cor}——校正后的 BSA 荧光强度；

　　　F_{obs}——测定的 BSA 荧光强度。

A_1 为溶液在激发波长下各组分吸光度之和；A_2 为溶液在发射波长下各组分吸光度之和。

2.2.3.2　三维荧光光谱(3D)的测定

室温下，分别测定 BSA 与 BPs 作用的 3D 荧光光谱。BSA 的浓度为 1.0×10^{-5} mol·L^{-1}，BPs 的浓度为 4.0×10^{-5} mol·L^{-1}。设置初始激发波长为 200nm，以 2nm 的增量记录 200~500nm 范围内的激发波长，以 5nm 的增量记录 200~500nm 范围内的发射波长。激发和发射狭缝宽度均为 5nm。

2.2.3.3　时间分辨荧光光谱的测定

在 1cm 石英比色皿中加入 3mL 的 1.0×10^{-5} mol·L^{-1} BSA 溶液，用微量进样器逐次滴加 BPs 溶液，变化 BPs 的浓度为 $0 \sim 3.0 \times 10^{-5}$ mol·L^{-1}。室温下测定 BSA 与不同浓度 BPs 作用的时间分辨荧光光谱。激发波长为 295nm，发射波长为 350nm。采用仪器自带 Fluoracle 软件进行数据分析。采用拟合优度参数 χ^2 值衡量曲线的拟合程度。χ^2 值越接近 1，说明荧光衰减曲线拟合越好，计算的荧光寿命越接近真实值。

2.2.3.4　紫外-可见吸收光谱(UV-vis)的测定

在 1cm 石英比色皿中加入 3mL 的 1.0×10^{-6} mol·L^{-1} BSA 溶液，用微量进样器逐次滴加 BPs 溶液，变化 BPs 的浓度为 0、3.3、6.6、9.9、13.2、16.4、19.6（$\times 10^{-6}$ mol·L^{-1}）。以含有或不含有 BPs 的 Tris-HCl 缓冲溶液为空白，室温下分别测定 BSA 与不同浓度 BPs 作用的 UV-vis 光谱。波长范围 200~350nm，取样间隔 1nm。

2.2.3.5　傅里叶变换红外光谱(FT-IR)的测定

扫描收集水蒸气的谱图获得水汽校正参考光谱，使用软件自动进行水汽校正；在室温敞开状态收集背景，将 BSA 或 BSA-BPs 混合溶液均匀铺满金刚石晶片，采用衰减全反射技术(ATR)记录 BSA 与 BPs 相互作用前后的 FT-IR 光谱。在 4cm^{-1} 分辨率下扫描 128 次，在 4000~400cm^{-1} 范围内扫描收集样品红外光谱。所有光谱均采用傅里叶变换红外光谱仪自带的 OPUS 软件采集和操作。

光谱采集方法[27]：分别采集 BSA 溶液和相应的 Tris-HCl 缓冲溶液的红外光谱，并做差减光谱，即得到与 BPs 作用前 BSA 的红外光谱图。在相同的仪器参数及实验条件下，分别采集 BSA-BPs 溶液和 BPs 在 Tris-HCl 缓冲溶液中的红外光谱，并做差谱，即得到与 BPs 作用后 BSA 的红外谱图。差减的标准为光谱在 2200~1800cm^{-1} 范围内无特征峰。

红外谱图处理方法[28]：将上述得到的差谱图，在酰胺 I 带范围（1700～1600cm⁻¹）内进行基线校正，利用傅里叶去卷积和二阶导数技术对得到的红外差谱进行处理。进一步将原始酰胺I带的未反射峰分解为多个子峰，并估算子峰的位置和宽度。通过曲线拟合，定量分析 BSA 与 BPs 作用前后二级结构各组分的含量。

2.2.3.6　位点标记实验

采用华法林和布洛芬作为位点竞争实验中 Site I 和 Site II 的两个位点标记物。BSA 浓度为 1.0×10^{-5} mol · L⁻¹，华法林/布洛芬浓度为 1.0×10^{-5} mol · L⁻¹。将 BSA 与华法林/布洛芬的混合溶液在室温下保持 10min 后，用微量进样器逐次滴加 BPs 溶液，变化 BPs 浓度为 0、0.33、0.66、0.99、1.32、1.64、1.96（$\times 10^{-5}$ mol · L⁻¹），测定荧光光谱。测定条件同 2.2.3.1 荧光光谱的测定。

2.2.3.7　分子对接

BSA 的晶体结构（PDB ID：4F5S）从蛋白质数据库（http：//www.rcsb.org/）获得。BPs 的三维结构从数据库（http：//www.chemspider.com）下载。利用 Autodock 4.2 软件进行分子对接，获取 BPs 与 BSA 可能的结合模式。将 BPs 在 BSA 上的对接位置置于立方体格点盒子中，格点盒子大小为 60Å×60Å×60Å，格点间距为 0.375Å。采用拉马克遗传算法计算 BPs 和 BSA 可能的结合位置，选取结合能最低的复合物构象。所有其他参数都设置为默认值。利用 Discovery studio 2017 对结果进行可视化分析。

2.3　结果与讨论

2.3.1　BPs 与 BSA 作用的荧光光谱

BSA 分子的内源荧光主要来自三种芳香氨基酸，即色氨酸(Trp)残基、酪氨酸(Tyr)残基和苯丙氨酸(Phe)残基，但由于发色团的不同，Trp、Tyr 和 Phe 具有不同的荧光光谱，最大荧光强度的波长分别是 348nm、305nm 和 282nm。其中 Phe 残基的量子产率很低，因此通常认为 BSA 的主要荧光是由 Trp 和 Tyr 贡献的[29]。利用荧光光谱可以获得关于配体小分子与蛋白质作用的结合常数、结合作用力、结合距离等相关信息。

不同浓度 BPs 与 BSA 作用的荧光光谱如图 2.1 所示。当以 280nm 波长激发时，BSA 在 347nm 有最大发射峰，但随着 BPs 浓度的增加，BSA 的荧光强度逐渐减小，即九种 BPs 都淬灭了 BSA 的荧光强度，这说明 BPs 都会与 BSA 发生相互作用。相比而言，DS、BPAP、BPM 和 DES 对 BSA 的荧光淬灭程度更大，分别为 64%、60%、59%和 55%，说明这四种 BPs 对 BSA 的淬灭作用最强。此外，九种 BPs 都使得 BSA 的最大发射峰蓝移,这说明 BPs 都会诱导 BSA 氨基酸残基的微环境发生改变,疏水性增加,极性减弱。BPA、BPZ 和 BPM 引起的位移作用明显,分别使 BSA 的最大发射峰蓝移了 8nm、8nm 和 11nm,说明这三种 BPs 对氨基酸残基微环境的影响较大。

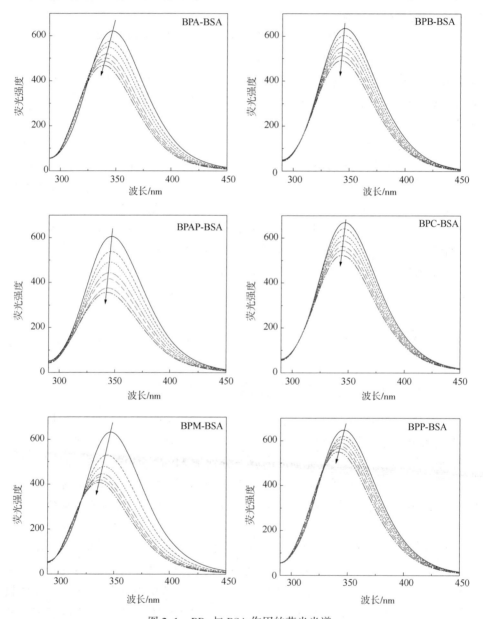

图 2.1　BPs 与 BSA 作用的荧光光谱

$C_{BSA} = 1.0 \times 10^{-5}\,\mathrm{mol \cdot L^{-1}}$,$C_{BPs} = 0,\ 6.6,\ 13.2,\ 19.6,\ 26.0,\ 32.3,\ 38.5\,(\times 10^{-6}\,\mathrm{mol \cdot L^{-1}})$

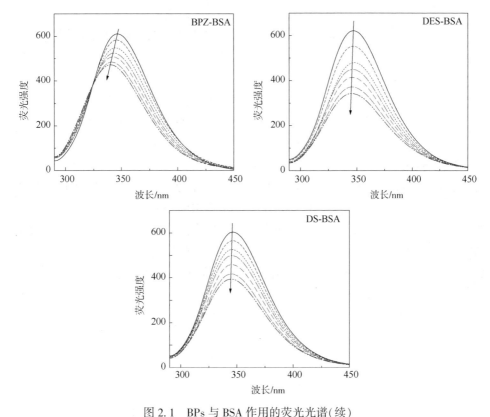

图 2.1　BPs 与 BSA 作用的荧光光谱(续)

$C_{\mathrm{BSA}} = 1.0 \times 10^{-5} \mathrm{mol} \cdot \mathrm{L}^{-1}$, $C_{\mathrm{BPs}} = 0$, 6.6, 13.2, 19.6, 26.0, 32.3, 38.5($\times 10^{-6} \mathrm{mol} \cdot \mathrm{L}^{-1}$)

2.3.2　BPs 与 BSA 作用的荧光淬灭机理

配体小分子与 BSA 相互作用而引起 BSA 荧光强度降低的现象称为荧光淬灭,荧光淬灭的过程主要包括碰撞淬灭、配合物形成以及能量转移等,其作用机制主要分为静态淬灭和动态淬灭[30]。静态淬灭是指淬灭剂和荧光分子在基态时相互作用,生成不发射荧光的复合物;动态淬灭是指淬灭剂与荧光分子在荧光寿命期间发生相互作用,而导致荧光物由激发态返回到基态,不发射荧光。荧光淬灭过程遵从 Stern-Volmer 方程[31]:

$$F_0 / F = 1 + k_q \tau_0 [\mathrm{Q}] = 1 + K_{\mathrm{sv}} [\mathrm{Q}] \tag{2.2}$$

式中　F_0 和 F——不存在淬灭剂和存在淬灭剂时荧光物质的荧光强度;

　　　　k_q——动态淬灭速率常数,能够反映 BSA 与配体小分子作用体系中,分子的相互碰撞和彼此扩散对 BSA 荧光寿命衰减速率的影响,各类荧光淬灭剂对生物大分子的最大动态荧光淬灭速率常数约

为 $2.0\times10^{10}\text{L}\cdot\text{mol}\cdot\text{s}^{-1[32]}$；

τ_0——不存在淬灭剂时荧光体的平均荧光寿命，生物大分子的平均荧光寿命一般取 10^{-8}s；

$[Q]$——淬灭剂的浓度；

K_{sv}——Stern-Volmer 淬灭常数，可表示为双分子淬灭速率常数与单分子衰变速率常数的比率，能够反映 BSA 与配体小分子相互碰撞和彼此扩散至动态平衡时的量效关系[33]。

根据 Stern-Volmer 方程，以 F_0/F 对 $[Q]$ 作图，结果如图 2.2 所示。由回归曲线的斜率可以得到 BPs 对 BSA 作用的 K_{sv} 值如表 2.2 所示。从图中可以看出，在 298K、303K 和 310K 温度下，BPs 与 BSA 作用的 Stern-Volmer 曲线具有良好的线性关系（$R>0.98$）。动态淬灭与扩散运动有关，升高温度有利于加快扩散运动的速率，因此 K_{sv} 会随着温度的升高而增大；但在静态淬灭过程中，淬灭剂与蛋白质生成不发射荧光的复合物，升高温度会降低复合物的稳定性，因此 K_{sv} 会随着温度的升高而减小。

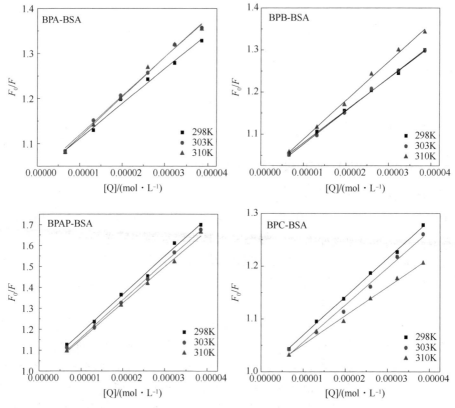

图 2.2　BPs 与 BSA 作用的 Stern-Volmer 曲线

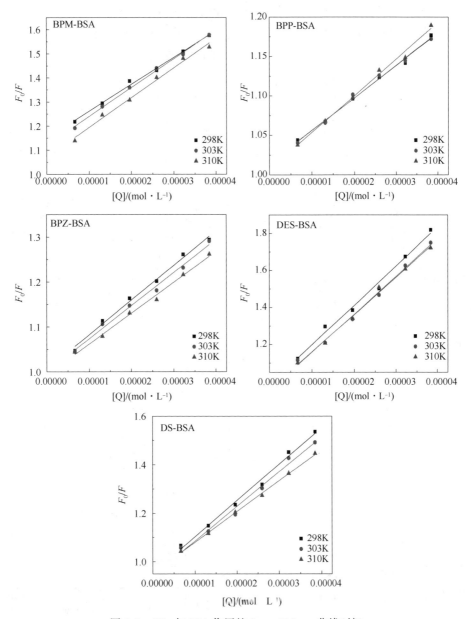

图 2.2 BPs 与 BSA 作用的 Stern-Volmer 曲线(续)

对于 BPC-BSA、BPAP-BSA、BPZ-BSA、DES-BSA 和 DS-BSA 体系,这五种 BPs 的 K_{sv} 值均随着温度的升高而减小,这说明它们对 BSA 的荧光淬灭可能是静态淬灭。另外,由表 2.2 可以看出,在三个温度下,BSA 与其作用的 k_q 值为 $10^{11} \sim 10^{12} L \cdot mol^{-1}$,均大于各类淬灭剂对生物大分子的最大扩散淬灭常数($2.0\times$

$10^{10} \text{L} \cdot \text{mol} \cdot \text{s}^{-1}$），由此可以推断，BPC、BPAP、BPZ、DES、DS 对 BSA 的荧光淬灭过程非动态淬灭，而应该主要是静态淬灭，即 BSA-BPC/BPAP/BPZ/DES/DS-BSA 复合物的形成是导致 BSA 荧光淬灭的主要原因。

表 2.2　BPs-BSA 体系的淬灭常数、结合常数和结合位点数

参数	T/K	$k_q/(\text{L} \cdot \text{mol}^{-1} \cdot \text{s}^{-1})$	$K_{sv}/(\text{L} \cdot \text{mol}^{-1})$	R	$K_b/(\text{L} \cdot \text{mol}^{-1})$	R	n
BPA-BSA	298	7.75×10^{11}	7.75×10^{3}	0.9911	1.18×10^{3}	0.9942	0.81
	303	8.62×10^{11}	8.62×10^{3}	0.9951	1.62×10^{3}	0.9989	0.83
	310	8.83×10^{11}	8.83×10^{3}	0.9910	2.23×10^{3}	0.9971	0.86
BPB-BSA	298	7.67×10^{11}	7.67×10^{3}	0.9984	7.24×10^{3}	0.9988	0.99
	303	7.88×10^{11}	7.88×10^{3}	0.9983	9.34×10^{3}	0.9985	1.02
	310	9.20×10^{11}	9.20×10^{3}	0.9957	1.23×10^{4}	0.9981	1.03
BPC-BSA	298	7.26×10^{11}	7.26×10^{3}	0.9987	1.16×10^{4}	0.9980	1.05
	303	7.03×10^{11}	7.03×10^{3}	0.9887	1.03×10^{4}	0.9874	1.05
	310	5.46×10^{11}	5.46×10^{3}	0.9915	9.21×10^{3}	0.9883	1.05
BPAP-BSA	298	1.83×10^{12}	1.83×10^{4}	0.9947	1.52×10^{4}	0.9968	0.98
	303	1.80×10^{12}	1.80×10^{4}	0.9975	2.32×10^{4}	0.9961	1.03
	310	1.73×10^{12}	1.73×10^{4}	0.9953	3.56×10^{4}	0.9979	1.07
BPM-BSA	298	1.11×10^{12}	1.11×10^{4}	0.9936	1.51×10^{2}	0.9879	0.55
	303	1.19×10^{12}	1.19×10^{4}	0.9970	3.14×10^{2}	0.9888	0.62
	310	1.23×10^{12}	1.23×10^{4}	0.9892	1.23×10^{3}	0.9935	0.75
BPP-BSA	298	4.11×10^{11}	4.11×10^{3}	0.9939	5.04×10^{2}	0.9901	0.79
	303	4.13×10^{11}	4.13×10^{3}	0.9920	8.29×10^{2}	0.9942	0.83
	310	4.64×10^{11}	4.64×10^{3}	0.9914	1.84×10^{3}	0.9962	0.91
BPZ-BSA	298	7.71×10^{11}	7.71×10^{3}	0.9909	1.10×10^{4}	0.9884	1.03
	303	7.36×10^{11}	7.36×10^{3}	0.9899	9.49×10^{3}	0.9959	1.02
	310	6.86×10^{11}	6.86×10^{3}	0.9925	8.12×10^{3}	0.9956	1.02
DES-BSA	298	2.12×10^{12}	2.11×10^{4}	0.9890	3.05×10^{4}	0.9883	1.04
	303	2.04×10^{12}	2.04×10^{4}	0.9927	4.39×10^{4}	0.9924	1.08
	310	2.01×10^{12}	2.01×10^{4}	0.9942	8.27×10^{4}	0.9961	1.14
DS-BSA	298	1.50×10^{12}	1.50×10^{4}	0.9903	8.87×10^{4}	0.9978	1.18
	303	1.43×10^{12}	1.43×10^{4}	0.9834	1.57×10^{5}	0.9935	1.25
	310	1.27×10^{12}	1.27×10^{4}	0.9981	3.46×10^{5}	0.9961	1.33

　　但对于 BPA-BSA、BPB-BSA、BPM-BSA 和 BPP-BSA 体系，这四种 BPs 的

K_{sv}值均随着温度的升高而增加，说明它们对 BSA 的荧光淬灭可能是动态淬灭。然而，三个温度下，BSA 与其作用的 k_q 值为 $10^{11} \sim 10^{12} \, \text{L} \cdot \text{mol}^{-1}$，仍大于各类淬灭剂对生物大分子的最大扩散淬灭常数（$2.0 \times 10^{10} \, \text{L} \cdot \text{mol} \cdot \text{s}^{-1}$），说明 BPA、BPB、BPM、BPP 对 BSA 的荧光淬灭过程也存在着静态淬灭。综述推断，BPA/BPB/BPM/BPP 对 BSA 的荧光淬灭可能是一个动态淬灭和静态淬灭混合的淬灭过程。

DES、DS、BPAP 和 BPM 对 BSA 的淬灭常数 k_q 约为 $10^{12} \, \text{L} \cdot \text{mol}^{-1}$，BPA、BPB、BPC、BPP 和 BPZ 对 BSA 的淬灭常数 k_q 约为 $10^{11} \, \text{L} \cdot \text{mol}^{-1}$，说明苯环等官能团对 BSA 的荧光淬灭影响不大，双酚结构可能是导致 BSA 荧光淬灭的主要原因。

2.3.3　BPs 与 BSA 作用的时间分辨荧光光谱

时间分辨荧光光谱法是一种有效的判别配体小分子对 BSA 淬灭机理的方法[34]。对于静态淬灭，淬灭剂在基态时与荧光分子发生相互作用，因此淬灭剂不会改变荧光分子激发态寿命。而对于动态淬灭，淬灭剂在荧光寿命期间与荧光分子发生相互作用，因此淬灭剂会缩短荧光分子激发态寿命[35]。由式(2.3)计算 BSA 与 BPs 作用前后的平均荧光寿命[36]：

$$<\tau> = (\alpha_1 \tau_1 + \alpha_2 \tau_2) / (\alpha_1 + \alpha_2) \tag{2.3}$$

式中　τ——荧光双指数衰减的平均寿命；

τ_1 和 τ_2——短寿命和长寿命；

α_1 和 α_2——短寿命和长寿命的振幅。

BSA 与 BPs 作用前后的时间分辨荧光衰减曲线如图 2.3 所示，随着 BPs 的加入，BSA 的时间分辨荧光光谱发生衰减。将荧光衰减曲线进行双指数拟合，拟合结果如表 2.3 所示。拟合过程中拟合优度参数值为 0.84 ~ 1.20。

表 2.3　BSA-BPs 体系的荧光衰减拟合参数

参数	$C_{BSA} : C_{BPs}$	τ_1/ns	α_1	τ_2/ns	α_2	τ/ns	χ^2
BSA-BPA	1 : 0	5.80	76.27	7.80	23.73	6.27	0.908
	1 : 1	5.06	51.21	7.07	48.79	6.04	1.037
	1 : 5	3.33	33.55	6.27	66.45	5.28	0.851
	1 : 10	2.14	28.8	5.16	71.2	4.29	0.848
BSA-BPB	1 : 0	6.14	95.58	8.47	4.42	6.24	1.082
	1 : 1	4.90	41.06	7.16	58.94	6.23	1.015
	1 : 5	3.10	31.65	6.73	68.35	5.58	0.938
	1 : 10	2.97	41.87	6.69	59.13	5.15	0.915

续表

参数	$C_{BSA} : C_{BPs}$	τ_1/ns	α_1	τ_2/ns	α_2	τ/ns	χ^2
BSA-BPAP	1:0	5.67	60.14	7.12	39.86	6.25	0.94
	1:1	5.92	87.13	8.32	12.87	6.23	1.048
	1:5	5.43	58.2	6.89	41.8	6.04	1.037
	1:10	4.23	28.72	6.37	71.28	5.76	0.918
BSA-BPC	1:0	6.28	98.47	10.8	1.53	6.35	1.014
	1:1	6.02	87.23	7.99	12.77	6.27	0.956
	1:5	5.00	44.03	6.81	55.97	6.01	0.982
	1:10	4.18	33.35	6.51	66.65	5.73	0.901
BSA-BPM	1:0	5.37	29.21	6.64	70.79	6.27	0.953
	1:1	4.58	21.34	6.63	78.66	6.19	0.974
	1:5	4.55	28.23	6.25	71.77	5.77	0.981
	1:10	3.86	25.32	5.94	74.68	5.41	0.951
BSA-BPP	1:0	5.72	64.87	7.29	35.13	6.27	1.069
	1:1	5.91	89.78	8.49	10.22	6.17	1.063
	1:5	4.36	42.56	6.64	57.44	5.67	0.912
	1:10	3.29	30.09	5.98	69.91	5.17	0.923
BSA-BPZ	1:0	5.89	76.05	7.61	23.95	6.30	1.006
	1:1	5.09	41.47	7.15	58.53	6.30	0.937
	1:5	3.35	28.54	6.8	71.46	5.82	1.038
	1:10	3.58	42.77	6.64	57.23	5.33	1.193
BSA-DES	1:0	4.93	24.47	6.66	75.53	6.24	0.978
	1:1	5.51	66.49	7.45	33.51	6.16	1.011
	1:5	3.63	23.13	6.7	76.87	5.99	1.002
	1:10	3.31	27.83	6.57	72.17	5.66	0.972
BSA-DS	1:0	6.17	98.17	12.46	1.83	6.29	0.938
	1:1	5.79	77.07	7.53	22.93	6.19	1.055
	1:5	2.52	10.45	6.25	89.55	5.86	1.054
	1:10	3.31	27.83	6.57	72.17	5.66	0.972

　　根据与配体小分子作用前后蛋白质荧光寿命的变化情况也可以推断配体小分子对蛋白质的淬灭类型。对于动态淬灭，配体与蛋白质在激发态时相互作用，因此配体会缩短蛋白质的荧光寿命；而对于静态淬灭，配体小分子与蛋白质在基态

时相互作用，因此配体并不会改变蛋白质荧光寿命。

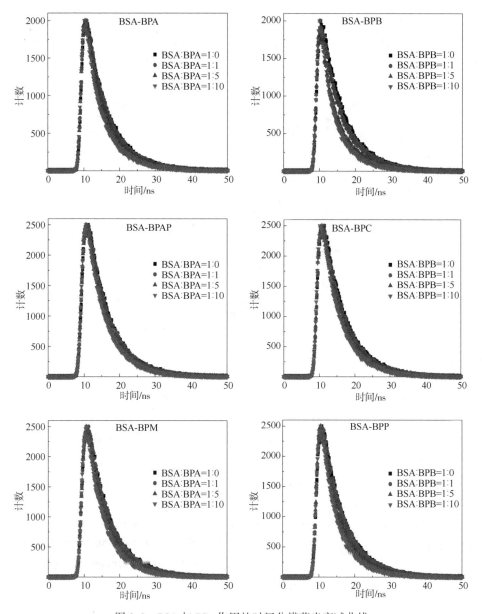

图 2.3　BSA 与 BPs 作用的时间分辨荧光衰减曲线

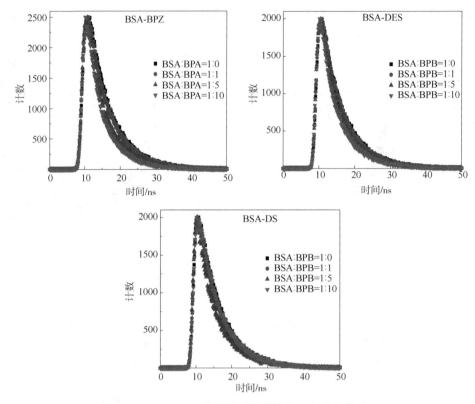

图 2.3　BSA 与 BPs 作用的时间分辨荧光衰减曲线(续)

　　根据文献可知，BSA 在中性水溶液中的荧光衰减时间主要有两个部分：短寿命约为 3ns，长寿命为 6~7ns[37]。较短的寿命可以归因于埋藏的 Trp 残基，而较长的寿命可以归因于暴露的 Trp 残基，因此 τ_1 值反映的是埋在 BSA 疏水结合空腔的 Trp213 的荧光寿命，τ_2 值反映的是位于 BSA 分子表面的 Trp134 残基的荧光寿命[38]。即 BSA 的荧光寿命主要来源于 Trp，因此本实验以 295nm 作为激发波长，选择性地激发 Trp 残基[39]。

　　对于 BPA－BSA、BPB－BSA、BPM－BSA 和 BPP－BSA 体系，与 BPA/BPB/BPM/BPP 作用后，BSA 的荧光寿命变化较大，说明 BPA/BPB/BPM/BPP 对 BSA 的荧光淬灭部分是动态淬灭。对于 BPAP－BSA、BPC－BSA、DES－BSA 和 DS－BSA 体系，BSA 的荧光寿命虽然有所减小，但淬灭程度不大($\tau_{BPs}/\tau_{BSA} > 90\%$)，即在较大浓度 BPs($1.0 \times 10^{-5}$mol·$L^{-1}$)的作用下，BSA 的荧光寿命受到的影响也较小。由此推断，BPAP/BPC/DES/DS 对 BSA 的荧光淬灭主要为静态淬灭[40]。这与荧光光谱实验的结论是一致的。BPZ 对 BSA 的荧光淬灭机制为静态淬灭，但在 BPZ 作用下 BSA 的荧光寿命变化较大，其原因可能是 BPZ 与 BSA 发生了能量转移[41]。

2.3.4 BPs 与 BSA 作用的结合常数和结合位点数

由上述荧光光谱实验结果可知，BPs 与 BSA 形成了复合物，假设 BPs 分子在 BSA 分子中有 n 个相同且独立的结合位点，则 BPs 与 BSA 作用的结合常数（K_b）和结合位点数（n）可以根据双对数方程（1.5）（$\log\left(\dfrac{F_0-F}{F}\right)=\log K_b + n\log[Q]$）[42] 求算。

BPs 与 BSA 作用的 $\log\left(\dfrac{F_0-F}{F}\right)$ 对 $\log[Q]$ 作曲线，如图 2.4 所示，由双对数回归曲线的截距和斜率可以分别求得 K_b 和 n，计算结果见表 2.2。

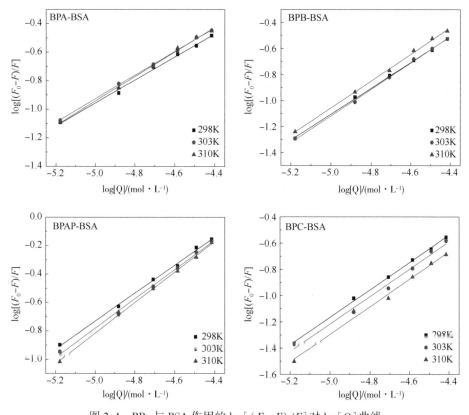

图 2.4 BPs 与 BSA 作用的 $\log[(F_0-F)/F]$ 对 $\log[Q]$ 曲线

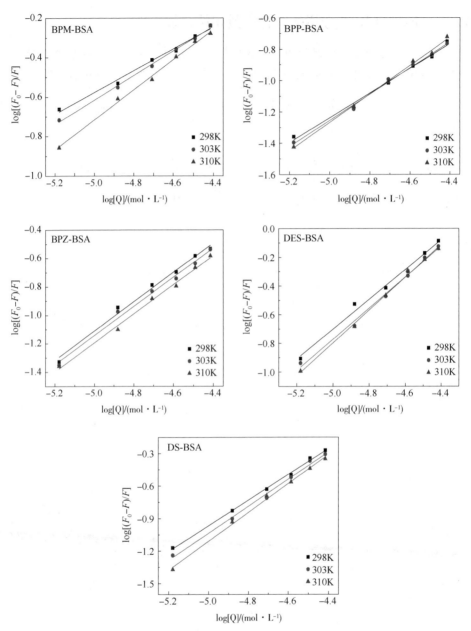

图 2.4　BPs 与 BSA 作用的 $\log[(F_0-F)/F]$ 对 $\log[Q]$ 曲线（续）

298K 时，BPs 与 BSA 作用的 K_b 值为 $K_b(DS) > K_b(DES) > K_b(BPAP) > K_b(BPC) \approx K_b(BPM) > K_b(BPA) > K_b(BPB) > K_b(BPP) > K_b(BPZ)$。显然，对于 DS-BSA、DES-BSA、BPAP-BSA、BPC-BSA 和 BPM-BSA 体系，结合常数 K_b 均约

等于 $10^4 L \cdot mol^{-1}$，说明 DS、DES、BPAP、BPC 和 BPZ 与 BSA 具有中等强度的结合力，结合位点 n 约等于 1，说明它们在 BSA 上有一个结合位点，与 BSA 之间形成了比较稳定的复合物，SA 能够运输这些 BPs，也使得生物体暴露于这些 BPs 的毒性作用中。对于 BPA-BSA 和 BPB-BSA 体系，K_b 均约等于 $10^3 L \cdot mol^{-1}$。一般来讲，若配体小分子与蛋白质的作用太强，则其在血浆中的半衰期较长，在体内的代谢较慢，可能会增加其毒副作用；若配体小分子与蛋白质的作用太弱，则其不能与 BSA 有效结合，游离浓度较大。DS、DES、BPAP、BPC、BPM 与 BSA 的结合常数均大于 BPA 与 BSA 的结合常数，说明这五种 BPs 与 BSA 的结合亲和力大于 BPA 与 BSA 的结合亲和力，由此推断它们能够在血浆中积累，不会很快被代谢，因此可能比 BPA 具有更大的毒副作用。BPP 和 BPZ 与 BSA 结合的 K_b 值较小（K_b 约为 $10^2 L \cdot mol^{-1}$），说明二者与 BSA 的结合亲和力较弱，更容易从血液中释放到机体各组织器官。

BPA、BPB、BPAP 和 BPC 的结构最为相似，298K 时，$K_b(BPA) > K_b(BPB)$，可能是因为乙基空间位阻的影响，不利于 BPB 与 BSA 的结合。$K_b(BPAP) \approx K_b(BPC) > K_b(BPA)$，可能是因为 BPC 分子中的羟基氧原子有利于其与 BSA 氢键的形成，因此增大了 BPC 与 BSA 的结合能力。此外，也说明 BPC 中两个甲基取代基对结合常数的影响不大。BPAP 分子中虽然有苯环空间位阻的影响，但可能由于 BPAP 与 BSA 之间 π-π 相互作用大于空间位阻的不利影响，因此 K_b 值较大，结合能力较强。BPM 和 BPP 结构相似，都有苯环取代基，不同的是，BPM 为间位取代，BPP 为对位取代。但二者与 BSA 的结合常数相差较大，分别为 $1.10 \times 10^4 L \cdot mol^{-1}$ 和 $5.04 \times 10^2 L \cdot mol^{-1}$，BPP 的结合常数较小，可能是因为受苯环空间位阻的影响，不利于二者与 BSA 的结合。BPM 可能与 BSA 结合的空间匹配更好，因此结合常数较大。DES 和 DS 的结构最为相似，二者都存在共轭体系，不同的是 DES 中双键与苯环形成一个大共轭体系，具有刚性平面结构，DS 存在两个小共轭体系。它们结合常数相差不多，均约为 $10^4 L \cdot mol^{-1}$，说明共轭体系对结合能力的影响不显著。从不同的 K_b 值可以看出，BPs 的结构差异在一定程度上影响了它们与 BSA 的结合，取代基的类型和位置可能影响 BPs 与 BSA 结合的构效关系。

2.3.5 BPs 与 BSA 作用的热力学常数和作用力

目前配体小分子与生物大分子之间作用力的判断依据，都是基于 Ross 等人[43]对热力学参数变化与结合方式之间关系的总结，Ross 认为配体小分子与生物大分子之间的作用力类型，主要包括氢键、范德华力、静电力和疏水力。这里的疏水力实际上是疏水相互作用，疏水相互作用不是一种简单的力，而是像水这样的极性部分相互排斥的结果。但是在解释配体小分子与蛋白质结合的原因时，疏水相互作用与静电力、范德华力和氢键这三种力是等同的，换句话说，疏水相互作用可以和其他三种力一样被考虑。由热力学参数焓变(ΔH)和熵变(ΔS)的符号和大小可以推断作用力类型。

ΔH 和 ΔS 的值可以由 Van't Hoff 方程获得[44]：

$$\ln K_b = -\frac{\Delta H}{RT} + \frac{\Delta S}{R} \qquad (2.4)$$

其中 R 是气体常数。

吉布斯自由能(ΔG)可以由方程(1.8)计算：

$$\Delta G = \Delta H - T\Delta S \qquad (2.5)$$

根据 Ross 等人总结的经验，由 ΔS 和 ΔH 的符号和大小来判断配体小分子与蛋白质之间的相互作用力。例如，氢键和范德华力可以使体系的 ΔH 和 ΔS 减小；疏水作用和静电力可以使体系的 ΔH 和 ΔS 增大。如果 ΔS 和 ΔH 都为正数，则认为小分子-蛋白的结合主要是通过疏水作用；若 ΔS 为正数，ΔH 为负数，则认为小分子-蛋白的结合主要是通过静电力；若 ΔS 为负数，ΔH 为负数，则认为小分子-蛋白的结合主要是通过范德华力；ΔH 较小或等于零，则认为小分子-蛋白的结合主要是通过氢键。实际上在蛋白质与小分子的作用过程中，很多情况下不仅仅是一种作用力的结果，而是几种作用力共同作用的结果。

BPs 与 BSA 作用的 Van't Hoff 曲线如图 2.5 所示，以 $\ln K_b$ 对 $1/T$ 作图，由回归曲线的斜率和截距可以求得 ΔH、ΔS 以及 ΔG 值如表 2.4 所示。BPs 与 BSA 作用的热力学常数基本一致，ΔS 均为正值，说明疏水作用力在 BPs 与 BSA 结合中起主要作用，BPs 以类似的作用力与 BSA 作用。BPC-BSA 和 BPM-BSA 体系中 ΔH 为负值，其他体系中 ΔH 均为正值，说明 BPC/BPM 与 BSA 的结合是焓驱动的，而其他 BPs 的结合主要是熵驱动的。BPC 与 BSA 作用的 ΔH 为负值，可能是由于结合过程中氢键作用，BPC 甲基的引入增加了相邻羟基氧原子的电负性，有利于 BPC 与 BSA 之间氢键的形成。由于双酚基团的特征结构，氢键是不可忽视的。综上结果表明，疏水作用和氢键在 BPs 与 BSA 的结合过程中起主要作用。ΔG 为负值，表明 BPs 与 BSA 之间的作用是自发进行的。

表 2.4　BPs-BSA 体系的热力学常数

参数	T/K	$\Delta H/(kJ \cdot mol^{-1})$	$\Delta S/(J \cdot mol^{-1}K^{-1})$	$\Delta G/(kJ \cdot mol^{-1})$
	298			-17.56
BPA-BSA	303	40.65	195.35	-18.54
	310			-19.91

续表

参数	T/K	$\Delta H/(kJ \cdot mol^{-1})$	$\Delta S/(J \cdot mol^{-1}K^{-1})$	$\Delta G/(kJ \cdot mol^{-1})$
BPB-BSA	298			-22.04
	303	33.72	187.13	-22.98
	310			-24.29
BPC-BSA	298			-23.15
	303	-14.39	29.41	-23.30
	310			-22.51
BPAP-BSA	298			-23.91
	303	54.26	262.32	-25.22
	310			-27.06
BPM-BSA	298			-12.28
	303	135.42	495.63	-14.76
	310			-18.23
BPP-BSA	298			-15.37
	303	83.11	330.46	-17.02
	310			-19.33
BPZ-BSA	298			-23.04
	303	-19.31	12.52	-23.10
	310			-23.17
DES-BSA	298			-27.44
	303	64.14	307.30	-28.97
	310			-31.12
DS-BSA	298			-28.22
	303	87.28	387.57	-30.15
	310			-32.87

2.3.6 BPs 与 BSA 作用的结合距离

根据 Förster 非辐射能量转移理论[45]，当能量转移供体的荧光发射光谱和受体的吸收光谱之间有足够的光谱重叠，能量供体与能量受体的距离足够近，并且供体分子的基态和第一激发态之间的振动能级间的能量差相当于受体分子的基态和第一激发态间的振动能级间的能量差时，就很可能发生从荧光能量的给体到受体分子之间的非辐射能量转移。因此，可以根据能量转移的程度测量色氨酸残基与配体小分子结合位点的距离[46]。

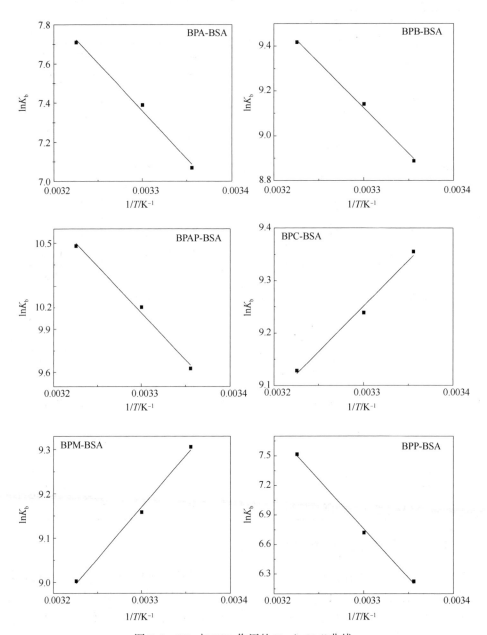

图 2.5　BPs 与 BSA 作用的 Van't Hoff 曲线

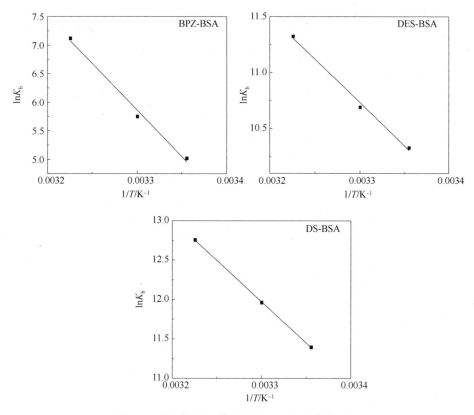

图 2.5　BPs 与 BSA 作用的 Van't Hoff 曲线(续)

能量转移效率(E)与荧光供体和受体之间的距离(r)及临界能量转移距离(R_0)有关：

$$E = 1 - \frac{F}{F_0} = \frac{R_0^6}{(R_0^6 + r^6)} \tag{2.6}$$

R_0 为能量转移效率 E 为 50% 时的临界距离，亦称为 Föster 距离。

$$R_0^6 = 8.8 \times 10^{-25} K^2 N^{-4} \Phi J \tag{2.7}$$

式中　K^2——偶极空间取向因子，一般取荧光供体和受体各向随机分布的平均值2/3；

N——介质折射指数，一般取水和有机物折射指数的平均值 1.336；

Φ——荧光供体荧光量子产率，一般取蛋白质中 Trp 的量子产率 0.118；

J——荧光供体的荧光发射光谱与受体的吸收光谱的重叠积分。

$$J = \frac{\sum F(\lambda) \varepsilon(\lambda) \lambda^4 \Delta \lambda}{\sum F(\lambda) \Delta \lambda} \tag{2.8}$$

式中　$F(\lambda)$——荧光供体在波数为 λ 的荧光强度；

$\varepsilon(\lambda)$——受体在波数为 λ 时的摩尔吸光系数。

根据公式(2.8)可以求出配体小分子的吸收光谱与蛋白质分子荧光光谱的重叠积分 J，临界能量转移距离 R_0，以及荧光供体和受体之间的距离 r。

BSA 的荧光发射光谱与 BPs 的吸收光谱如图 2.6 所示，相关参数计算结果如表 2.5 所示。可以看出，BSA 的荧光发射光谱与 BPs 的吸收光谱具有足够的重叠，并且 BPs-BSA 体系中的 r 值均小于 7nm，即 BPs 与 BSA 的结合距离足够接近。由此可以推断，BPs 与 BSA 之间很有可能发生非辐射能量转移。DES 和 DS 与 BSA 的作用距离 r 较短，说明二者在 BSA 上的结合与色氨酸比较接近，也可能是它们对 BSA 荧光淬灭常数较大的原因。BPZ 和 BSA 之间的能量转移效率 E 较大，这可能是与 BPZ 作用后，BSA 的荧光寿命减小的主要原因。

表 2.5　BPs 与 BSA 作用的 J、E、R_0 和 r 值

参数	$J/(\mathrm{cm}^3 \cdot \mathrm{L} \cdot \mathrm{mol}^{-1})$	$E/\%$	R_0/nm	r/nm
BPA-BSA	9.13×10^{-15}	17.0	2.26	2.94
BPB-BSA	1.17×10^{-14}	11.6	2.35	3.30
BPAP-BSA	1.17×10^{-14}	13.2	2.35	3.21
BPC-BSA	1.08×10^{-14}	14.6	2.32	3.11
BPM-BSA	1.09×10^{-14}	7.60	2.33	3.52
BPP-BSA	1.13×10^{-14}	4.80	2.34	3.85
BPZ-BSA	9.55×10^{-15}	22.8	2.27	2.79
DES-BSA	4.78×10^{-15}	27.9	2.03	2.37
DS-BSA	5.05×10^{-15}	26.2	2.05	2.43

2.3.7　BPs 对 BSA 构象的影响

蛋白质的构象在很大程度上决定其特定生理活性，因此考察 BPs 对蛋白质构象的影响，是研究 BPs 与蛋白质的结合过程中一个非常重要的方面。

2.3.7.1　BPs 与 BSA 作用的紫外-可见吸收光谱

紫外-可见吸收光谱是一种简便快速的技术，适用于研究复合物的形成以及蛋白质构象的变化[47]。动态淬灭仅影响蛋白质分子的激发态，因此不会改变配体-蛋白质基态复合物的吸收光谱；而静态淬灭中，新复合物的形成会伴随着吸收光谱形状的改变，因此，根据与淬灭剂作用前后蛋白质吸收光谱的变化可以判断复合物的形成[48]，进而验证配体对蛋白质的荧光淬灭类型。BSA 在 210nm 和 280nm 附近有两个主要吸收峰，分别与蛋白质骨架和芳香族氨基酸残基周围微环境的极性有关。与配体小分子作用后，根据 BSA 两个吸收峰位置和强度的变化，

可推断配体对蛋白质二级结构和微环境的影响，即配体是否诱导蛋白质构象发生改变。

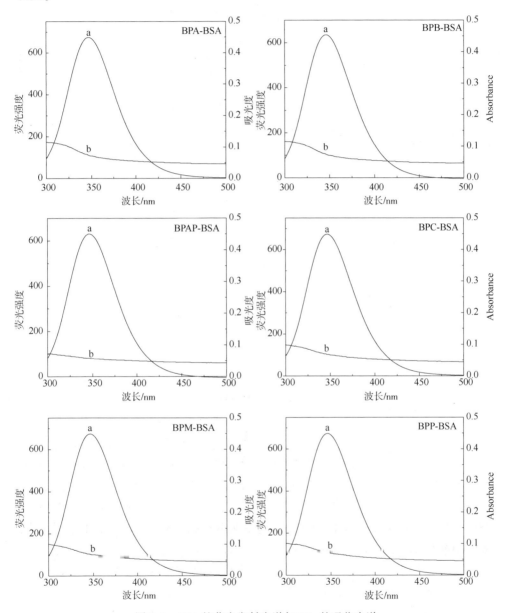

图 2.6　BSA 的荧光发射光谱与 BPs 的吸收光谱

a：BSA；b：BPs

$$C_{BSA} = C_{BPs} = 1.0 \times 10^{-5} \, mol \cdot L^{-1}$$

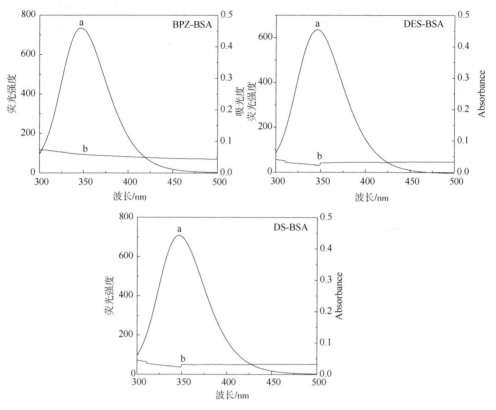

图 2.6　BSA 的荧光发射光谱与 BPs 的吸收光谱(续)

a：BSA；b：BPs

$$C_{BSA} = C_{BPs} = 1.0 \times 10^{-5} \, mol \cdot L^{-1}$$

　　不同浓度 BPs 与 BSA 作用的紫外－可见吸收光谱如图 2.7 所示。BPs 在 201nm、226nm 和 279nm 处都有吸收峰，这与它们共同的特征分子结构和羟基芳香环的光谱吸收有关。由于苯环的存在，BPM、BPP 和 BPAP 的吸收峰在 201nm 有轻微的红移。BSA 在 213nm 和 278nm 处有两个主要吸收峰，与 BPs 作用后，BSA－BPs 的吸收光谱有明显的不同，这说明 BPs 与 BSA 形成了新的复合物[49]，这与荧光淬灭的结果是一致的。

　　BSA 在 278nm 处的较弱吸收峰是由蛋白质肽链中的 Trp 残基和 Tyr 残基芳香环杂环的 $\pi \rightarrow \pi^*$ 跃迁引起的，与芳香氨基酸周围微环境的极性有关[49]。随着 BPs 浓度的增加，278nm 处的吸光度变化不大，说明由吸收光谱未能观察到 BPs 对 BSA 的微环境有显著的影响。BSA 在 213nm 处的较强吸收峰是由蛋白肽链中羰基的 $n \rightarrow \pi^*$ 跃迁引起的，与 BSA 分子中肽链构象有关。随着九种 BPs 浓度的增加，213nm 处吸收峰均出现吸收强度减小并且红移的现象，说明 BPs 诱导 BSA

的二级结构发生了变化，也说明双酚的基本结构是引起 BSA 二级结构显著变化的主要原因。DS 和 DES 对 BSA 的光谱位移和吸光度的影响最为明显，其次是 BPM、BPA、BPP、BPAP、BPB、BPC 和 BPZ，这说明具有共轭双键结构（DS 和 DES）和苯环结构（BPM、BPP、BPAP）的 BPs 对 BSA 二级结构的影响较大。

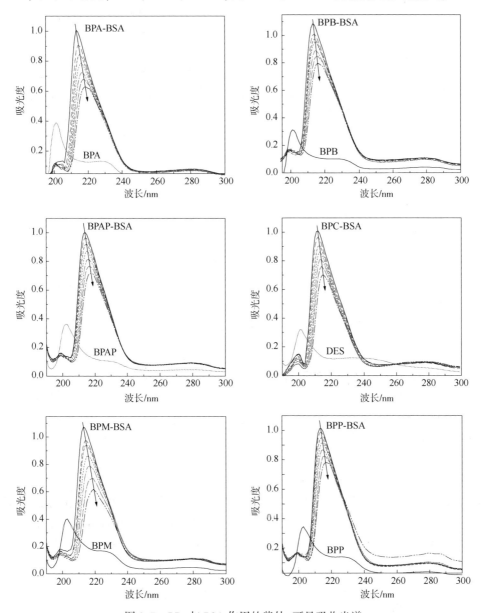

图2.7 BPs 与 BSA 作用的紫外-可见吸收光谱

$C_{BSA} = 1.0 \times 10^{-6} \, \text{mol} \cdot \text{L}^{-1}$，$C_{BPs} = 0$，3.3，6.6，9.9，16.4，22.8，29.1（$\times 10^{-6} \, \text{mol} \cdot \text{L}^{-1}$）

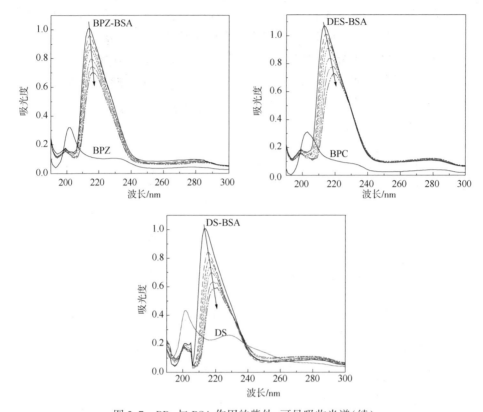

图 2.7　BPs 与 BSA 作用的紫外–可见吸收光谱(续)

$C_{BSA} = 1.0 \times 10^{-6} \text{mol} \cdot \text{L}^{-1}$，$C_{BPs} = 0, 3.3, 6.6, 9.9, 16.4, 22.8, 29.1 (\times 10^{-6} \text{mol} \cdot \text{L}^{-1})$

2.3.7.2　BPs 与 BSA 作用的三维荧光光谱

三维荧光光谱可以同时获得激发波长、发射波长以及荧光强度变化的信息，通过对比与配体小分子作用前后蛋白质峰位置和强度的变化，可以了解配体小分子对蛋白质构象的影响，是研究蛋白质构象变化的有效方法之一[50]。为进一步讨论 BPs 对 BSA 构象的影响，记录了 BSA 及其与 BPs 作用前后的三维荧光光谱及等高线图如图 2.8 所示，相应的荧光特征参数列于表 2.6 中。

图中形似"山脊"状(3D 光谱)或"铅笔"状(等高线图)的峰 a 是瑞利散射峰($\lambda_{ex} = \lambda_{em}$)。图中两个形似"驼峰"状(3D 光谱)或"指纹"状(等高线图)的峰 1 和峰 2 是 BSA 两个典型的荧光特征峰。峰 1($\lambda_{ex}/\lambda_{em} = 275/342\text{nm}$)主要表现为 Trp 残基和 Tyr 残基的荧光光谱特性，其最大发射峰位置和强度与它们所处微环境的极性有关；峰 2($\lambda_{ex}/\lambda_{em} = 240/344\text{nm}$)主要表现为 $n \to \pi^*$ 跃迁引起的多肽链骨架的荧光光谱特性。

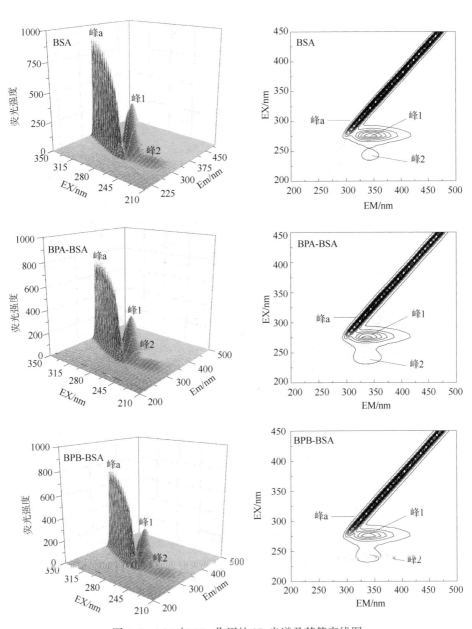

图 2.8　BSA 与 BPs 作用的 3D 光谱及其等高线图

（A）：BSA（$C_{BSA} = 1.0×10^{-5}\text{mol·L}^{-1}$）；（B）：BSA–BPs 体系（$C_{BSA}:C_{BPs} = 1:1$）

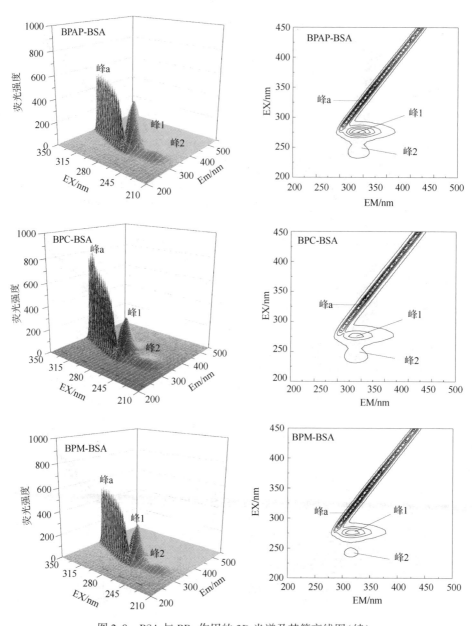

图 2.8　BSA 与 BPs 作用的 3D 光谱及其等高线图（续）

（A）：BSA（$C_{BSA} = 1.0 \times 10^{-5}\,mol \cdot L^{-1}$）；（B）：BSA–BPs 体系（$C_{BSA} : C_{BPs} = 1 : 1$）

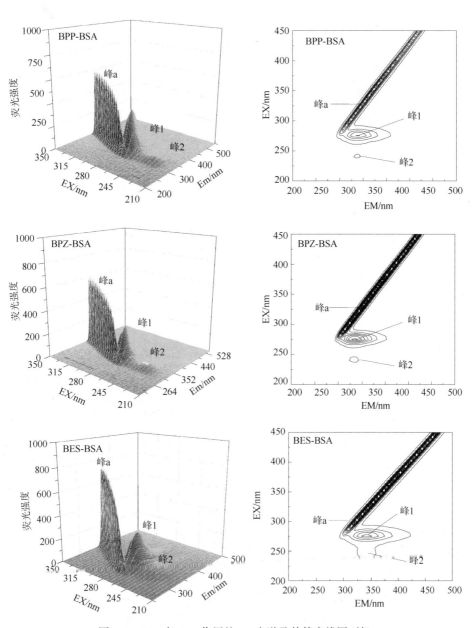

图 2.8　BSA 与 BPs 作用的 3D 光谱及其等高线图(续)

(A)：BSA($C_{BSA} = 1.0 \times 10^{-5}$ mol · L^{-1})；(B)：BSA-BPs 体系(C_{BSA} ：C_{BPs} = 1：1)

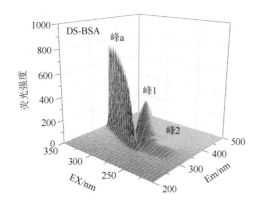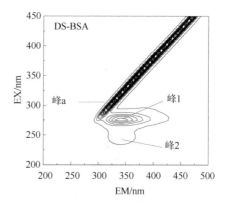

图 2.8　BSA 与 BPs 作用的 3D 光谱及其等高线图(续)

(A)：BSA($C_{BSA} = 1.0 \times 10^{-5}$ mol · L^{-1})；(B)：BSA-BPs 体系($C_{BSA} : C_{BPs} = 1 : 1$)

表 2.6　BSA-BPs 体系的三维荧光特征参数

参数	峰 1 $\lambda_{ex}/\lambda_{em}/$nm	$\Delta\lambda/$nm	强度	峰 2 $\lambda_{ex}/\lambda_{em}/$nm	$\Delta\lambda/$nm	强度
BSA	275/340	65	421	240/340	100	37
BPA-BSA	275/338	63	362	240/336	96	36
BPB-BSA	275/338	63	343	240/338	98	33
BPAP-BSA	275/338	63	404	240/336	96	36
BPC-BSA	275/338	63	326	240/338	98	31
BPM-BSA	275/336	61	311	240/336	96	30
BPP-BSA	275/338	63	363	240/338	98	32
BPZ-BSA	275/334	59	289	240/338	98	32
DES-BSA	275/338	63	282	240/338	98	22
DS-BSA	275/338	63	367	240/338	98	29

由图可见，BPs 使得 BSA 峰 1 和峰 2 的荧光强度不同程度地降低，特征发射峰位置也发生了不同程度的位移，这表明 BPs 对 BSA 多肽链骨架以及 Trp 和 Tyr 残基微环境极性有干扰。BPZ 和 BPM 诱导 BSA 峰 1(275/340nm)的峰位置发生了更明显的变化，说明它们对 BSA 微环境的影响比较大。DES 和 DS 对 BSA 峰 2 (240/340nm)的荧光强度影响较为明显，BPA、BPAP 和 BPM 对峰 2 的位移影响大，说明它们对 BSA 的二级结构影响较大。

2.3.7.3　BPs 与 BSA 作用的红外光谱

红外光谱可以更为详细地反映蛋白质酰胺 I 带和酰胺 II 带的变化情况。为了进一步研究 BPs 对 BSA 二级结构的影响,利用红外光谱法研究了 BSA 与 BPs 作用的红外光谱。BSA 的红外光谱显示有 9 个酰胺带,分别代表肽部分的不同振动[51]。其中研究最多的是酰胺 I 带和酰胺 II 带,酰胺 I(1600~1700cm^{-1})带是由肽基的 C=O 伸缩振动引起的,而酰胺 II(1500~1600cm^{-1})带则是由肽基的 C–N 伸缩振动与 N–H 平面内弯曲振动引起的[52]。配体小分子与 BSA 作用的红外光谱研究大多数集中在酰胺 I 带上,因为酰胺 I 带对 BSA 二级结构的变化最为敏感。

为了进一步定量分析 BSA 二级结构中各组分的变化情况,在 1600~1700cm^{-1} 范围内,采用二阶导数、傅里叶去卷积,分峰拟合、积分等方法处理酰胺 I 带数据。一般认为酰胺 I 带中,1692~1680cm^{-1} 为反平行 β-折叠(anti parallel β-sheet),1680~1660cm^{-1} 为 β-转角(β-turn),1660~1649cm^{-1} 为 α-螺旋(α-helix),1638~1648cm^{-1} 为无规则卷曲(random coil),1615~1637cm^{-1} 为 β-折叠(β-sheet)。BSA 与 BPs 作用前后酰胺 I 带傅里叶变换红外曲线拟合图如图 2.9 所示,BSA 二级结构的定量分析结果如表 2.7 所示。BSA 的反平行 β-折叠的含量为 9.7%,β-转角的含量为 15.4%,α-螺旋的含量为 54.4%,无规则卷曲的含量为 18.0%,β-折叠的含量为 2.6%。BPs 降低了 BSA 的 α-螺旋含量,增加了 BSA 的 β-折叠含量。在 BPA–BSA、BPB–BSA、BPC–BSA、BPZ–BSA、DES–BSA 和 DS–BSA 体系中,反平行 β-折叠和 β-转角的含量减小,而在 BPP–BSA、BPM–BSA 和 DES–BSA 体系中,反平行 β-折叠和 β-转角的含量增加。由以上红外光谱实验结果可以看出,BPs 诱导 BSA 二级结构发生变化[53]。

从 α-螺旋含量变化程度来看,BPM 引起的 α-螺旋变化最大,其次是 DS、BPAP、BPA、DES、BPP、BPB、BPZ 和 BPC。BPs 结构不同,对 BSA 二级结构含量的影响不同。具有共轭双键结构(DS 和 DES)和苯环结构(BPM、BPAP、BPP)的 BPs 对 BSA 二级结构含量的影响较大。这与紫外光谱法的实验结果是一致的。

表 2.7　BSA–BPs 体系中二级结构的含量　　　　单位:%

参数	BSA	BPA	BPB	BPAP	BPC	BPM	BPP	BPZ	DES	DS
反平行 β-折叠	9.7	7.7	8.9	7.3	5.5	11.8	17.0	0.1	8.4	11.5
β-转角	15.4	4.0	3.9	15.8	11.7	15.8	18.0	13.6	14.9	11.5
α-螺旋	54.4	37.0	41.3	36.5	43.0	32.7	38.3	41.9	38.5	35.1
无规则卷曲	18.0	31.0	29.7	26.2	28.1	15.7	21.1	26.1	26.7	26.7
β-折叠	2.6	20.3	16.2	14.2	11.7	24.1	5.6	12.3	11.6	15.3

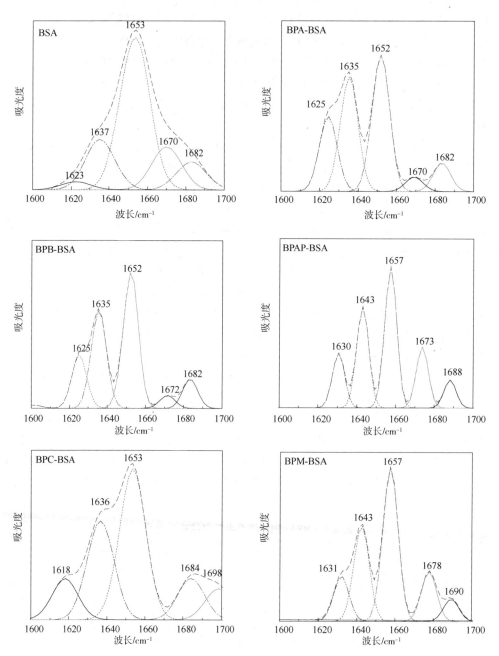

图 2.9 BPs 与 BSA 作用的酰胺 Ⅰ 带傅里叶变换红外曲线拟合图

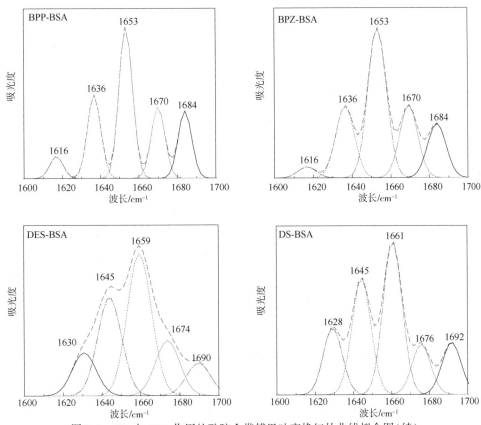

图 2.9 BPs 与 BSA 作用的酰胺 I 带傅里叶变换红外曲线拟合图(续)

2.3.8 BPs 与 BSA 作用的结合位点

BSA 有 3 个同源域(Ⅰ，Ⅱ和Ⅲ)，每个域包含 A 和 B 两个子域，它们构成一个疏水性空腔。配体与 BSA 作用主要的结合位点是位于 BSA 亚结构域Ⅱ A 的 Trp213；以及位于亚结构域Ⅲ A 的 Trp134，分别定义为 Site Ⅰ 和 Site Ⅱ[54]。Site Ⅰ 优先与杂环配体结合，如华法林。Site Ⅱ 通常结合吲哚和芳香族化合物，如布洛芬等。本实验中，采用华法林和布洛芬作为 Site Ⅰ 和 Site Ⅱ 的荧光位点探针进行竞争实验，在 BSA-BPs 体系中加入探针，由体系的结合常数判断 BPs 在 BSA 的结合位点，结果见表 2.8。

表 2.8 BPs-BSA 体系竞争实验的结合常数

参数	$K_{blank}/(L \cdot mol^{-1})$	$K_{warfarin}/(L \cdot mol^{-1})$	$K_{ibuprofen}/(L \cdot mol^{-1})$
BPA-BSA	5.92×10^3	3.47×10^2	5.44×10^3
BPB-BSA	2.47×10^3	1.24×10^3	1.90×10^2

续表

参数	$K_{blank}/(L \cdot mol^{-1})$	$K_{warfarin}/(L \cdot mol^{-1})$	$K_{ibuprofen}/(L \cdot mol^{-1})$
BPAP–BSA	1.21×10^4	4.44×10^3	1.81×10^4
BPC–BSA	1.97×10^4	1.75×10^4	4.41×10^3
BPM–BSA	1.10×10^4	3.26×10^3	1.04×10^4
BPP–BSA	1.63×10^2	0.70×10^2	9.51×10^2
BPZ–BSA	3.07×10^2	1.14×10^2	2.85×10^2
DES–BSA	2.08×10^5	4.73×10^4	1.80×10^5
DS–BSA	7.51×10^4	9.72×10^3	4.20×10^4

当 BPM 和 DES 存在时，华法林–BSA 体系的结合常数显著降低，表明它们与华法林竞争在 BSA 的同一位点上，即二者在 BSA 上的结合位点为 Site Ⅰ。当 BPA、BPP、BPZ、BPAP 和 DS 存在时，华法林–BSA 的结合常数显著增加，说明它们与华法林在 BSA 上的结合方式可能是协同的，结合位点也是 Site Ⅰ。但是，当 BPB 和 BPC 存在时，布洛芬–BSA 体系的结合常数发生了显著的变化，表明 BPB 和 BPC 在 BSA 上的结合区域可能是 Site Ⅱ。

2.3.9　BPs 与 BSA 作用的分子对接

为了进一步确定 BPs 在 BSA 上的结合位置，更深入地了解 BPs 与 BSA 的相互作用机制，利用 Autodock 模拟了 BPs 与 BSA 的相互作用过程[55]。许多文献解释或证明，大多数配体小分子与蛋白质的结合都是位于ⅡA 和ⅢA 亚域，分别称为 Site Ⅰ 和 Site Ⅱ。

根据 2.3.8 位点标记实验结果，选择 Site Ⅰ 作为 BPA/BPAP/BPM/BPP/BPZ/DES/DS 与 BSA 的结合区域，选择 Site Ⅱ 作为 BPB/BPC 与 BSA 的结合区。分子对接结果见表 2.9，BPs 和 BSA 结合模式的最佳构象如图 2.10 所示。结果表明，BPs 进入由氨基酸残基形成的 Site Ⅰ 和 Site Ⅱ 的结合腔中。根据分子对接信息，并结合热力学参数，可以得出 BPs 与 BSA 结合的主要作用力是疏水作用，有些 BPs 与 BSA 的结合还包括氢键或 π-阳离子相互作用。例如，BPC 与 Asn390 残基形成氢键，BPZ 与 His241 残基形成氢键。BPAP 与 Arg217 和 Arg194 残基有 π-阳离子相互作用，DS 与 Arg198 残基有 π-阳离子相互作用。BPC 与 BSA 之间存在氢键作用，这可能是二者结合亲和力较强，以及 ΔH 为负数的原因。BPAP 与 BSA 之间存在 π-阳离子相互作用，其影响大于苯环空间位阻的影响，因此二者之间的结合亲和力也较大。在 DS 与 BSA 之间也存在 π-阳离子相互作用，这也解释了 DS 和 DES 结构相似，但 DS 与 BSA 结合亲和力比 DES 与 BSA 结合亲和力大的原因。

表 2.9　分子对接结果

BPs	结合点位	氨基酸残基
BPA	Sites Ⅰ	Ala209，Ala212，Ala349，Lys350，Phe205，Val481
BPB	Site Ⅱ	Leu386，Tyr410
BPAP	Sites Ⅰ	Ala290，Arg217，Arg194，Glu152，Thr190
BPC	Site Ⅱ	Asn390，Leu386
BPM	Sites Ⅰ	Ala290，Glu152，Glu291，Thr190
BPP	Sites Ⅰ	Ala290，Glu152，Tyr149
BPZ	Sites Ⅰ	Ala290，His241，Tyr149
DES	Sites Ⅰ	Ala290，Arg194，Glu291，Thr190，Tyr149
DS	Sites Ⅰ	Ala290，Arg198，Ile289，Ile263，Leu237，Leu259，Tyr149

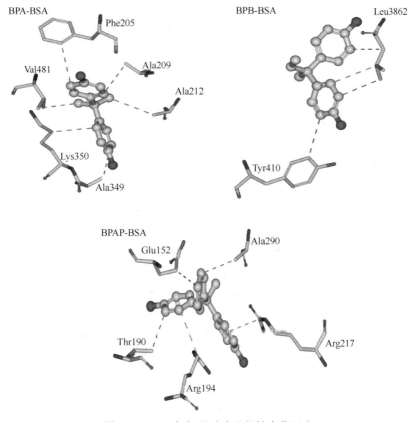

图 2.10　BPs 与氨基酸残基的结合作用力

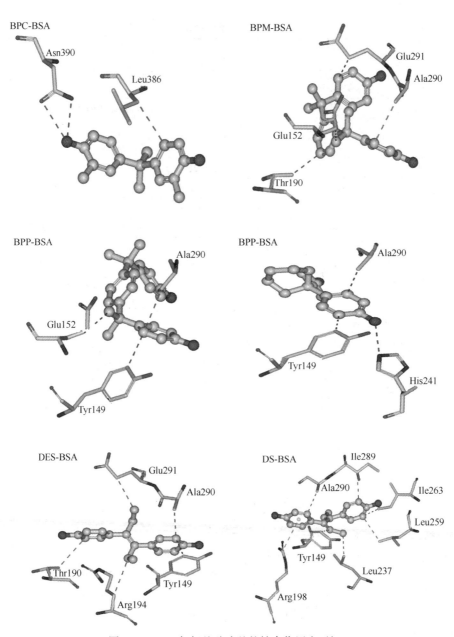

图 2.10　BPs 与氨基酸残基的结合作用力(续)

2.4　本章小结

采用多光谱和分子对接技术研究了九种 BPs 与 BSA 的作用机制，揭示了 BPs 的结构与 BSA 构象影响的构效关系。九种 BPs 都会淬灭 BSA 的荧光强度，但淬灭机制不同，BPC、BPZ、BPAP、DE 和 DS 对 BSA 主要为静态淬灭，而 BPA、BPB、BPP 和 BPM 对 BSA 主要为动态淬灭和静态淬灭的混合淬灭。9 种 BPs 对 BSA 的淬灭常数 k_q 为 $10^{11} \sim 10^{12} L \cdot mol^{-1}$，说明双酚结构应该是导致 BSA 荧光被淬灭的主要原因。DS、DES、BPAP、BPC 和 BPZ 与 BSA 具有中等强度的结合亲和力（K_b 约为 $10^4 L \cdot mol^{-1}$），说明它们与 BSA 形成了较为稳定的复合物，能够被 SA 结合并运输，使得生物体能够暴露于这些 BPs 的毒性作用中。DS、DES、BPAP、BPC、BPZ 和 BPB 与 BSA 的结合亲和力大于 BPA 与 BSA 的结合亲和力，推断这六种 BPs 在血浆中的半衰期较长，在体内的代谢较慢，因此可能比 BPA 具有更大的毒副作用。BPP 和 BPM 与 BSA 结合亲和力较弱（K_b 约为 $10^2 L \cdot mol^{-1}$），说明 BPP 和 BPM 不能有效地与 BSA 结合，容易从血液中释放到生物体各组织器官。

九种 BPs 都能与 BSA 自发地形成复合物，在 BSA 上都存在一个结合位点，结合力类型均以疏水作用和氢键为主，并且它们都会改变 BSA 的二级结构和微环境极性。九种 BPs 与 BSA 的相互作用在结合力、自发结合反应、结合位点数目、诱导 BSA 构象变化等方面的相似之处，可能是由于双酚类似物具有相同的骨架结构。然而，由于九种 BPs 的结构差异在一定程度上影响了它们与 BSA 的结合。结合度和分子结构是影响结合过程和 BSA 构象的主要原因。受苯环空间位阻的影响，BPP 与 BSA 的结合常数较小，具有共轭双键结构（DS 和 DES）和苯环结构 BPs（BPM、BPP、BPAP）的 BPs 对 BSA 二级结构的影响较大。BPs 结构的差异影响了 BPs 与 BSA 结合的构效关系，并且会进一步影响它们在血液中的运输、分布和代谢。本研究为了解 BPs 的毒性和新双酚类物质的应用提供了参考。

参 考 文 献

[1] McLachlan J. A. Environmental signaling: from environmental estrogens to endocrine-disrupting chemicals and beyond[J]. Andrology, 2016, 4(4): 684-694.

[2] 时国庆，李栋，卢晓珅，等. 环境内分泌干扰物质的健康影响与作用机制[J]. 环境化学, 2011, 30(1): 211-213.

[3] Dussault E. B., Balakrishnan V. K., Solomon K. R., et al. Chronic toxicity of the synthetic hormone 17alpha-ethinylestradiol to Chironomus tentans and Hyalella azteca. [J]. Environ. Tox-

ico. Chem., 2010, 27(12): 2521-2529.

[4] 高旭东，黄鑫，郝宝成，等. 动物源性食品中性激素残留的危害及检测方法[J]. 黑龙江畜牧兽医，2015，11：274-277.

[5] Martinez N. A., Pereira S. V., Bertolino F. A., et al. Electrochemical detection of a powerful estrogenic endocrine disruptor: Ethinylestradiol in water samples through bioseparation procedure [J]. Anal. Chim. Acta, 2012, 723: 27-32.

[6] Wen Y., Zhou B., Xu Y., et al. Analysis of estrogens in environmental waters using polymer monolith in-polyether ether ketone tube solid-phase microextraction combined with high-performance liquid chromatography[J]. J. Chromatogr. A, 2006, 1133(1-2): 21-28.

[7] Noppe H., De W. K., Poelmans S., et al. Development and validation of an analytical method for detection of estrogens in water[J]. Anal. Bioanal. Chem., 2005, 382(1): 91-98.

[8] Volkova K., Caspillo N. R., Porseryd T., et al. Developmental exposure of zebrafish(Danio rerio) to 17α-ethinylestradiol affects non-reproductive behavior and fertility as adults, and increases anxiety in unexposed progeny[J]. Horm. Behav., 2015, 73: 30-38.

[9] Hildebrand C., Londry K. L., Farenhorst A., et al. Sorption and desorption of three endocrine disrupters in Soils[J]. J. Environ. Sci. Heal. B, 2006, 41(6): 907-921.

[10] Bircher S., Card M. L., Zhai G., et al. Sorption, uptake, and biotransformation of 17β-estradiol, 17α-ethinylestradiol, aeranol, and trenbolone acetate by hybrid poplar[J]. Environ. Toxicol. Chem., 2015, 34(12): 2906-2913.

[11] Perez M. R., Fernandino J. I., Carriquiriborde P., et al. Feminization and altered gonadal gene expression profile by ethinylestradiol exposure to pejerrey, odontesthes bonariensis, a south american teleost fish[J]. Environ. Toxicol. Chem., 2012, 31(5): 941-946.

[12] Fan Y., Zhang M., Da S., et al. Determination of endocrine disruptors in environmental waters using poly (acrylamide - vinylpyridine) monolithic capillary for in - tube ·solid - phase microextraction coupled to high-performance liquid chromatography with fluorescence detection [J]. Analyst, 2005, 130(7): 1065-1069.

[13] Rohn K. J., Cook I. T., Leyh T. S., et al. Potent inhibition of human sulfotransferase 1A1 by 17α-ethinylestradiol: role of 3′-phosphoadenosine 5′-phosphosulfate binding and structural rearrangements in regulating inhibition and activity[J]. Drug Metab. Dispos., 2012, 40(8): 1588-1595.

[14] 钟惠英，柴丽月，杨家锋，等. 动物肌肉中己烯雌酚、双烯雌酚、己烷雌酚和双酚 A 的测定[J]. 分析试验室，2013，32(12)：122-127.

[15] 王玮，翟一静，徐向东，等. 尼龙 6 纳米纤维膜的制备及其对己烷雌酚的吸附性能研究[J]. 离子交换与吸附，2014，30(6)：517-525.

[16] 杨泼，胡晓斌，陈泓哲，等. 树脂负载 α-FeOOH 异相光 Fenton 降解水中己烷雌酚[J]. 环境化学，2012，31(8)：1131-1136.

[17] 李德鹏，李永东，高会，等. 高效液相色谱-串联质谱法检测生物样品中 6 种雌激素[J]. 分析试验室，2012，31(1)：82-85.

[18] 张巍，董艳峰，李宁. 气相色谱质谱法测定饲料中己烷雌酚的测量不确定度分析[J]. 黑龙江畜牧兽医，2017，(13)：280-283.

[19] 刘宏程，邹艳红，黎其万，等. 高效液相色谱分离牛奶中己烯雌酚、己烷雌酚和双烯雌酚[J]. 分析化学，2008，36(2)：245-248.

[20] 林小莉，李宁，霍峰，等. 气相色谱-质谱法同时测定饲料中6种雌激素类药物[J]. 分析测试学报，2016，35(3)：322-326.

[21] 郭兴家，李晓舟，徐淑坤，等. 荧光淬灭法研究胆红素与牛血清白蛋白的相互作用[J]. 分析试验室，2007，26(4)：11-15.

[22] 苏忠，秦川，谢孟峡，等. 罗布麻活性成分与人血清白蛋白结合的光谱学研究[J]. 2007，65(4)：329-336.

[23] Wani T. A., Alrabiah H., Bakheit A. H., et al. Study of binding interaction of rivaroxaban with bovine serum albumin using multi-spectroscopic and molecular docking approach[J]. Chem. Cent. J., 2017, 11(1)：134-142.

[24] Pan X., Qin P., Liu R., et al. Characterizing the interaction between tartrazine and two serum albumins by a hybrid spectroscopic approach[J]. J. Agric. Food Chem, 2011, 59：6650-6656.

[25] Lin S., Li M., Wei Y., et al. Ethanol or/and captopril-induced precipitation and secondary conformational changes of human serum albumin[J]. Spectrochim. Acta A, 2004, 60(13)：3107-3111.

[26] Manjushree M., Revanasiddappa H. D. A Diversified Spectrometric and Molecular Docking Technique to Biophysical Study of Interaction between Bovine Serum Albumin and Sodium Salt of Risedronic Acid, a Bisphosphonate for Skeletal Disorders[J]. Bioinorg. Chem. Appl., 2018, 2018：1-13.

[27] Shahabadi N., Maghsudi M., Kiani Z., et al. Multispectroscopic studies on the interaction of 2-tert-butylhydroquinone(TBHQ), a food additive, with bovine serum albumin[J]. Food Chem., 2011, 124(3)：1063-1068.

[28] 安秀林，李庆忠，刘海萍，等. 溴化十六烷基三甲基铵与牛血清白蛋白相互作用的红外光谱研究[J]. 西南师范大学学报(自然科学版)，2005，30(4)：699-702.

[29] Abazari O., Shafaei Z., Divsalar A., et al. Interaction of the synthesized anticancer compound of the methyl-glycine 1,10-phenanthroline platinum nitrate with human serum albumin and human hemoglobin proteins by spectroscopy methods and molecular docking[J]. J. Iran. Chem. Soc., 2020, 17：1601-1614.

[30] 龚爱琴，金党琴，朱霞石. 荧光法研究琥珀酸曲格列汀与牛血清白蛋白的相互作用及分析应用[J]. 光谱学与光谱分析，2018，38(1)：157-160.

[31] Liang G., Chen Y., Wang Y., et al. Interaction between saikosaponin D, paeoniflorin, and human serum albumin[J]. Molecules, 2018, 23(2)：249-266.

[32] Xu L., Hu Y., Li Y., et al. Study on the interaction of paeoniflorin with human serum albumin (HSA) by spectroscopic and molecular docking techniques[J]. Chem. Cent. J., 2017, 11

（1）：116-127.

[33] Lakowicz J. R. Principles of fluorescence spectroscopy[M]. New York：Plenum Press，1999：237-265.

[34] Liang C. Y., Pan J., Bai A. M., et al. Insights into the interaction of human serum albumin and carbon dots：hydrothermal synthesis and biophysical study[J]. Int. J. Biol. Macromol.，2020，149.

[35] Guan J., Yan X., Zhao Y., et al. Binding studies of triclocarban with bovine serum albumin：Insights from multi-spectroscopy and molecular modeling methods[J]. Spectrochim. Acta A，2018，202：1-12.

[36] Guan J., Yan X., Zhao Y., et al. Binding studies of triclocarban with bovine serum albumin：Insights from multi-spectroscopy and molecular modeling methods[J]. Spectrochim. Acta A，2018，202：1-12.

[37] Albrecht C., Joseph R. Lakowicz：Principles of fluorescence spectroscopy, 3rd Edition[J]. Anal. Bioanal. Chem.，2008，390(5)：1223-1224.

[38] Makarska-Bialokoz M., Lipke A. Study of the binding interactions between uric acid and bovine serum albumin using multiple spectroscopic techniques[J]. J. Mol. Liq.，2019，276：595-604.

[39] Almutairi F. M., Ajmal M. R., Siddiqi M. K., et al. Multi-spectroscopic and molecular docking technique study of the azelastine interaction with human serum albumin[J]. J. Mol. Struct.，2020，1201：127147.

[40] Nehru S., Priya J. A. A., Hariharan S., et al. Impacts of hydrophobicity and ionicity of phendione-based cobalt (Ⅱ)/(Ⅲ) complexes on binding with bovine serum albumin[J]. J. Biomol. Struct. Dyn.，2019，38(15)：1-11.

[41] Paul B. K., Ray D., Guchhait N. Unraveling the binding interaction and kinetics of a prospective anti-HIV drug with a model transport protein：results and challenges[J]. Phys. Chem. Chem. Phys.，2013，15：1275-1287.

[42] 黄朝波，徐晗，杨明冠，等. 光谱法和分子对接研究红斑红曲胺与牛血清白蛋白相互作用[J]. 光谱学与光谱分析，2019，39(10)：3102-3108.

[43] Ross P. D., Subramanian S. Thermodynamics of protein association reactions：forces contributing to stability[J]. Biochemistry，1981；20(11)：3096-3102.

[44] Shi J. H., Lou Y. Y., Zhou K. L., et al. Elucidation of intermolecular interaction of bovine serum albumin with fenhexamid：a biophysical prospect[J]. J. Photoch. Photobio.，B，2018，180：125-133.

[45] Förster T. Zwischenmolekulare energiewanderung und Fluoreszenz[J]. Ann. Phys.，1948，2，55-57.

[46] Ji C., Xin G., Duan F., et al. Study on the antibacterial activities of emodin derivatives against clinical drug-resistant bacterial strains and their interaction with Proteins[J]. Ann. Transl. Med.，2020，8(4)：92.

[47] Li X., Cui X., Yi X., et al. Mechanistic and conformational studies on the interaction of an-aesthetic sevoflurane with human serum albumin by multispectroscopic methods[J]. J. Mol. Liq., 2017, 241：577-583.

[48] 杨水兰，宋盼，佘文洁，等. 含磷三足体稀土铕(Ⅲ) 配合物与牛血清蛋白的作用机理[J]. 高等学校化学学报，2015，36(7)：1254-1263.

[49] Siddiquee M. A., Parray M. U. D., Mehdi S. H., et al. Green synthesis of silver nanoparti-cles from Delonix regia leaf extracts：In-vitro cytotoxicity and interaction studies with bovine ser-um albumin[J]. Mater. Chem. Phys., 2019, 242(2020)：122493.

[50] Almehizia A. A., AlRabiah H., Bakheit A. H., et al. Spectroscopic and molecular docking studies reveal binding characteristics of nazartinib(EGF816) to human serum albumin[J]. R. Soc. open sci., 2020, 7(1)：191595.

[51] Rui Ma, Zhenyu Li, Xiaxia Di, et al. Spectroscopic methodologies and molecular docking studies on the interaction of the soluble guanylate cyclase stimulator riociguat with human serum albumin[J]. BioScience Trends, 2018, 12(4)：369-374.

[52] Gamov G. A., Meshkov A. N., Zavalishin M. N., et al. Binding of pyridoxal, pyridoxal 5'-phosphate and derived hydrazones to bovine serum albumin in aqueous solution [J]. Spectrochim. Acta A., 2020, 233：118165.

[53] Wang Q., He J., Yan J., et al. Spectroscopy and docking simulations of the interaction between lochnericine and bovine serum albumin[J]. Luminescence, 2015, 30(2)：240-246.

[54] 逯东伟，吴啸宇，谢宪，等. 两种肉桂酸肟酯衍生物的合成及其与人血清白蛋白的结合[J]. 发光学报，2017，38(03)：402-412.

[55] Godugu D., Rupula K., Sashidhar R. B. Binding studies of andrographolide with human serum albumin：molecular docking, chromatographic and spectroscopic studies[J]. Protein Pept. Lett., 2018, 25(4)：330-338.

第3章 丁基羟基茴香醚与牛血清白蛋白相互作用的研究以及其他食品添加剂的影响

3.1 引言

丁基羟基茴香醚(BHA)(见图 3.1)是一种人工合成的抗氧化剂[1]，由于其具有良好的化学稳定性、低成本和可用性，因此被广泛用于饮料、冰淇淋、糖果、烘焙食品、食用油脂中，以防止或延缓食品氧化[2]。然而，BHA 已被证明是一种内分泌化学干扰物[3]。EDCs 会干扰天然激素的合成、结合和代谢，破坏内分泌系统，引起动物和人类生殖系统、神经系统和免疫系统的生理功能障碍[4]。日本等一些国家不允许使用 BHA[5]。粮农组织/世卫组织食品添加剂联合专家委员会(JECFA)将每日可接受摄入量限制为 $0.5 \text{mg} \cdot \text{kg}^{-1}$[6]。

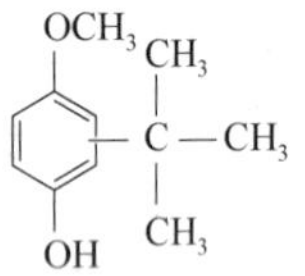

图 3.1 BHA 的分子结构

根据美国食品和药物管理局(FDA)的规定，BHA 允许单独或合并使用，最高限值为 0.02% 或百万分之 200[7]。《中国食品添加剂使用标准》中，油脂和食用油食品中 BHA 的允许限量为 $0.2 \text{g} \cdot \text{kg}^{-1}$[8]。研究人员已经研究了 BHA 对一些动物和细胞的毒性作用[9]，但是 BHA 对机体的内分泌干扰机制尚不清楚，特别是其对血清白蛋白(SA)的直接作用尚不清楚。因此，研究 BHA 与 SA 的相互作用机制对了解 BHA 在体内的吸收、储存、代谢和毒性具有重要意义。

食品添加剂被肠和胃吸收后，可以进入血液，通过非共价键与血清白蛋白结合，影响食品添加剂的游离浓度、吸收、分布、代谢和副作用[10]。抗氧化剂与蛋白质的结合部分是一个仓库，而抗氧化剂的自由部分是活性的[11]。如果二者之间的结合太弱，抗氧化剂就不能与 BSA 有效结合，抗氧化剂可能被快速排泄；如果二者之间的结合过强，抗氧化剂可能从体内代谢很慢。由于游离食品添加剂浓度过低，可逆的食品添加剂-蛋白复合物会释放食品添加剂以维持其体内浓度，保持食品添加剂的动态平衡，这可能会增加它们的半衰期和不良毒副作用[12]。另外，食品添加剂与蛋白质的结合还会诱导血清白蛋白构象变化，可能影响载体蛋白质的生物学功能，进而可能干扰食品添加剂在体内的运输和分布。

在众多生物大分子中，血清白蛋白是脊椎动物血浆中最丰富的蛋白[13]，约占血浆蛋白质的60%[14]。SA具有许多生理功能，最显著的功能是许多内源性和外源性化合物的储存和运输蛋白，并将其转运到靶细胞和组织，可显著影响化学物质的吸收、分布、代谢和毒性等。因此，SA已被广泛用于评价配体与蛋白质相互作用的模型。牛血清白蛋白（BSA）和人血清白蛋白（HSA）是同源蛋白质，与HSA的结构相似性为76%[15]。BSA具有可利用性好、实用性好、水溶性好、稳定性好、成本低、易纯化、易获得等优点，在许多实验中被用作人血清白蛋白（HSA）的替代品[16,17]。BSA是一种由583个氨基酸组成的单链多肽，被折叠成三个同源结构域（Ⅰ、Ⅱ和Ⅲ），每个域包含两个子域[18]。这些结构域会随着配体的结合而发生构象变化[19]。近年来，食品添加剂与生物大分子的相互作用引起了许多研究者的关注[20-23]。虽然许多研究人员已经探索了BHA对一些动物和细胞的毒性作用，但BHA与人体血液循环主要转运蛋白的相互作用的综合研究尚待开展，还需要更多的信息来了解BHA对人体健康的负面影响。

体内配体与蛋白质的相互作用是一个复杂的过程，会受到多种物质的干扰。在现代食品工业中，为了提高食品质量，经常会将几种食品添加剂混在一起。本文选择了三种常用的食品添加剂，研究它们对BHA与BSA结合的影响。丁基羟基茴香醚（BHA）和二丁基羟基甲苯（BHT）是常用的抗氧化剂[24]。苯甲酸及其钠盐是常用的防腐剂[25]。CA（柠檬酸）常用于防腐剂的增效剂[26]。为了更好地了解BHA在生物体循环中的转运，本文探讨了BHA与BSA的相互作用机理，并评价了其他三种常用食品添加剂苯甲酸（BA）、柠檬酸（CA）和丁羟甲苯（BHT）对二者相互作用的影响。研究BHA与蛋白质的结合特性不仅可以为了解BHA可能的相关健康风险提供参考，而且可以为BHA在食品工业中的合理应用提供一定的数据支持。

3.2　实验部分

3.2.1　实验仪器

仪 器 名 称	型　　号	生 产 厂 家
圆二色光谱仪	J-810	日本分光公司
原子力显微镜	Dimension Icon	德国布鲁克公司

其他实验仪器同2.2.1。

3.2.2　实验试剂

名　称	纯　度	生产厂家
BSA	≥97%	西格玛奥德里奇(上海)贸易有限公司
BHT	≥99.5%	上海阿拉丁生化科技股份有限公司
BA	≥99.5%	上海阿拉丁生化科技股份有限公司
CA	≥99.5%	上海阿拉丁生化科技股份有限公司
BHA	≥98%	上海阿拉丁生化科技股份有限公司
华法林钠	≥98%	上海阿拉丁生化科技股份有限公司
布洛芬	≥98%	上海阿拉丁生化科技股份有限公司
三羟甲基氨基甲烷	≥99%	上海阿拉丁生化科技股份有限公司

BSA、华法林钠、布洛芬溶液的配制同 2.2.2。

BHA 储备溶液($1.0×10^{-3}$mol·L^{-1})用乙醇配制。实验中乙醇的浓度小于5%，可以忽略其影响[27]。所有其他试剂均为分析级。

3.2.3　实验方法

3.2.3.1　荧光光谱的测定[28]

在 1cm 石英比色皿中加入 3mL 的 $1.0×10^{-5}$mol·L^{-1}BSA 溶液，用微量进样器逐次滴加 $1.0×10^{-3}$mol·L^{-1} 的 BHA 溶液。每次滴加溶液均混合均匀，并分别在 298K、303K 和 310K 保持 10min，BHA 的最终浓度为 0、0.66、1.32、1.96、2.60、3.23、3.85($×10^{-5}$mol·L^{-1})。用荧光光谱仪分别测定 BSA 与不同浓度 BHA 作用的荧光发射光谱。激发波长 280nm，发射波长范围为 290~500nm。激发和发射的狭缝宽度均为 5nm。

实验记录了空白溶液的荧光光谱，以扣除配体和缓冲液对实验的影响。按公式(2-1)($F_{cor}=F_{obs}×10^{\frac{A_1+A_2}{2}}$)校正测得的荧光强度，以消除内滤荧光效应(IFE)。

3.2.3.2　同步荧光光谱的测定[29]

在 1cm 石英比色皿中加入 3mL 的 $1.0×10^{-5}$mol·L^{-1}BSA 溶液，用微量进样器逐次滴加 $1.0×10^{-3}$mol·L^{-1} 的 BHA 溶液。每次滴加溶液均混合均匀，在室温下保持 10min，BHA 的最终浓度为 0、0.33、0.66、0.99、1.32、1.64($×10^{-5}$mol·L^{-1})。室温下测定 BSA 与不同浓度 BHA 作用的同步荧光光谱。波长测定范围为 280~400nm，间隔($Δλ=λ_{em}-λ_{ex}$)分别为 15nm 和 60nm。激发和发射狭缝宽度均为 5nm。

3.2.3.3 三维荧光光谱(3D)的测定[30]

室温下，分别测定了 BSA 与 BHA 作用的 3D 荧光光谱。BSA 浓度为 $1.0\times10^{-5}\,mol\cdot L^{-1}$，BHA 的浓度均为 $4.0\times10^{-5}\,mol\cdot L^{-1}$。设置初始激发波长为 200nm，以 2nm 的增量记录 200~500nm 范围内的激发波长，以 5nm 的增量记录 200~500nm 范围内的发射波长。激发和发射狭缝宽度均为 5nm。

3.2.3.4 时间分辨荧光光谱的测定[31]

在 1cm 石英比色皿中加入 3mL 的 $1.0\times10^{-5}\,mol\cdot L^{-1}$ BSA 溶液，用微量进样器逐次滴加 BHA 溶液，变化 BHA 的浓度为 $0~3.0\times10^{-5}\,mol\cdot L^{-1}$。室温下测定 BSA 与不同浓度 BHA 作用的时间分辨荧光光谱。激发波长为 295nm，发射波长 350nm。量子点数收集 5000，采用仪器自带 Fluoracle 软件进行数据分析。采用拟合优度参数 χ^2 值衡量曲线的拟合程度。χ^2 值越接近 1，说明荧光衰减曲线拟合越好，计算的荧光寿命越接近真实值。

3.2.3.5 紫外-可见吸收光谱(UV-vis)的测定[32]

在 1cm 石英比色皿中加入 3mL 的 $1.0\times10^{-6}\,mol\cdot L^{-1}$ BSA 溶液，用微量进样器逐次滴加 BHA 溶液，变化 BHA 的浓度为 $0~4.46\times10^{-5}\,mol\cdot L^{-1}$。以含有或不含有 BHA 的 Tris-HCl 缓冲溶液为空白，室温下分别测定 BSA 与 BHA 作用的 UV-vis 光谱。波长范围 200~350nm，取样间隔 1nm。

3.2.3.6 圆二色光谱(CD)的测定

室温下，测定 BSA 与不同浓度 BHA 作用前后的圆二色(CD)光谱。BSA 的浓度为 $3.5\times10^{-6}\,mol\cdot L^{-1}$，BHA 的浓度分别为 $1.75\times10^{-5}\,mol\cdot L^{-1}$ 和 $3.5\times10^{-5}\,mol\cdot L^{-1}$。光源系统在 N_2 保护条件下，流量设置为 $5L\cdot min^{-1}$。光谱测定范围为 200~250nm，间隔为 1nm，扫描速度为 $100nm\cdot min^{-1}$，分辨率为 0.1nm，响应时间为 1s，样品池的光径为 0.1cm。累积次数 3 次。所有光谱的记录均进行了适当的背景校正。

3.2.3.7 原子力显微镜(AFM)的测定[33]

采用新鲜剥离的云母基底(云母切成约 $2\times2cm^2$ 方形片)，分别置于 BSA 溶液($1.0\times10^{-8}\,mol\cdot L^{-1}$)和 BSA-BHA 溶液($C_{BSA}/C_{BHA}=1:5$)中，室温下培养 30min，取出后用二次去离子水冲洗 3 次，置于培养皿中 N_2 干燥 10min。随机选取 3 个点，每个点重复 5 次。敲击模式下对 BSA 与 BHA 作用前后的形貌进行测量，弹簧常数为 $26N\cdot m^{-1}$，共振频率为 300kHz，速度为 $1.0line\cdot s^{-1}$。采用仪器自带软件对图像进行分析。

3.2.3.8 位点标记实验

为了确定 BHA 与 BSA 的结合位点，分别以华法林和布洛芬作为位点标记。BSA 浓度为 $1.0\times10^{-5}\,mol\cdot L^{-1}$，BHA 浓度为 $5.0\times10^{-5}\,mol\cdot L^{-1}$，将 HSA 与 BHA 的混合溶液在室温下保持 10min 后，用微量进样器逐次滴加华法林(或布洛芬)溶液，变化华法林(或布洛芬)为 $0 \sim 2.28 \times 10^{-5} \text{mol} \cdot \text{L}^{-1}$ 测定荧光光谱。测定条件同 3.2.3.1 荧光光谱的测定。

3.2.3.9 分子对接[34]

BSA 的晶体结构(PDB ID：4F5S)从 RCSB 蛋白数据库(http：//www.rcsb.org/)中获得。在 MMFF94 力场中，采用能量最小化的方法构建了小分子的三维结构。利用 Yinfo 云平台(http：//cloud.yinfotek.com/)的 DOCK 6.7 软件进行分子对接计算。利用该程序进行半柔性对接，并利用格点评分函数对输出构象进行评估。对候选构象进行聚类分析，得到 BHA 与 BSA 的最佳结合模式。

3.2.3.10 其他食品添加剂的影响[35]

研究了食品添加剂(BHT、BA 和 CA)对 BHA 和 BSA 相互作用的影响。BSA 浓度为 $1.0 \times 10^{-5} \text{mol} \cdot \text{L}^{-1}$，BHA 浓度为 $1.0 \times 10^{-5} \text{mol} \cdot \text{L}^{-1}$ 或 $3.0 \times 10^{-5} \text{mol} \cdot \text{L}^{-1}$，将 BHA 与 BHT(或 BA 或 CA)的混合溶液在室温下保持 10min 后，用微量进样器逐次滴入 BHA($0 \sim 3.85 \times 10^{-5} \text{mol} \cdot \text{L}^{-1}$)。测定条件同 3.2.3.1 荧光光谱的测定。

3.3 结果与讨论

3.3.1 BHA 与 BSA 作用的荧光光谱

利用荧光光谱法可以得到 BHA 与 BSA 之间的相互作用机制，包括结合常数、结合位点数目和结合力等信息。蛋白质的荧光主要来源于色氨酸(Trp)、酪氨酸(Tyr)和苯丙氨酸(Phe)残基[36]。Trp 残基对周围微环境最为敏感[37]。图 3.2 为 BSA 与不同浓度 BHA 作用的荧光光谱。BSA 在 348nm 处有较强的荧光发射峰，而 BHA 在 312nm 处有较弱的荧光发射峰。BHA 的加入使 BSA 的荧光强度降低，并有轻微的蓝移(3nm)，说明 BHA 淬灭了 BSA 的荧光光谱，并且改变了 Trp 残基周围的微环境。

3.3.2 BHA 与 BSA 作用的荧光淬灭机理

荧光淬灭机理通常分为静态淬灭和动态淬灭。静态淬灭是荧光团与淬灭剂之间形成基态复合物的结果，动态淬灭主要是指荧光团与淬灭剂之间的碰撞[38]。采用 Stern-Volmer 方程(2.2)($F_0/F = 1 + k_q \tau_0 [Q] = 1 + K_{sv} [Q]$)推断 BSA 对 BHA 的荧光淬灭机制。

根据 Stern-Volmer 方程，以 F_0/F 对 $[Q]$ 作图，结果如图 3.3 所示。由回归曲线的斜率可以得到 BHA 对 BSA 作用的 K_{sv} 值，如表 3.1 所示。静态淬灭和动态淬灭的区别主要取决于二者对温度的依赖程度。较高的温度促进了碰撞淬灭过程，因此 K_{sv} 增大。相比之下，高温降低了配体-BSA 复合物的稳定性，导致 K_{sv}

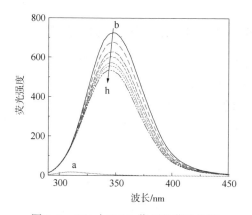

图 3.2　BSA 与 BHA 作用的荧光光谱

a：游离 BHA，$C_{BHA} = 1.0 \times 10^{-5}$ mol·L^{-1}；b-h：$C_{BSA} = 1.0 \times 10^{-5}$ mol·L^{-1}，

$C_{BHA} = 0$，0.66，1.32，1.96，2.60，3.23，3.85（$\times 10^{-5}$ mol·L^{-1}）

的降低[39]。Stern-Volmer 曲线呈现出良好的线性关系。随着温度的升高，Stern-Volmer 曲线斜率减小，K_{sv} 值随温度升高而减小，k_q 值大于最大散射碰撞淬灭常数（2.0×10^{10} L·mol^{-1}·s^{-1}）[40]，这表明 BHA 对 BSA 的淬灭可能是静态淬灭，而不是动态淬灭[41]。即 BSA-BHA 复合物的形成是 BSA 荧光淬灭的主要原因。

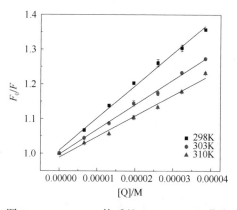

图 3.3　BHA-BSA 体系的 Stern-Volmer 曲线

表 3.1　BHA-BSA 体系的淬灭常数、结合常数和热力学常数

$T/$ K	$K_{sv}/$ (L·mol^{-1})	$K_q/$ (L·mol^{-1}·s^{-1})	$K_b/$ (L·mol^{-1})	n	$\Delta H/$ (kJ·mol^{-1})	$\Delta S/$ (J·mol^{-1}·K^{-1})	$\Delta G/$ (kJ·mol^{-1})
298	9.30×10^3	9.30×10^{11}	5.70×10^3	0.99			-21.29
303	7.15×10^3	7.15×10^{11}	1.05×10^4	1.04	110.8	443.3±9.30	-23.51
310	5.96×10^3	5.96×10^{11}	3.18×10^4	1.17			-26.61

3.3.3　BHA 与 BSA 作用的时间分辨荧光光谱

荧光寿命测量可以进一步验证荧光淬灭类型[42]。BSA 与 BHA 作用的时间分辨荧光衰减曲线如图 3.4 所示。由式(2.3)[$<\tau> = (\alpha_1\tau_1 + \alpha_2\tau_2)/(\alpha_1 + \alpha_2)$]计算 BSA 与 BHA 作用前后的平均荧光寿命。将荧光衰减曲线进行双指数拟合，拟合结果如表 3.2 所示。拟合过程中拟合优度参数值为 0.9~1.1。

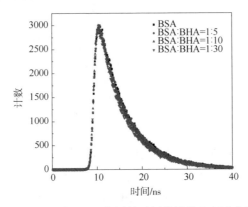

图 3.4　BSA 与 BHA 作用的时间分辨荧光衰减曲线

$C_{BSA} = 1.0\times10^{-6}\,mol \cdot L^{-1}$

表 3.2　BSA-BHA 体系的荧光衰减拟合参数

$C_{BSA} : C_{BHA}$	τ_1/ns	α_1/%	τ_2/ns	α_1/%	τ/ns	χ^2
1 : 0	5.93	82.83	8.89	17.17	6.43	1.08
1 : 5	5.12	39.49	7.16	60.55	6.35	1.03
1 : 10	4.48	31.46	6.85	68.54	6.10	0.96
1 : 30	4.29	33.06	6.73	66.94	5.92	0.91

BSA-BHA 体系的寿命衰减呈双指数，具有良好的 χ^2 值(0.9~1.1)。BSA 有两个荧光寿命成分，即短寿命 $\tau_1 = 5.93$ns(82.83%)和长寿命 $\tau_2 = 8.89$ns(17.11%)，平均荧光寿命为 6.43ns。与 BHA 相互作用后，BSA 的 $\tau_1 = 4.29$ns(33.06%)和 $\tau_2 = 6.73$ns(66.94%)，平均荧光寿命为 5.92ns。随着 BHA 浓度的增加，BSA 的平均荧光寿命从 6.43ns 下降至 5.92ns，即使在较大浓度 BHA(3.0×10^{-5}mol · L^{-1})的作用下，BSA 的荧光寿命受到的影响也较小。对于静态淬灭，在复合物形成过程中 BSA 的荧光寿命不受影响，而动态淬灭是一个降低 BSA 激发态速率的过程[43]。BSA 的荧光寿命变化很小，说明静态淬灭可能是 BHA 荧光淬灭的主要原因[44]，即 BHA 对 BSA 的荧光淬灭主要是由于形成了一

种不发射荧光的复合物，而不是基于扩散碰撞的动态淬灭。这一结果与荧光淬灭实验的结果一致。BSA 荧光寿命的减小可能是由于 BSA 与 BHA 之间发生了非辐射能量转移。

3.3.4　BHA 与 BSA 作用的结合常数和结合位点数

利用公式(1.5)$\left(\lg\left(\dfrac{F_0-F}{F}\right) = \lg K_b + n \lg[Q] \right)$可以得到 BSA 与 BHA 作用的($K_b$)

和结合位点数(n)[45]。图 3.5 为 BSA 与 BHA 作用的 $\lg\left(\dfrac{F_0-F}{F}\right)$ 对 $\lg[Q]$ 曲线。由

双对数回归曲线的截距和斜率分别求得 K_b 和 n 列与表 3.1。K_b 值约等于 10^4 L·

mol^{-1}，这表明 BHA 和 BSA 之间存在中等强度的结合作用[46]。一般来说，与蛋白质结合较强的药物，在生物血浆中的半衰期长，持续时间长，消除速度慢[11]。化学物质对人体的毒性作用可能来自这些化合物在生物体内的长期慢性积累[47]。n 的值接近于 1，说明 BHA 与 BSA 存在一个结合位点。

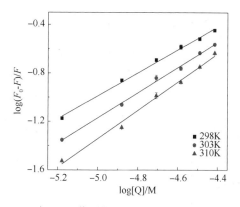

图 3.5　BSA 与 BHA 作用的 $\log[(F_0-F)/F]$ 对 $\log[Q]$ 曲线

3.3.5　BHA 与 BSA 作用的热力学常数和作用力

配体，如食品添加剂[48]、药物[49]、金属[50]、污染物[51]与 BSA 作用的主要结合力包括静电力、范德华力、疏水相互作用和氢键[52]。可以用热力学参数推

断 BHA 与 BSA 的结合力[53]。由 Van't Hoff 方程(2.4)$\left(\ln K_b = -\dfrac{\Delta H}{RT} + \dfrac{\Delta S}{R} \right)$，以 $\ln K_b$

对 $1/T$ 作图(见图 3.6)，由回归曲线的斜率和截距得到 BHA 与 BSA 相互作用的焓变(ΔH)和熵变(ΔS)值，由公式(2.5)$(\Delta G = \Delta H - T\Delta S)$得到 BHA 与 BSA 相互作用的吉布斯自由能(ΔG)，列于表 3.1。

ΔG 为负数表明 BHA 与 BSA 的结合过程是自发的。ΔH(110.8kJ·mol^{-1}) 和 ΔS(443.3J·mol^{-1}·K^{-1}) 均为正数表明，结合过程主要是熵驱动的，疏水相互作用在反应中起主要作用[53]。

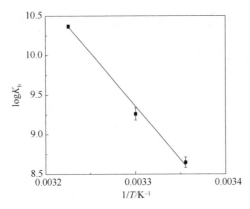

图 3.6   BSA 与 BHA 作用的 Van't Hoff 曲线

3.3.6   BHA 与 BSA 作用的结合距离

Förster 非辐射能量转移理论(FRET)被广泛应用于研究蛋白质中荧光团供体和配体受体之间的距离[54]。当供体的荧光光谱与受体的吸收光谱有足够的重叠，并且供体与受体之间的距离小于 7nm 时发生能量转移。能量传递效率(E) 可由式 $(2.6)\left(E = 1 - \dfrac{F}{F_0} = \dfrac{R_0^6}{(R_0^6 + r^6)}\right)$ 计算[55]。R_0 为能量转移效率 E 为 50% 时的临界距离，由公式(2.7) ($R_0^6 = 8.8 \times 10^{-25} K^2 N^{-4} \Phi J$) 计算。重叠积分 J，由公式(2.8) $\left(J = \dfrac{\sum F(\lambda)\varepsilon(\lambda)\lambda^4 \Delta \lambda}{\sum F(\lambda)\Delta \lambda}\right)$ 计算。

BSA 的荧光发射光谱与 BHA 的紫外–可见吸收光谱如图 3.7 所示。计算结果为 $J = 3.39 \times 10^{-16} cm^3 \cdot L \cdot mol^{-1}$，$R_0 = 1.39nm$，$E = 9.36\%$，$r = 2.04nm$。说明 BSA 与 BHA 之间很有可能发生了非辐射能量转移。

3.3.7   BHA 对 BSA 构象的影响

3.3.7.1   BHA 与 BSA 作用的紫外–可见吸收光谱

图 3.8 为 BSA、BHA 和 BHA–BSA 体系的吸收光谱。BHA 在 218nm 处有一个非常弱的吸收峰。BSA 在 213nm 处有一个强峰，在 278nm 处有一个弱峰，分别与 BSA 主肽链的二级结构和芳香氨基酸残基周围微环境的极性有关[56]。随着 BHA 浓度的增加，BSA 两个峰的吸光度均增加，并且在 213nm 处的吸收峰红移

至219nm。对于静态淬灭，复合物的形成会改变 BSA 的吸收光谱。相比之下，动态淬灭只影响 BSA 的激发态[57]。因此说明，吸收光谱的变化可能是由于 BHA 和 BSA 之间形成了 BHA–BSA 基态复合物。这一结果再次验证了荧光淬灭实验的结果。此外，BSA 在 213nm 处的红移也说明 BHA 诱导 BSA 二级结构发生了变化。

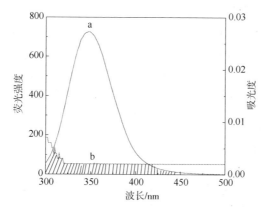

图 3.7 BSA 的荧光发射光谱（a）与 BHA 的紫外–可见吸收光谱（b）

$$C_{BSA} = C_{BHA} = 1.0 \times 10^{-5} \, mol \cdot L^{-1}$$

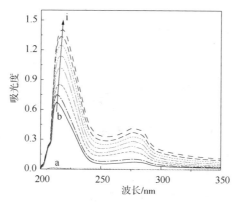

图 3.8 BSA 与 BHA 作用的吸收光谱

a: free BSA；b–i: BSA–BHA.

$C_{BSA} = 1.0 \times 10^{-6} \, mol \cdot L^{-1}$，$C_{BHA} = 0，6.6，13.2，19.6，26.0，32.3，38.5，44.6 (\times 10^{-6} mol \cdot L^{-1})$

3.3.7.2 BHA 与 BSA 作用的同步荧光光谱

同步荧光光谱可以提供 BSA（如 Trp 或 Tyr）周围微环境的特征信息，具有光谱简化、降低光谱带宽、避免不同扰动效应等优点。同步荧光光谱通过同时扫描激发和发射单色仪，并同时保持它们之间恒定的波长间隔而得到。例如，当 $\Delta\lambda = 15nm$ 时，BSA 的同步荧光光谱只显示 Tyr 的荧光光谱特征；当 $\Delta\lambda = 60nm$ 时，

BSA 的同步荧光光谱只显示 Trp 的荧光光谱特征。BSA 与不同浓度 BHA 作用的同步荧光光谱如图 3.9 所示。

Tyr(见图 3.9A)和 Trp(见图 3.9B)的荧光强度均随着 BHA 浓度的增加而降低，说明 BHA 淬灭了 Tyr 和 Trp 残基的荧光强度。BHA 对 Trp 的荧光淬灭程度较 Tyr 的荧光淬灭大，说明 BHA 对 BSA 的荧光淬灭主要是对 Trp 残基的荧光淬灭。Tyr(见图 3.9A)的同步荧光光谱随着 BHA 浓度的增加吸收峰位置略有蓝移，说明 BHA 使得 BSA 的 Trp 周围疏水性增加。Trp 的同步荧光光谱没有发现明显的位移，说明 BHA 对 Tyr 只是荧光强度的淬灭，从同步荧光光谱上未能观察到 BHA 对 Trp 残基周围微环境的影响。

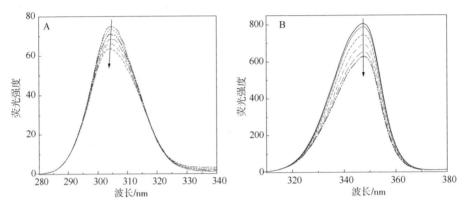

图 3.9　BSA 与 BHA 作用的同步荧光光谱

(A)：$\Delta\lambda=15\mathrm{nm}$；(B)：$\Delta\lambda=60\mathrm{nm}$

$C_{\mathrm{BSA}}=1.0\times10^{-5}\mathrm{mol}\cdot\mathrm{L}^{-1}$，$C_{\mathrm{BHA}}=0$，0.33，0.66，0.99，1.32，1.64$(\times10^{-5}\mathrm{mol}\cdot\mathrm{L}^{-1})$

3.3.7.3　BHA 与 BSA 作用的三维荧光光谱

3D 荧光光谱可以提供 BSA 详细的构象信息[58]。图 3.10 为 BSA 与 BHA 作用的 3D 荧光谱图和等高线图，对应参数见表 3.3。峰 a 为瑞利散射峰($\lambda_{\mathrm{em}}=\lambda_{\mathrm{ex}}$)。峰 1($\lambda_{\mathrm{ex}}=276\mathrm{nm}$，$\lambda_{\mathrm{em}}=345\mathrm{nm}$)主要表现为 Trp 和 Tyr 残基的特征荧光，峰 2($\lambda_{\mathrm{ex}}=244\mathrm{nm}$，$\lambda_{\mathrm{em}}=340\mathrm{nm}$)表现为多肽链主链结构的 $n\rightarrow\pi^{*}$ 跃迁的荧光光谱特征[59]。

表 3.3　BSA-BHA 体系的三维荧光光谱参数

峰	BSA			BSA-BHA		
	峰位置 $\lambda_{\mathrm{ex}}/\lambda_{\mathrm{em}}/\mathrm{nm}$	$\Delta\lambda/\mathrm{nm}$	强度	峰位置 $\lambda_{\mathrm{ex}}/\lambda_{\mathrm{em}}/\mathrm{nm}$	$\Delta\lambda/\mathrm{nm}$	强度
峰 1	276/345	69	584.67	276/340	64	443.67
峰 2	244/340	96	93.67	244/340	96	70.67

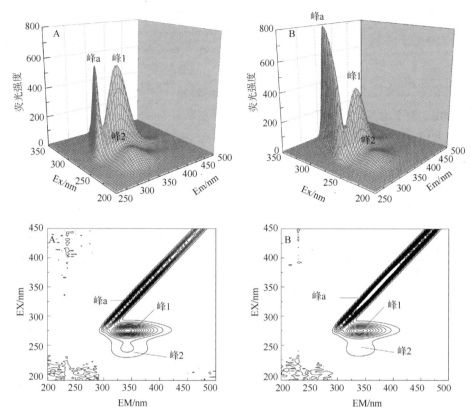

图 3.10 BSA 与 BHA 作用的 3D 荧光光谱

(A)：BSA；(B)：BSA-BHA

随着 BHA 的加入，峰 a 增加，这可能是由于 BSA-BHA 复合物的形成增加了分子尺寸，导致散射效应增强[60]。随着 BHA 的加入，峰 1 和峰 2 的荧光强度降低，并且峰 1 的位置蓝移了 5nm，这说明由于 BHA 的结合导致 BSA 氨基酸残基微环境极性，以及 BSA 多肽链结构的变化[61]。

3.3.7.4 BHA 与 BSA 作用的圆二色光谱

圆二色光谱法（CD）具有灵敏、简便、快速、准确的特点，是测定蛋白质二级结构的一种方法[62]。BSA 在 208nm 和 222nm 的远紫外区域有两个负吸收峰，是由肽键上 α-螺旋的 $n \rightarrow \pi^*$ 跃迁引起的，是蛋白质 α-螺旋结构的特征，反映了蛋白质主链的构象性质[63]。

BSA 与 BHA 作用的 CD 光谱如图 3.11 所示。随着 BHA 的加入，BSA 的 CD 光谱的形状和峰位置未观察到明显的变化，这说明 α-螺旋是 BSA 二级结构的主要成分。但 BHA 存在时，BSA 在 208nm 和 220nm 两个负特征峰的摩尔椭圆率改变，说明由于 BHA 的结合，使得 BSA 的 α-螺旋结构含量发生变化。

α-螺旋含量可以用公式(3.1)和公式(3.2)计算[64]。

$$MRE = \frac{ObservedCD(mdeg)}{10 \times n \times l \times C_p} \qquad (3.1)$$

$$\alpha - Helix(\%) = \frac{-MRE_{208} - 4000}{33000 - 4000} \times 100 \qquad (3.2)$$

MRE 为平均摩尔椭圆度，C_p 为 BSA 的摩尔浓度(mol·dm³)，n 为氨基酸残基数(BSA 为 583)，l 为样品池光径长度(cm)。4000 是指 β-折叠及随机碰撞引起的 MRE 变化值，3300 是指 α-螺旋结构的 MRE 值。

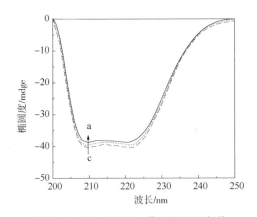

图 3.11　BSA 与 BHA 作用的 CD 光谱

a：BSA；b-c：BHA-BHA　$C_{BSA} = 1.5 \times 10^{-6}$ mol·L⁻¹，$C_{BHA} = 1.5$，$3.5(\times 10^{-5}$ mol·L⁻¹)

BSA 的 α-螺旋含量为 54.3%，当 BHA 与 BSA 的摩尔比率为 5∶1 和 10∶1 时，BSA 的 α-螺旋含量下降为 52.8% 和 51.5%。实验结果表明，BHA 与 BSA 的结合诱导 BSA 多肽链发生轻微的展开，BSA 的二级结构发生变化。这一结果与紫外-可见吸收光谱的实验结果是一致的。

3.3.7.5　BHA 与 BSA 作用的原子力显微镜

原子力显微镜(AFM)是一种具有很高分辨率和精度的非破坏性技术，利用 AFM 可以由纳米级分辨率获得物质表面形貌结构以及表面粗糙度信息，即在单分子水平上研究蛋白质等生物大分子的形貌变化。可用于在纳米尺度上观测 BSA 与配体小分子作用前后表面形貌的变化，获得更多小分子与 BSA 相互结合的信息[65]。采用 AFM 对与 BHA 作用前后 BSA 的形貌变化进行分析。图 3.12 为 BSA 与 BHA 作用前后的二维和三维图像。BSA 的平均粗糙度(R_a)为 0.44nm，峰谷高度(R_t)为 2.15nm。与 BHA 相互作用后，BSA 的 R_a 和 R_t 分别增加至 1.58nm 和 6.60nm。R_a 和 R_t 增加，即 DMP/MMP 使得 BSA 的颗粒更大，表面更粗糙，表明 BSA 和 BHA 相互作用形成了更大的复合物[66]。

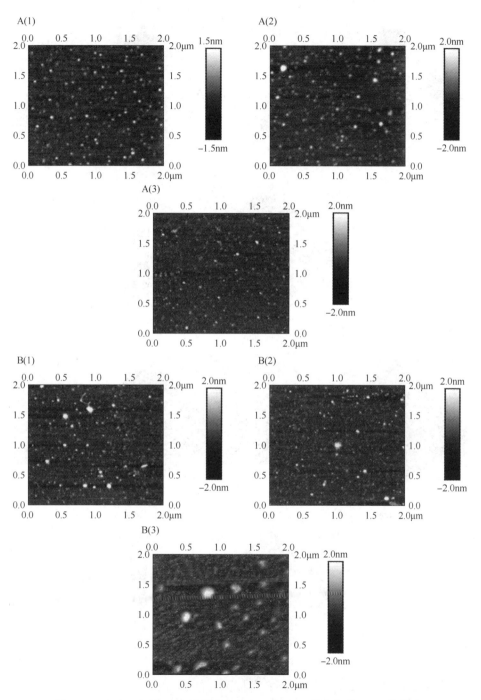

图 3.12　(A)BSA 的 AFM 形貌图；(B)BSA-BHA 复合体的 AFM 形貌图；
C、D 分别为(A、B)的三维图

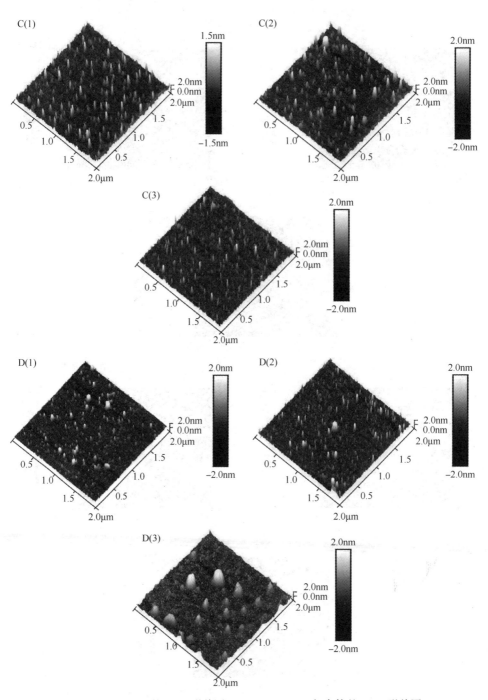

图 3.12　（A）BSA 的 AFM 形貌图；（B）BSA-BHA 复合体的 AFM 形貌图；
C、D 分别为(A、B)的三维图(续)

3.3.8 BHA 与 BSA 作用的结合位点

BSA 有三个同源域（Ⅰ，Ⅱ 和 Ⅲ），每个域由两个子域（A 和 B）组成[67]。BSA 在 ⅡA 和 ⅢA 子域的疏水性空腔中有两个主要的结合位点区域，分别定义为 Site Ⅰ 和 Site Ⅱ[68]。这两个主要的位点对许多配体的结合具有很强的适应性。芳香配体与 BSA 主要结合在这两个疏水性空腔的子域[69]。选择布洛芬和华法林作为探针可用于确定 BHA 在 BSA 上的结合位点，因为华法林和布洛芬分别特异性结合于 Site Ⅰ 和 Site Ⅱ[70]。由公式（3.3）计算位点探针被 BHA 置换的百分比[71]。

$$\text{Probe displacement }(\%)=\frac{F_2}{F_1}\times100\% \qquad (3.3)$$

式中，F_1 和 F_2 分别为不存在和存在华法林和布洛芬时 BSA-BHA 系统的荧光强度。F_2/F_1 对[华法林/布洛芬]与[BSA]浓度比的关系如图 3.13 所示。加入华法林后，BSA-BHA 体系的荧光强度明显降低，而布洛芬的荧光强度变化不大。这表明 BHA 与华法林在 BSA 中竞争相同的结合位点。因此，Site Ⅰ 可能是 BSA 中 BHA 的结合位点[72]。

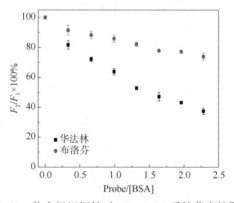

图 3.13　位点标记探针对 BSA-BHA 系统荧光的影响

3.3.9 BHA 与 BSA 作用的分子对接

根据位点标记实验结果，选择 Site Ⅰ 作为结合区域。BHA 与 BSA 结合模式的最佳构象如图 3.14 所示。格点分数是非极性力和极性力的总和。负值表示结合强度。BHA 评分为 $-37.0435\text{kcal}\cdot\text{mol}^{-1}$（见表 3.4），表明它们可以与 BSA 结合。BHA 进入 Site Ⅰ 的结合空腔，BHA 上的四个碳原子分别与 Ala290、Leu237、Leu259、Ile263 和 Ile289 形成疏水相互作用。相应的距离分别为：3.9Å、3.7Å、3.4Å、3.7Å、3.5Å。这五种疏水作用共同构成了非极性力，其结合力为

$-36.9734 \text{kcal} \cdot \text{mol}^{-1}$。根据热力学参数和分子对接信息的结果，可以得出疏水作用是 BHA 与 BSA 结合的主要作用力。

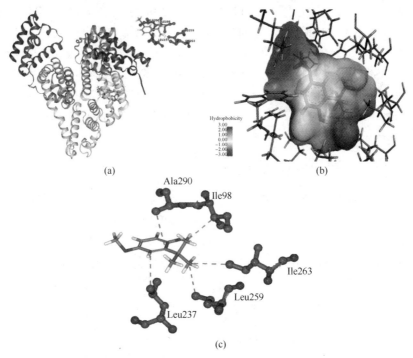

图 3.14　(a)BHA-BSA 复合物；(b)BHA 位于 Site I 的疏水性空腔；(c)BHA 与 BSA 某些氨基酸之间的作用力。虚线表示疏水作用

表 3.4　BHA 与 BSA 相互作用的分子对接分析得分

Name	Grid_score/ $(\text{kcal} \cdot \text{mol}^{-1})$	Grid_vdw_energy/ $(\text{kcal} \cdot \text{mol}^{-1})$	Grid_es_energy/ $(\text{kcal} \cdot \text{mol}^{-1})$	Internal_energy_repulsive/ $(\text{kcal} \cdot \text{mol}^{-1})$
BHA	-37.0435	-36.9734	-0.07008	7.563859

3.3.10　食品添加剂对 BHA 和 BSA 相互作用的影响

由 K_b 值评价 BHT/BA/CA 对 BHA 和 BSA 相互作用的影响。从表 3.5 中可以看出，食品添加剂的存在降低了 BHA 与 BSA 作用的 K_b 值，其中 CA 对相互作用的影响最为明显。K_b 降低的原因可能是由于 BHT/BA/CA 与 BHA 竞争结合 BSA，因此导致 BHA 与 BSA 的结合亲和力下降。通常，K_b 值越大表明 BHA 与 BSA 之间的结合力越强，这意味着 BHA 在体内的半衰期越长[73]。相反，K_b 值的降低表明结合力较弱，表明药物在体内的代谢速度较快[35]。三种食品添加剂的加入降

低了 BHA-BSA 的 K_b 值，说明食品添加剂的混合使用是可以接受的。

表 3.5　食品添加剂存在时 BHA-BSA 体系的 K_b 值

参数		K_b/M^{-1}	R
BSA-BHA		5.70×10^3	0.9981
BHT-BSA-BHA	1:1	1.41×10^3	0.9985
	1:3	1.78×10^2	0.9977
BA-BSA-BHA	1:1	2.43×10^3	0.9973
	1:3	4.88×10^2	0.9984
CA-BSA-BHA	1:1	4.35×10^3	0.9982
	1:3	1.55×10^2	0.9963

3.4　本章小结

采用多种光谱法研究了 BHA 与 BSA 的相互作用。结果表明，BHA 与 BSA 1:1 结合形成复合物，结合过程是自发的、放热的，由疏水作用驱动的。中度亲和力说明 BHA 可以和 BSA 结合，被 BSA 储存和运输。紫外-可见光谱和三维荧光光谱表明，在低浓度（4.0×10^{-5} mol·L^{-1}）下，BHA 引起了 BSA 的构象变化。BHA 与 BSA 的相互作用降低了氨基酸残基微环境的极性，改变了 BSA 的二级结构，从而可能干扰了 BSA 的正常生物学功能。三种添加剂（BHT、BA 和 CA）的存在削弱了 BHA 与 BSA 的结合力，从而缩短了 BHA 在血浆中的储存时间。半衰期的缩短表明代谢和消除加快，避免了积累，因此，从减弱累积毒性的角度看，添加剂组合使用是可以被接受的。这些研究结果有助于了解 BHA 与蛋白质的基本结合本质，以及调整 BHA 在食品中的用量，为保证食品添加剂的安全使用提供有价值的参考数据。最后，需要注意的是本研究中使用的 BHA 浓度（10^{-5} mol·L^{-1}）比目前使用量（在食品中最高使用量为 10^{-3} mol·L^{-1}）少得多，因此，BHA 在食品工业中的使用还需要更深入的研究。

参 考 文 献

[1] Ham, J., Lim, W., You, S., et al. Butylated hydroxyanisole induces testicular dysfunction in mouse testis cells by dysregulating calcium homeostasis and stimulating endoplasmic reticulum stress[J]. Sci. Total Environ., 2020, 702: 134775.

[2] Guo, J., Li, L., Zhou, S., et al. Butylated hydroxyanisole alters rat 5α-reductase and 3α-hydroxysteroid dehydrogenase: Implications for influences of neurosteroidogenesis[J]. Neurosci. Lett., 2017, 653: 132-138.

［3］ Sun, Z., Yang, X., Liu, Q. S., et al. Butylated hydroxyanisole isomers induce distinct adipogenesis in 3T3-L1 cells［J］. J. Hazard. Mater., 2019, 379: 120794.

［4］ Cacho, J. I., Campillo, N., Vinas, P., et al. Determination of synthetic phenolic antioxidants in edible oils using microvial insert large volume injection gas-chromatography［J］. Food Chem., 2016, 200(1): 249-254.

［5］ Chu, W., Lau, T. K. Ozonation of endocrine disrupting chemical BHA under the suppression effect by salt additive with and without H_2O_2［J］. J. Hazard. Mater., 2007, 144(1): 249-254.

［6］ Ye, Z., Brillas, E., Centellas, F., et al. Electrochemical treatment of butylated hydroxyanisole: Electrocoagulation versus advanced oxidation［J］. Sep. Purif. Technol., 2019, 208: 19-26.

［7］ Ng, K. L., Tan, G. H., Khor, S. M. Graphite nanocomposites sensor for multiplex detection of antioxidants in food［J］. Food Chem., 2017, 237(5): 912-920.

［8］ Ying, X. U., Ying, X. L., Ying, W. U. Determination of TBHQ, BHA, BHT in Edible Vegetable Oil by High Liquid Performance Chromatography［J］. J. Anhui Agric. Sci., 2017, 45(18): 89-90+117.

［9］ Martin, J. M. P., Freire, P. F., Daimiel, L., et al. The antioxidant butylated hydroxyanisole potentiates the toxic effects of propylparaben in cultured mammalian cells［J］. Food Chem. Toxicol., 2014, 72: 195-203.

［10］ Shahabadi, N., Maghsudi, M., Kiani, Z., et al. Multispectroscopic studies on the interaction of 2-tert-butylhydroquinone(TBHQ), a food additive, with bovine serum albumin［J］. Food Chem., 2011, 124(3): 1063-1068.

［11］ Cao, H., Liu, X., Ulrih, N. P., et al. Plasma protein binding of dietary polyphenols to human serum albumin: A high performance affinity chromatography approach［J］. Food Chem., 2019, 207(1): 257-263.

［12］ Sun, Q., He, J., Yang, H., et al. Analysis of binding properties and interaction of thiabendazole and its metabolite with human serum albumin via multiple spectroscopic methods［J］. Food Chem., 2017, 233(15): 190-196.

［13］ Nan, Z., Hao, C., Ye, X., et al. Interaction of graphene oxide with bovine serum albumin: A fluorescence quenching study［J］. Spectrochim. Acta A, 2019, 210: 348-354.

［14］ Cojocaru, C., Clima, L. Binding assessment of methylene blue to human serum albumin and poly(acrylic acid): Experimental and computer-aided modeling studies［J］. J. Mol. Liq., 2019, 285: 811-821.

［15］ Liu, J., He, Y., Liu, D., et al. Characterizing the binding interaction of astilbin with bovine serum albumin: a spectroscopic study in combination with molecular docking technology［J］. RSC Adv., 2018, 8(13): 7280-7286.

［16］ Paiva, P. H. C., Coelho, Y. L., Silva, L. H. M. D., et al. Influence of protein conformation and selected hofmeister salts on bovine serum albumin/lutein complex formation［J］.

Food Chem., 2020, 305(1): 125463.

[17] Zhang, L., Liu, Y., Hu, X., et al. Studies on interactions of pentagalloyl glucose, ellagic acid and gallic acid with bovine serum albumin: A spectroscopic analysis[J]. Food Chem., 2020, 324(15): 126872.

[18] Jahromi, S. H. R., Farhoosh, R., Hemmateenejad, B., et al. Characterization of the binding of cyanidin-3-glucoside to bovine serum albumin and its stability in a beverage model system: A multispectroscopic and chemometrics study [J]. Food Chem., 2020, 311 (1): 126015.

[19] Wu, S., Wang, X., Bao, Y., et al. Molecular insight on the binding of monascin to bovine serum albumin(BSA) and its effect on antioxidant characteristics of monascin[J]. Food Chem., 2020, 315(15): 126228.

[20] Fathi, F., Mohammadzadeh-Aghdash, H., Sohrabi, Y., et al. Kinetic and thermodynamic studies of bovine serum albumin interaction with ascorbyl palmitate and ascorbyl stearate food additives using surface plasmon resonance[J]. Food Chem., 2018, 246(25): 228-232.

[21] Mohammadzadeh-Aghdash, H., Ezzati Nazhad Dolatabadi, J., Dehghan, P., et al. Multi-spectroscopic and molecular modeling studies of bovine serum albumin interaction with sodium acetate food additive[J]. Food Chem., 2017, 228(1): 265-269.

[22] Kaspchak, E., Mafra, L. I., Mafra, M. R. Effect of heating and ionic strength on the interaction of bovine serum albumin and the antinutrients tannic and phytic acids, and its influence on in vitro protein digestibility[J]. Food Chem., 2018, 252(30): 1-8.

[23] Lelis, C. A., Hudson, E. A., Ferreira, G. M. D., et al. Binding thermodynamics of synthetic dye Allura Red with bovine serum albumin[J]. Food Chem., 2017, 217(15): 52-58.

[24] Hassan, M. M., Elrrigieg, M. A. A., Sabahelkhier, M., et al. Impacts of the food additive benzoic acid on liver function of wistar rats[J]. J. Adv. Res., 2016, 4(8): 568-575.

[25] Li, J., Bi, Y., Sun, S., et al. Simultaneous analysis of tert-butylhydroquinone, tert-butylquinone, butylated hydroxytoluene, 2-tert-butyl-4-hydroxyanisole, 3-tert-butyl-4-hydroxyanisole, α-tocopherol, γ-tocopherol, and δ-tocopherol in edible oils by normal-phase high performance liquid chromatography[J]. Food Chem., 2017, 234(1): 205-211.

[26] Cowan, J., Cooney, P. M., Evans, C., et al. Citric acid: Inactivating agent for metals or acidic synergist in edible fats? [J]. J. Am. Oil. Chem. Soc., 1962, 39(1): 6-9.

[27] Cahyana, Y., Gordon, M. H., Interaction of anthocyanins with human serum albumin: Influence of pH and chemical structure on binding[J]. Food Chem., 2013, 141(3): 2278-2285.

[28] Zhang, G., Ma, Y., Wang, L., et al. Multispectroscopic studies on the interaction of maltol, a food additive, with bovine serum albumin[J]. Food Chem., 2012, 133(2): 264-270.

[29] Sengupta, P., Pal, U., Mondal, P., et al. Multi-spectroscopic and computational evaluation on the binding of sinapic acid and its Cu(Ⅱ) complex with bovine serum albumin[J]. Food Chem., 2019, 301(15): 125254.

［30］ He, J., Li, S., Xu, K., et al. Binding properties of the natural red dye carthamin with human serum albumin: Surface plasmon resonance, isothermal titration microcalorimetry, and molecular docking analysis［J］. Food Chem., 2017 221(15): 650-656.

［31］ Mathew, M., Sreedhanya, S., Manoj, P., et al. Exploring the interaction of bisphenol－S with serum albumins: a better or worse alternative for bisphenol A? ［J］. J. Phys. Chem. B., 2014, 118(14): 3832-3843.

［32］ Zhang, C., Guan, J., Zhang, J., et al. Protective effects of three structurally similar poly-phenolic compounds against oxidative damage and their binding properties to human serum albu-min［J］. Food Chem., 2021, 349(1): 129118.

［33］ Wang, Y., Wang, J., Huang, S., et al. Evaluating the effect of aminoglycosides on the in-teraction between bovine serum albumins by atomic force microscopy［J］. Int. J. Biol. Macro-mol., 2019, 134: 28-35.

［34］ Caruso, Í. P., Vilegas, W., Oliveira, L. C. D, et al. Fluorescence spectroscopic and dy-namics simulation studies on isoorientin binding with human serum albumin［J］. Spectrochim. Acta A, 2020, 228: 117738.

［35］ Zhou, Z., Hu, X., Hong, X., et al. Interaction characterization of 5－hydroxymethyl－2－fur-aldehyde with human serum albumin: Binding characteristics, conformational change and mech-anism［J］. J. Mol. Liq., 2020, 297: 111835.

［36］ Tantimongcolwat, T., Prachayasittikul, S., Prachayasittikul, V. Unravelling the interaction mechanism between clioquinol and bovine serum albumin by multi－spectroscopic and molecular docking approaches［J］. Spectrochim. Acta A, 2019, 216: 25-34.

［37］ Ahmad, M. I., Potshangbam, A. M., Javed, M., et al. Studies on conformational changes induced by binding of pendimethalin with human serum albumin［J］. Chemosphere, 2020, 243: 125270.

［38］ Ma, R., Guo, D., Li, H., et al. Spectroscopic methodologies and molecular docking studies on the interaction of antimalarial drug piperaquine and its metabolites with human serum albumin ［J］. Spectrochim. Acta A, 2019, 222: 117158.

［39］ Shahabadi, N., Hadidi, S. Molecular modeling and spectroscopic studies on the interaction of the chiral drug venlafaxine hydrochloride with bovine serum albumin［J］. Spectrochim. Acta A, 2014, 122: 100-106.

［40］ Yao, C., Ding, Y., Li, P., et al. Effects of chlorogenic acid on the binding process of cad-mium with bovine serum albumin: a multi－spectroscopic and docking study［J］. J. Mol. Struct., 2020, 1204: 127531.

［41］ Ameen, F., Siddiqui, S., Jahan, I., et al. A detailed insight into the interaction of meman-tine with bovine serum albumin: A spectroscopic and computational approach［J］. J. Mol. Liq., 2020, 303: 112671.

［42］ Singh, I., Luxami, V., Paul, K. Spectroscopy and molecular docking approach for investiga-tion on the binding of nocodazole to human serum albumin［J］. Spectrochim. Acta A, 2020,

235：118289.

［43］Aprile, A., Palermo, G., De Luca, A., et al. Assessment of EtQxBox complexation in solution by steady－state and time－resolved fluorescence spectroscopy［J］. RSC Adv., 2018, 8 (29)：16314-16318.

［44］Yadav, P., Sharma, B., Sharma, C., et al. Interaction between the antimalarial drug dispirotetraoxanes and Human Serum Albumin：A Combined Study with Spectroscopic Methods and Computational Studies［J］. ACS omega, 2020, 5(12)：6472-6480.

［45］Maity, A., Pal, U., Chakraborty, B., et al. Preferential photochemical interaction ofRu (Ⅲ) doped carbon nano dots with bovine serum albumin over human serum albumin［J］. Int. J. Biol. Macromol., 2019, 137：483-494.

［46］Rahman, Y., Afrin, S., Tabish, M. et al. Interaction of pirenzepine with bovine serum albumin and effect of β－cyclodextrin on binding：A biophysical and molecular docking approach［J］. Arch. Biochem. Biophys., 2018, 652：27-37.

［47］Zhang, Y., Zhong, Q. Probing the binding between norbixin and dairy proteins by spectroscopy methods［J］. Food Chem., 2013, 139(1)：611-616.

［48］Nunes, N. M., Pacheco, A. F. C., Agudelo, Á. J. P., et al. Interaction of cinnamic acid and methyl cinnamate with bovine serum albumin：a thermodynamic approach［J］. Food Chem., 2017, 237(15)：525-531.

［49］Wani, T. A., Bakheit, A. H., Abounassif, M., et al. Study of interactions of an anticancer drug neratinib with bovine serum albumin：spectroscopic and molecular docking approach［J］. Front. Chem., 2018, 6：47.

［50］Alhazmi, H. A. FT－IR spectroscopy for the identification of binding sites and measurements of the binding interactions of important metal ions with bovine serum albumin［J］. Sci. Pharm., 2019, 87(1)：5.

［51］Chi, Q., Li, Z., Huang, J., et al. Interactions of perfluorooctanoic acid and perfluorooctanesulfonic acid with serum albumins by native mass spectrometry, fluorescence and molecular docking［J］. Chemosphere, 2018, 198：442-449.

［52］Jena, B. B., Satish, L., Mahanta, C. S., et al. Interaction of carborane－appended trimer with bovine serum albumin：A spectroscopic investigation［J］. Inorg. Chim. Acta., 2019, 491：52-58.

［53］Zhuang, W., Li, L., Lin, G., et al. Ilaprazole metabolites, ilaprazole sulfone and ilaprazole sulfide decreased the affinity of ilaprazole to bovine serum albumin［J］. J. Lumin., 2012, 132 (2)：350-356.

［54］Almutairi, F. M., Ajmal, M. R., Siddiqi, M. K., et al. Biophysical insight into the interaction of levocabastine with human serum albumin：spectroscopy and molecular docking approach［J］. J. Biomol. Struct. Dyn., 2020, (6)：1-10.

［55］Jiao, Y. H., Zhang, Q., Zou, T., et al. Synthesis of a novel p－hydroxycinnamic amide and its interaction with bovine serum albumin［J］. J. Mol. Struct., 2020, 1210：127959.

[56] Shahabadi, N., Maghsudi, M., Rouhani, S. Study on the interaction of food colourant quinoline yellow with bovine serum albumin by spectroscopic techniques[J]. Food Chem., 2012, 135(3): 1836-1841.

[57] Wang, X., Zou, L., Mi, C., et al. Characterization of binding interaction of triclosan and bovine serum albumin[J]. J. Environ. Sci. Heal. A, 2020, 55(3): 318-325.

[58] Siddiqui, S., Ameen, F., Jahan, I., et al. A comprehensive spectroscopic and computational investigation on the binding of the anti-asthmatic drug triamcinolone with serum albumin[J]. New J. Chem., 2019, 43(10): 4137-4151.

[59] Bagalkoti, J. T., Joshi, S. D., Nandibewoor, S. T. Spectral and molecular modelling studies of sulfadoxine interaction with bovine serum albumin[J]. J. Photoch. Photobio. A, 2019, 382: 111871.

[60] Gaonkar, S., Sunagar, M. G., Deshapande, N., et al. Synthesis and in vitro anticancer activity of 6-chloro-7-methyl-5H-[1,3,4]thiadiazolo[3,2-a]pyrimidin-5-one derivatives: molecular docking and interaction with bovine serum albumin[J]. J. Taibah Univ. Sci., 2018, 12(4): 382-392.

[61] Bagoji, A. M., Buddanavar, A. T., Gokavi, N. M., et al. Characterization of the binding and conformational changes of bovine serum albumin upon interaction with antihypertensive olmesartan medoxomil[J]. J. Mol. Struct., 2019, 1179: 269-277.

[62] Haghaei H., Hosseini S. R. A., Soltani S., et al. Kinetic and thermodynamic study of beta-Boswellic acid interaction with Tau protein investigated by surface plasmon resonance and molecular modeling methods[J]. BioImpacts, 2020, 10(1): 17-25.

[63] Zhang H., Sun S., Wang Y., et al. Binding mechanism of five typical sweeteners with bovine serum albumin[J]. Spectrochim. Acta A: Mol. Biomol. Spectrosc., 2018, 205: 40-47.

[64] Zhang J., Wang Z., Xing Y., et al. Mechanism of the interaction between benthiavalicarb-isopropyl and human serum albumin[J]. Spectrosc. Lett., 2020, 1756343. DOI: 10. 1080/ 00387010. 2020. 1756343.

[65] Hao, C., Xu, G., Wang, T., et al. The mechanism of the interaction between curcumin and bovine serum albumin using fluorescence spectrum[J]. Russ. J. Phys. Chem. B, 2017, 11 (1): 140-145.

[66] Shahabadi, N., Zendehcheshm, S. Evaluation of ct-DNA and HSA binding propensity of antibacterial drug chloroxine: Multi-spectroscopic analysis, atomic force microscopy and docking simulation[J]. Spectrochim. Acta A, 2020, 230: 118042.

[67] Ali, M. S., Al-Lohedan, H. A. Experimental and computational investigation on the molecular interactions of safranal with bovine serum albumin: binding and anti-amyloidogenic efficacy of ligand[J]. J. Mol. Liq., 2017, 241: 577-583.

[68] Li, X., Cui, X., Yi, X., et al. Mechanistic and conformational studies on the interaction of anesthetic sevoflurane with human serum albumin by multispectroscopic methods[J]. J. Mol. Liq., 2017, 241: 577-583.

［69］Lian, W., Liu, Y., Yang, H., et al. Investigation of the binding sites and orientation of Norfloxacin on bovine serum albumin by surface enhanced Raman scattering and molecular docking[J]. Spectrochim. Acta A, 2019, 207: 307-312.

［70］Cheng, L. Y., Yang, C. Z., Li, H. Z., et al. Probing the interaction of cephalosporin with bovine serum albumin: A structural and comparative perspective[J]. Luminescence, 2018, 33(1): 209-218.

［71］Ibrahim, N., Ibrahim, H., Kim, S., et al. Interactions between antimalarial indolone－N－oxide derivatives and human serum albumin[J]. Biomacromolecules, 2010, 11(12): 3341-3351.

［72］Zhang, G., Ma, Y. Mechanistic and conformational studies on the interaction of food dye amaranth with human serum albumin by multispectroscopic methods[J]. Food Chem., 2013, 136(2): 442-449.

［73］Sun, Q., Yang, H., Tang, P., et al. Interactions of cinnamaldehyde and its metabolite cinnamic acid with human serum albumin and interference of other food additives[J]. Food Chem., 2018, 243(15): 74-81.

第4章 抗菌剂三氯生和三氯卡班与血清白蛋白相互作用的研究

4.1 引言

三氯生(2,4,4′-三氯-2′-羟基二苯醚，TCS)和三氯卡班[N-(4-氯苯基)-N′-(3,4-二氯苯基)脲，TCC]是一类常见的多用途的广谱抗菌剂。由于其对革兰氏阳性菌、革兰氏阴性菌、酵母和病毒等均具有广泛高效的杀灭或抑制作用，且具有不刺激皮肤、不会引起过敏、与日用化工产品中常用原料有良好的配伍等特性[1,2]，常作为杀菌剂和防腐剂广泛应用于个人护理用品(牙膏、漱口水、肥皂、洗发水、沐浴露、化妆品)，也越来越多地用于消毒剂、洗涤剂、医药产品、厨房用具、玩具、床上用品、衣服、织物垃圾袋等消费产品中[3-5]。近年来，由于含有 TCS 和 TCC 日用品的大量使用，在全世界很多国家和地区的地表水、沉积物、土壤等环境中均发现了 TCS 和 TCC[6-9]。人类不仅会通过受污染的环境、水和食品等途径暴露于 TCS 和 TCC[10,11]，而且也很容易通过胃肠道、皮肤和口腔黏膜吸收 TCS 和 TCC，TCS 及其降解的副产物已在人类的尿液、血浆和母乳中被发现[12-16]。最新的研究结果表明[17]，TCS 和 TCC 是一种卤代芳烃，具有两个芳香环(结构见图4.1)，其分子具有酚和二苯醚亚结构，与典型的 EDCs 如多氯联苯(PBC)、多溴二苯醚(PBDEs)和双酚 A(Bispenol A)等结构类似，已被 FDA 列为Ⅲ类药物(高溶解度、低渗透性化合物)。在高浓度下，TCS 能破坏参与睾酮和雌激素生成的类固醇生成酶，导致男性和女性生殖成功率降低，可能具有生态毒性以及内分泌干扰作用，是一种新兴的内分泌干扰物[18,19]。此外，使用 TCS和 TCC 还会出现如微生物耐药性、皮肤刺激、内分泌紊乱、较高的过敏发生率、甲状腺激素代谢改变以及有可能引发癌症、生殖功能障碍和发育异常等病症[20-23]，甚至诱发 DNA 损伤、遗传毒性[24,25]等，对环境和人类健康具有不容忽视的潜在危害[26,27]。因此，关于 TCS 和 TCC 的理化性质、有效性、使用安全性、生物积累性、持久性、对人类健康、环境和微生物耐药性的潜在不利影响等问题受到越来越多的专家和学者的关注[28-31]。美国食品药品监督管理局(Food and Drug Administration，FDA)建议将 TCS 对人类健康和动物的毒性进行全面评估，以规范其在消费品中的进一步使用，直到获得更多信息。美国环境保护署将 TCC 列为需要进行环境风险评估的高产量化学品。2009 年，美国公共卫生协会（APHA）提议禁止 TCS 用于家庭和非医疗用途。2010 年，TCS 和 TCC 被从欧盟（EU）的塑料食品接触材料临时添加剂名单中删除[32]，美国环境保护局将 TCS 和 TCC 列入了水污染物的候选名单[33]，同年，八十多个组织请求环保局禁止使用杀虫剂以外的三氯苯甲醚。2014 年，美国明尼苏达州禁止销售任何含有 TCS 的清洁产品（肥皂），直到 2017 年初大多数制造商要逐步淘汰 TCS。2015 年，加拿大卫生部禁止使用 TCS。2016 年，FDA 禁止在一些家庭和个人洗涤产品中使用特定的杀菌剂[34]。

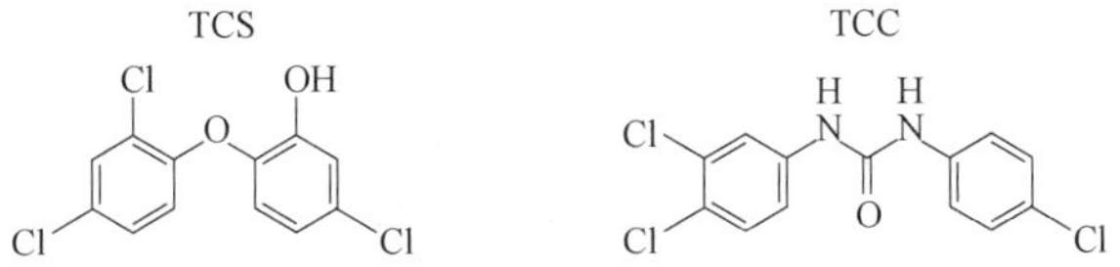

图 4.1　三氯生和三氯卡班的分子结构

　　血清白蛋白（SA）是脊椎动物血浆中含量较丰富的蛋白质之一。它可以与许多内源性和外源性分子形成复合物，影响小分子在生物体组织中的分布和代谢等[35]。因此，SA 作为模型蛋白在生化和理化研究中被广泛使用[36]。本章从荧光淬灭机制、结合常数、结合位点数、结合距离、作用力类型以及 SA 构象变化等方面探讨了 TCS 和 TCC 与 SA 相互作用的机理，以期为了解 TCS 和 TCC 在生物体内的行为、稳定性及毒性等信息提供参考依据。

4.2　实验部分

4.2.1　实验仪器

　　实验仪器同 2.2.1。

4.2.2　实验试剂

名　　称	纯　　度	生 产 厂 家
牛血清白蛋白	≥97%	西格玛奥德里奇（上海）贸易有限公司
三氯生	≥99%	上海阿拉丁生化科技股份有限公司
三氯卡班	≥98%	上海阿拉丁生化科技股份有限公司
华法林钠	≥98%	上海阿拉丁生化科技股份有限公司

名　称	纯　度	生　产　厂　家
布洛芬	≥98%	上海阿拉丁生化科技股份有限公司
三羟甲基氨基甲烷	≥99%	上海阿拉丁生化科技股份有限公司

BSA、华法林、布洛芬溶液的配制同 2.2.2。

TCS/TCC 储备溶液（$1.0\times10^{-3}\,mol\cdot L^{-1}$）用乙醇配制。实验中乙醇的浓度小于 5%。所有其他试剂均为分析级。

4.2.3　实验方法

4.2.3.1　荧光光谱的测定

在 1cm 石英比色皿中加入 3mL 的 $1.0\times10^{-5}\,mol\cdot L^{-1}$ BSA/HSA 溶液，用微量进样器逐次滴加 TCS/TCC 溶液。每次滴加溶液均混合均匀，并分别在 298K、303K 和 310K 保持 10min。变化 TCS/TCC 的浓度为 0，0.33，0.66，0.99，1.32，1.64，1.96（$\times10^{-5}\,mol\cdot L^{-1}$）。用荧光光谱仪分别测定 BSA/HSA 与不同浓度 TCS/TCC 作用的荧光发射光谱。激发波长为 280nm，发射光谱记录范围为 290~450nm。激发和发射狭缝宽度均为 5nm。

实验记录了空白溶液的荧光光谱，以扣除配体和缓冲液对实验的影响。按公式（2.1）（$F_{cor}=F_{obs}\times10^{\frac{A_1+A_2}{2}}$）校正测得的荧光强度，以消除内滤荧光效应（IFE）。

4.2.3.2　同步荧光光谱的测定

在 1cm 石英比色皿中加入 3mL 的 $1.0\times10^{-5}\,mol\cdot L^{-1}$ BSA/HSA 溶液，用微量进样器逐次滴加 $1.0\times10^{-3}\,mol\cdot L^{-1}$ 的 TCS/TCC 溶液。每次滴加溶液均混合均匀，在室温下保持 10min。TCS/TCC 的最终浓度为 0，0.5，0.99，1.48，1.96（$\times10^{-5}\,mol\cdot L^{-1}$）。室温下测定 BSA/HSA 与不同浓度 TCS/TCC 作用的同步荧光光谱。波长测定范围为 280~500nm，间隔（$\Delta\lambda=\lambda_{em}-\lambda_{ex}$）分别为 15nm 和 60nm。激发和发射狭缝宽度均为 5nm。

4.2.3.3　三维荧光光谱（3D）的测定

室温下，分别测定了 BSA/HSA 与 TCS/TCC 作用的 3D 荧光光谱。BSA 浓度为 $1.0\times10^{-5}\,mol\cdot L^{-1}$，TCS/TCC 的浓度均为 $4.0\times10^{-5}\,mol\cdot L^{-1}$。初始激发波长设置为 200nm，以 5nm 的增量记录 200~500nm 范围内的激发波长，以 5nm 的增量记录 200~500nm 范围内的发射波长。激发和发射狭缝宽度均为 5nm。

4.2.3.4　时间分辨荧光光谱的测定

在 1cm 石英比色皿中加入 3mL 的 $1.0\times10^{-5}\,mol\cdot L^{-1}$ BSA/HSA 溶液，用微量进样器逐次滴加 TCS/TCC 溶液，变化 TCS/TCC 的浓度为 0，0.48，1.04，5.0（$\times$

10^{-5}mol·L^{-1}）。室温下测定 BSA/HSA 与不同浓度 TCS/TCC 作用的时间分辨荧光光谱。激发波长为 295nm，发射波长 350nm。量子点数收集 5000，采用仪器自带 Fluoracle 软件进行数据分析。采用拟合优度参数 χ^2 值衡量曲线的拟合程度。χ^2 值越接近 1，说明荧光衰减曲线拟合越好，计算的荧光寿命越接近真实值。

4.2.3.5　紫外-可见吸收光谱(UV-vis)的测定

在 1cm 石英比色皿中加入 3mL 的 $1.0×10^{-6}$mol·L^{-1} BSA/HSA 溶液，用微量进样器逐次滴加 TCS/TCC 溶液，变化 TCS/TCC 的浓度为 0，0.33，0.99，1.64，2.28，2.91（$×10^{-6}$mol·L^{-1}）。以含有或不含有 TCS/TCC 的 Tris-HCl 缓冲溶液为空白，室温下分别测定 BSA/HSA 与 TCS/TCC 作用的 UV-vis 光谱。波长范围 200~350nm，取样间隔 1nm。

4.2.3.6　圆二色光谱(CD)的测定

室温下，分别测定 BSA/HSA 以及与不同浓度 TCS/TCC 作用前后的圆二色（CD）光谱。BSA 的浓度为 $1.5×10^{-6}$mol·L^{-1}，TCS/TCC 与 BSA/HSA 的物质的量之比 10:1 和 20:1。光源系统在 N_2 保护条件下，流量设置为 5L·min^{-1}。仪器参数设置为：光谱测定范围为 200~250nm，间隔为 1nm，扫描速度为 100nm·min^{-1}，分辨率为 0.1nm，响应时间为 1s，样品池的光径为 0.1cm。累积次数 3 次。所有光谱的记录均进行了适当的背景校正。

4.2.3.7　红外光谱(FTIR)的测定

采用衰减全反射技术(ATR)记录 BSA 与 TCS/TCC 相互作用的 FT-IR 光谱。在 4cm^{-1}分辨率下扫描 128 次，在 4000~400cm^{-1}范围内扫描收集样品红外光谱。所有光谱均采用傅里叶变换红外光谱仪自带的 OPUS 软件采集和操作。光谱采集与红外谱图处理方法同"2.2.3.5 傅里叶变换红外光谱(FT-IR)的测定"。

4.2.3.8　ANS 荧光光谱测定

固定 BSA/HSA 和 ANS 的浓度分别为 $1.0×10^{-6}$mol·L^{-1}和 $5.0×10^{-6}$mol·L^{-1}，充分反应后，测定其荧光强度。再连续滴加 $1.0×10^{-3}$mol·L^{-1}的 TCS/TCC，同样条件下测定体系的荧光强度。设置激发波长 380nm，发射波长范围 400~600nm，激发和发射狭缝宽度均为 5nm。

4.2.3.9　共振散射光谱(RLS)的测定

在 1cm 比色皿中加入 3mL 的 $1.0×10^{-6}$mol·L^{-1} BSA/HSA 溶液，用微量进样器滴加 TCS/TCC 溶液，变化 TCS/TCC 的浓度为 0，4.8，10.4，50（$×10^{-6}$mol·L^{-1}）。室温下分别测定 BSA/HSA 及其与不同浓度 TCS/TCC 作用的同步荧光光谱。波长范围 200~700nm，激发波长与发射波长差值 Δλ 为 0nm。激发和发射狭缝宽度均为 5nm。

4.2.3.10　位点标记实验

采用华法林和布洛芬作为位点竞争实验的 Site Ⅰ 和 Site Ⅱ 的两个位点标记

物。BSA/HSA 浓度为 $1.0 \times 10^{-5} mol \cdot L^{-1}$，TCS/TCC 浓度为 $5.0 \times 10^{-5} mol \cdot L^{-1}$。将 BSA/HSA 与 TCS/TCC 的混合溶液在室温下保持 10min 后，用微量进样器逐次滴加适量华法林或布洛芬溶液，变化华法林或布洛芬浓度为 0，0.33，0.66，0.99，1.32，1.64，2.28（$\times 10^{-5} mol \cdot L^{-1}$）。测定条件同 4.2.3.1 荧光光谱的测定。

4.2.3.11　分子对接

BSA/HSA 的晶体结构（PDB ID：4F5S/3LU7）从蛋白质数据库（http://www.rcsb.org/）获得。TCS/TCC 的三维结构从数据库（http://www.chemspider.com）下载。利用 Autodock 4.2 软件进行分子对接，获取 TCS/TCC 与 SA 可能的结合模式。将 TCS/TCC 在 SA 上的对接位置置于立方体格点盒子中，格点盒子大小为 $60Å \times 60Å \times 60Å$，格点间距为 $0.375Å$。采用拉马克遗传算法计算 TCS/TCC 和 SA 可能的结合位置，选取结合能最低的复合物构象。所有其他参数都设置为默认值。利用 Discovery studio 2017 对结果进行可视化分析，观察 TCS/TCC-SA 复合物的作用力和构象。

4.3　结果与讨论

4.3.1　TCS/TCC 与 SA 作用的荧光光谱

荧光光谱法是研究小分子与 SA 相互作用较常用的方法之一。SA 的内源性荧光主要来源于分子中色氨酸（Trp）和酪氨酸（Tyr）两种芳香族氨基酸残基[37]。SA 与不同浓度 TCS/TCC 作用的荧光发射光谱如图 4.2 所示。

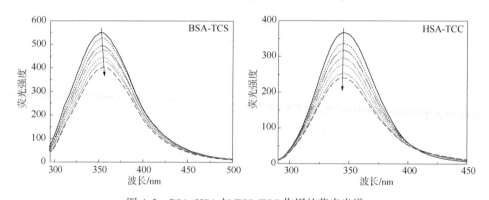

图 4.2　BSA/HSA 与 TCS/TCC 作用的荧光光谱

$C_{BSA} = 1.0 \times 10^{-6} mol \cdot L^{-1}$，$C_{TCS} = 0$，0.33，0.66，0.99，1.32，1.64，1.96（$\times 10^{-5} mol \cdot L^{-1}$）；

$C_{HSA} = 1.0 \times 10^{-6} mol \cdot L^{-1}$，$C_{TCC} = 0$，0.33，0.66，0.99，1.32，1.64，1.96（$\times 10^{-6} mol \cdot L^{-1}$）

BSA 在 352nm 处有较强的荧光发射峰，随着 TCS 浓度的增加，BSA 的荧光强度明显降低，说明 TCS 可以与 BSA 相互作用，淬灭 BSA 的荧光强度。此外，BSA 的最大发射波长从 352nm 红移至 355nm，这说明 TCS 与 BSA 的相互作用导致 BSA 周围的微环境发生改变，即与 TCS 结合后，氨基酸残基周围微环境的极性增强[38]。HSA 在 346nm 处有很强的荧光发射峰，随着 TCC 浓度的增加，HSA 的荧光强度明显降低，说明 TCC 可以淬灭 HSA 的荧光强度，即 TCC 与 HSA 发生相互作用[39]。

4.3.2 TCS/TCC 与 SA 作用的荧光淬灭机理

荧光强度减弱的过程称为荧光淬灭，淬灭机理可分为静态淬灭和动态淬灭。动态淬灭是由于淬灭剂分子与荧光体的激发态分子之间发生相互作用，荧光体的激发态分子与淬灭剂分子发生碰撞，以能量转移或电荷转移的机制丧失激发能，由激发态返回基态，因此导致荧光体荧光强度降低。静态淬灭是指淬灭剂分子与荧光体在基态时发生相互作用，结合形成不发射荧光的基态复合物，从而导致荧光体荧光强度降低[40]。

动态淬灭可以用 Stern-Volmer 方程 $F_0/F = 1 + k_q\tau_0[Q] = 1 + K_{sv}[Q]$ (2.2) 描述[41]。以 F_0/F 对 $[Q]$ 作图，由直线斜率可求得 K_{sv}，再根据 $k_q\tau_0 = K_{sv}$，可求得双分子动态淬灭速率常数 k_q。对于静态淬灭，小分子与 SA 作用生成复合物，复合物的稳定性随着温度升高而降低，因此淬灭常数 K_{sv} 减小；而对于动态淬灭，升高温度有利于 BSA 和小分子的有效碰撞，加快扩散运动，扩散系数增大，因此淬灭常数 K_{sv} 增大[42]。

测定了 298K、303K、310K 三个温度 SA 与不同浓度 TCS/TCC 作用的荧光光谱，Stern-Volmer 曲线和荧光淬灭常数计算结果如图 4.3 和表 4.1 所示。从图 4.3 中可以看出，Stern-Volmer 曲线呈良好线性关系，且曲线斜率随着温度的升高而减小，即 K_{sv} 随温度的升高而减小，这说明 TCS/TCC 对 SA 的荧光淬灭机理可能不是由动态淬灭引起的，而是由静态淬灭引起的。另外，由表 4.1 数据可见，TCS 与 BSA 作用的 k_q 值均约等于 10^{12} L·mol^{-1}s^{-1}，TCC 与 HSA 作用的 k_q 值均约等于 10^{13} L·mol^{-1}s^{-1}，均远大于各类荧光淬灭剂对生物大分子的最大动态荧光淬灭速率常数（2.0×10^{10} L·mol^{-1}s^{-1}）[43]。由此可以推断，TCS/TCC 对 SA 的荧光淬灭过程主要是静态淬灭。

表 4.1 TCS/TCC 对 BSA/HSA 的荧光淬灭常数

参数	T/K	$K_{sv}/(\text{L}\cdot\text{mol}^{-1})$	$k_q/(\text{L}\cdot\text{mol}^{-1}\cdot\text{s}^{-1})$	R
	298	2.06×10^4	2.06×10^{12}	0.9909
BSA-TCS	303	1.76×10^4	1.76×10^{12}	0.9992
	310	1.37×10^4	1.37×10^{12}	0.9990

续表

参数	T/K	$K_{sv}/(L \cdot mol^{-1})$	$k_q/(L \cdot mol^{-1} \cdot s^{-1})$	R
HSA-TCC	298	2.77×10^5	2.77×10^{13}	0.9897
	303	1.01×10^5	1.01×10^{13}	0.9944
	310	0.78×10^5	0.78×10^{13}	0.9922

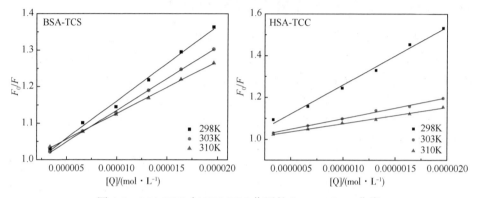

图 4.3　BSA/HSA 与 TCS/TCC 作用的 Stern-Volmer 曲线

4.3.3　TCS/TCC 与 SA 作用的时间分辨荧光光谱

时间分辨荧光(TRF)可以提供激发态的动态信息。对于动态淬灭，配体小分子与 SA 在激发态时的相互作用会缩短 SA 的荧光寿命；对于静态淬灭，淬灭剂与蛋白质在基态时的相互作用不会改变 SA 激发态的寿命[44]。为了再次验证 TCS/TCC 对 SA 的荧光淬灭机理，进行了 BSA/HSA 与不同浓度 TCS/TCC 作用的时间分辨荧光实验。加入 TCS/TCC 前后，BSA/HSA 的平均寿命可以用公式 $<\tau> = (\alpha_1\tau_1 + \alpha_2\tau_2)/(\alpha_1 + \alpha_2)$ (2.3) 计算[45]。

SA 与不同浓度 TCS/TCC 作用的时间分辨荧光谱及荧光衰减参数如图 4.4 和表 4.2 所示。对于 BSA-TCS 体系，BSA 的荧光衰减呈双指数曲线，并且与不同浓度的 TCS 作用后，BSA 的荧光衰减曲线基本保持不变。BSA 的荧光寿命分别为 $\tau_1 = 4.51ns(32\%)$ 和 $\tau_2 = 6.64ns(68\%)$，平均荧光寿命 $\tau = 5.97ns$。与 TCS 作用后，BSA 的荧光寿命没有发生明显变化。当 TCS 浓度是 BSA 浓度的 50 倍时，BSA 的平均荧光寿命从 5.97ns 下降到 5.66ns。由图 4.4 可见，HSA 的荧光衰减呈双指数曲线，荧光寿命分别为 $\tau_1 = 3.31ns(33.34\%)$ 和 $\tau_2 = 6.15ns(66.66\%)$，平均荧光寿命 $\tau = 5.20ns$。随着 TCC 浓度的增加，HSA 的平均荧光寿命从 5.20ns 下降到 5.00ns。数据可见，加入 TCS/TCC 后 SA 的荧光寿命变化不大。因此可知静态淬灭可能是 TCS/TCC 对 SA 荧光淬灭的主要原因。这与 4.3.2TCS/TCC 与

SA 作用的荧光淬灭机理的结果是一致的。SA 荧光寿命的降低可能是由于 TCS/TCC 与 SA 之间发生了非辐射能量转移[46]。

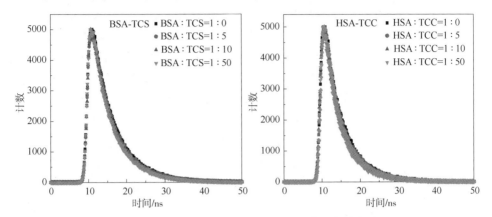

图 4.4 TCS/TCC 与 BSA/HSA 作用的荧光衰减曲线

$$C_{SA} = 1.0 \times 10^{-6} \, \text{mol} \cdot \text{L}^{-1}$$

表 4.2 TCS/TCC 与 BSA/HSA 作用的荧光衰减拟合参数

参数	$C_{SA} : C_{TCS/TCC}$	τ_1/ns	α_1/%	τ_2/ns	α_2/%	τ/ns	χ^2
BSA-TCS	1:0	4.51	32.11	6.64	68.11	5.97	1.013
	1:5	5.42	77.38	7.51	22.62	5.89	1.138
	1:10	4.92	59.30	7.06	40.70	5.79	1.094
	1:50	4.37	38.95	6.49	61.05	5.66	1.039
HSA-TCC	1:0	3.31	33.34	6.15	66.66	5.20	1.018
	1:5	3.81	49.41	6.49	50.59	5.16	1.180
	1:10	3.07	35.07	6.06	64.94	5.01	1.031
	1:50	2.90	28.08	5.82	71.92	5.00	0.989

4.3.4 TCS/TCC 与 SA 作用的结合常数和结合位点数

假设配体小分子在生物大分子上有一系列相同且独立的结合位点，则复合物的结合常数(K_b)和结合位点数(n)可以用双对数回归方程 $\log\left(\frac{F_0-F}{F}\right) = \log K_b + n\log [Q]$ (1.5)计算。以 $\log\left(\frac{F_0-F}{F}\right)$ 对 $\log[Q]$ 作图，由曲线的截距和斜率可以计算 K_b 和 n 的值。

TCS/TCC 与 SA 作用的 $\log\left(\frac{F_0-F}{F}\right)$ 对 $\log[Q]$ 曲线 B 作图结合常数见图 4.5 和

表4.3。不同温度下 TCS 与 BSA 的 K_b 值都约等于 $10^4 L \cdot mol^{-1}$，说明 TCS 与 BSA 之间具有中等的结合亲和力，不同温度下 TCC 与 HSA 的 K_b 值都约等于 $10^5 L \cdot mol^{-1}$，TCC 与 HSA 之间具有较强的结合亲和力。TCS/TCC-SA 体系的结合位点 n 约等于 1，说明 TCS/TCC 在 SA 上有一个结合位点，TCS/TCC 和 SA 形成了 1:1 复合物。体系的 K_b 值均随着温度的升高而降低，其原因可能是随着温度的升高，TCS/TCC-SA 复合物的稳定性降低。三种温度下的相关系数均大于 0.98，说明 TCS/TCC 与 SA 之间的相互作用符合双对数回归曲线模型[47]。

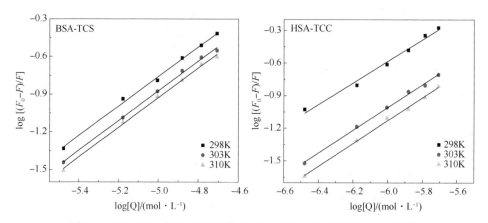

图 4.5　BSA/HSA 与 TCS/TCC 作用的 $\log[(F_0-F)/F]$ 对 $\log[Q]$ 曲线

表4.3　TCS/TCC 与 BSA/HSA 作用的结合常数和结合位点数

参数	T/K	$K_b/(L \cdot mol^{-1})$	n	R
BSA-TCS	298	1.30×10^4	1.17	0.9957
	303	1.11×10^4	1.18	0.9974
	310	0.95×10^4	1.18	0.9972
HSA-TCC	298	2.45×10^5	1.00	0.9857
	303	1.93×10^5	1.05	0.9967
	310	1.56×10^5	1.05	0.9958

4.3.5　TCS/TCC 与 SA 作用的热力学常数和作用力

　　小分子与生物大分子的相互作用力主要包括氢键、范德华力、静电力和疏水作用[48]。可以通过焓变(ΔH)和熵变(ΔS)等热力学参数的符号和数值来推断小分子与生物大分子相互作用结合力的类型。

　　ΔH 和 ΔS 的值可以由 Van't Hoff 方程 $\ln K_b = -\dfrac{\Delta H}{RT} + \dfrac{\Delta S}{R}$ (2.4) 获得。以 $\ln K_b$ 对

$1/T$ 作图，由回归曲线的斜率和截距可以求得 ΔH 和 ΔS。吉布斯的自由能(ΔG)可以由方程 $\Delta G = \Delta H - T\Delta S(2.5)$ 计算。

TCS/TCC 与 SA 作用的 Van't Hoff 曲线见图4.6，得到的热力学参数值如表4.4所示。体系的 ΔG 为负值，说明 TCS/TCC 与 SA 之间的相互作用是自发进行的。对于 BSA-TCS 体系，熵和焓分别为 30.61J·mol^{-1}·K^{-1}和-20.00kJ·mol^{-1}。从水结构的角度来看，正熵通常被认为是疏水相互作用的特征，而负焓可能是由于氢键引起的，而不是静电相互作用，因为静电力时的 ΔH 很小，几乎为零。从 TCS 的分子结构来看，TCS 中的氧原子可以与 BSA 的氨基残基形成氢键，TCS 中的苯环可以通过疏水作用与 BSA 的芳香侧链相互作用[49]。因此推断，在 TCS-BSA 复合物的形成过程中，氢键和疏水相互作用可能起主要作用，但也不能排除静电相互作用。$\Delta H<0$说明 TCS 与 BSA 结合反应为放热反应，升温不利于反应向复合物生成的方向进行，因此导致结合常数减小。对于 HSA-TCS 体系，熵和焓分别为 6.89J·mol^{-1}·K^{-1}和-28.60kJ·mol^{-1}，说明 TCC 与 HSA 之间的主要作用力为氢键和疏水作用。

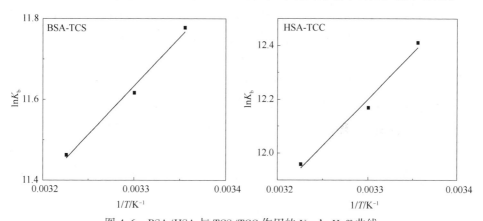

图 4.6 BSA/HSA 与 TCS/TCC 作用的 Van't Hoff 曲线

表 4.4 TCS/TCC 与 BSA/HSA 作用的热力学常数

体系	T/K	ΔH/(kJ·mol^{-1})	ΔS/(J·mol^{-1}·K^{-1})	ΔG/(kJ·mol^{-1})
BSA-TCS	298	-20.00	30.61	-29.12
	303			-29.27
	310			-29.49
HSA-TCC	298	-28.60	6.89	-30.65
	303			-30.69
	310			-30.74

4.3.6 TCS/TCC 与 SA 作用的结合距离

根据 Förster 非辐射能量转移理论[50]，当供体的荧光光谱与能量受体的吸收光谱有足够的重叠，且足够接近，最大距离不超过 7nm 时，将会发生供体向受体的非辐射能量转移。从 BSA 到配体的能量转移效率（E）可由公式 $E = 1 - \dfrac{F}{F_0} = \dfrac{R_0^6}{(R_0^6 + r^6)}$（2.6）计算。其中 r 为供体与受体之间的作用距离。R_0 为能量转移效率为 50% 时的临界距离，R_0 可由公式 $R_0^6 = 8.8 \times 10^{-25} k^2 N^{-4} \Phi J$（2.7）计算。$J$ 为供体的荧光发射光谱与受体的吸收光谱之间的重叠积分，J 由公式 $J = \dfrac{\sum F(\lambda)\varepsilon(\lambda)\lambda^4 \Delta\lambda}{\sum F(\lambda)\Delta\lambda}$（2.8）求得。

TCS/TCC 的吸收光谱与 SA 的荧光发射光谱如图 4.7 所示。TCS/TCC 的吸收光谱与 BSA/HSA 的荧光发射光谱有足够的光谱重叠，J，E，R_0，r 的计算结果如表 4.5 所示。TCS/TCC 与 SA 之间结合距离小于 7nm，符合非辐射能量转移的条件，因此推断从 SA 到 TCS/TCC 发生非辐射能量转移的可能性极大。这也解释了 4.3.3 时间分辨荧光光谱实验中，TCS/TCC 与 SA 作用后荧光寿命略减小的原因。r 值大于 R_0，说明复合物形成仍然是引起 BSA 荧光淬灭的主要原因。

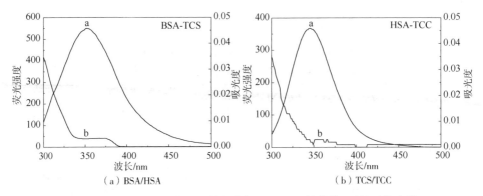

（a）BSA/HSA　　　　　（b）TCS/TCC

图 4.7　BSA/HSA 的荧光发射光谱与 TCS/TCC 的紫外–可见吸收光谱

a：BSA/HSA；b：TCS/TCC

$C_{BSA} = C_{TCS} = 1.0 \times 10^{-6} mol \cdot L^{-1}$

表 4.5　TCS/TCC 与 BSA/HSA 作用的 J，E，R_0，r 值

参数	$J/(\mathrm{cm^3 \cdot L \cdot mol^{-1}})$	$E/\%$	R_0/nm	r/nm
TCS-BSA	6.31×10^{-16}	4.44	1.55	2.58
TCC-HSA	6.22×10^{-16}	8.61	1.54	2.29

4.3.7　TCS/TCC 对 SA 构象的影响

4.3.7.1　TCS/TCC 与 SA 作用的紫外-可见吸收光谱

紫外-可见吸收光谱法具有简便快速的特点，是研究配体小分子与生物大分子相互作用的经典方法之一[51]。由于动态淬灭只影响到荧光体分子的激发态，并不会改变荧光体的吸收光谱[52]，因此由与配体小分子作用前后，BSA 吸收光谱的变化可以判断配体小分子对 BSA 的荧光淬灭类型。

TCS，BSA 和 BSA-TCS 体系的紫外-可见吸收光谱如图 4.8 所示。TCS 在197nm 处有紫外吸收峰，吸光度为 0.811；BSA 在 207nm 和 278nm 处有紫外吸收峰，吸光度分别为 1.281 和 0.131；BSA-TCS 在 211nm 和 282nm 处有紫外吸收峰，吸光度分别为 2.156 和 0.281。与 BSA 和 TCS 的吸收光谱相比，BSA-TCS 吸收光谱的峰位置和峰强度均发生了变化，这证明 BSA 和 TCS 发生作用形成了BSA-TCS 复合物，即 TCS 对 BSA 的荧光淬灭为静态淬灭过程。

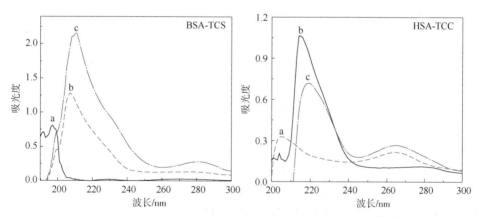

图 4.8　TCS/TCC、BSA/HSA 和 SA-TCS/TCC 的紫外-可见吸收光谱
a：TCS/TCC；b：BSA/HSA；c：BSA-TCS/TCC

TCC、HSA、HSA-TCC 体系的紫外-可见吸收光谱如图 4.8 所示。TCC 在205nm 处有紫外吸收峰，吸光度为 0.329；HSA 在 216nm 和 278nm 处有紫外吸收峰，吸光度分别为 1.050 和 0.112；HSA-TCC 在 219nm 和 264nm 处有紫外吸收峰，吸光度分别为 0.720 和 0.267。与 HSA 和 TCC 的吸收光谱相比，HSA-TCC

吸收光谱的峰位置和峰强度也发生了变化，这证明 HSA 和 TCC 发生作用形成了 HSA-TCC 复合物，即 TCC 对 HSA 的淬灭为静态淬灭过程。

BSA 与不同浓度 TCS 作用的吸收光谱如图 4.9 所示。BSA 在紫外光区有两个特征吸收峰，其中在 207nm 处有一个最强吸收峰，是由肽链中羰基($C\!=\!O$)的 $n\text{-}\pi^*$ 跃迁引起的，可以反映 BSA 分子中肽链构象的变化[53]；在 279nm 处有一个较弱吸收峰，主要由 BSA 中芳香族氨基酸的 $\pi \to \pi^*$ 跃迁形成 B 吸收带引起，与芳香胺周围微环境的极性有关[54]。随着 TCS 的加入，BSA 的吸收峰位置和吸光度均发生改变。BSA 在 207nm 处的吸光度增加，并红移至 211nm，这说明 TCS 与 BSA 的相互作用导致 BSA 二级结构发生改变[55]。BSA 在 278nm 处的吸收峰增大，但没有明显的位移，即未观察到 TCS 对 BSA 微环境的影响。

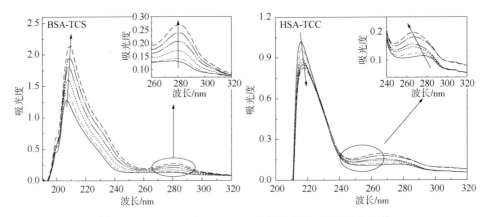

图 4.9　BSA/HSA 与 TCS/TCC 作用的紫外－可见吸收光谱

$C_{BSA} = 1.0 \times 10^{-6} \text{mol} \cdot \text{L}^{-1}$，$C_{TCS} = 0$、3.3、9.9、16.4、22.8、29.1($\times 10^{-6} \text{mol} \cdot \text{L}^{-1}$)

HSA 与不同浓度 TCC 作用的吸收光谱如图 4.9 所示。随着 TCC 的加入，HSA 在 216nm 处的吸光度减小并红移至 219nm，这说明 TCC 与 HSA 的相互作用导致 BSA 二级结构发生改变。HSA 在 278nm 处的吸收峰增大且明显蓝移至 265nm，说明芳香氨基酸残基微环境极性增大，即 TCC 与 HSA 的相互作用改变了 HSA 的二级结构以及 Trp 和 Tyr 残基周围微环境的极性。

4.3.7.2　TCS/TCC 与 SA 作用的同步荧光光谱

为了进一步研究 TCC/TCC 对 SA 氨基酸残基周围微环境的影响，测定了 TCS/TCC 与 SA 作用的同步荧光光谱。SA 在 $\Delta\lambda = 15\text{nm}$ 时的同步荧光光谱仅显示了 Tyr 残基的荧光光谱特性，$\Delta\lambda = 60\text{nm}$ 时的同步荧光光谱仅显示了 Trp 残基的荧光光谱特性[56]。氨基酸残基的最大发射波长位置的变化反映了 Tyr 或 Trp 或两者的微环境极性的变化[57]，若最大发射波长蓝移，则说明氨基酸周围微环境的极性减弱，疏水性增加；若最大发射波长红移，则说明氨基酸周围微环境的极性增加，疏水性减弱。因此，可以通过 BSA 最大发射波长的变化来判断配体小分子对蛋白质微环境的影响。

TCS 与 BSA 作用前后的同步荧光光谱如图 4.10 所示。随着 TCS 浓度的增加，Tyr 残基和 Trp 残基的荧光强度均降低，这表明 TCS 对 BSA 的 Tyr 残基和 Trp 残基均具有荧光淬灭现象。当 $\Delta\lambda = 15nm$ 时，Tyr 残基的最大发射波长未观察到明显变化，这说明 Tyr 虽然参与了与 BSA 的相互作用，但其周围的微环境在结合过程中没有发生明显的变化。但 $\Delta\lambda = 60nm$ 时，Trp 残基的最大发射波长从 350nm 红移至 353nm，说明 TCS 使得 Trp 残基的疏水性降低，极性增加，即 TCS 诱导 Trp 残基微环境发生改变。

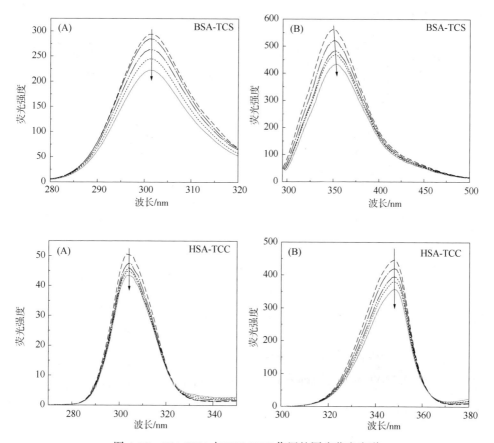

图 4.10　BSA/HSA 与 TCS/TCC 作用的同步荧光光谱

（A）：$\Delta\lambda = 15nm$；（B）：$\Delta\lambda = 60nm$

$C_{SA} = 1.0\times10^{-5} mol \cdot L^{-1}$，$C_{TCS/TCC} = 0, 5.0, 9.9, 14.8, 19.6 (\times10^{-6} mol \cdot L^{-1})$

HSA 与不同浓度 TCC 作用的同步荧光光谱如图 4.10 所示。随着 TCC 浓度的增加，Tyr 残基和 Trp 残基的荧光强度均降低，这表明 TCC 对 HSA 的 Tyr 残基和 Trp 残基均具有荧光淬灭现象。当 $\Delta\lambda=15$nm 时，Tyr 残基的最大发射波长未观察到明显变化。但 $\Delta\lambda=60$nm 时，Trp 残基的最大发射波长从 350nm 红移至 351nm，说明 TCC 对 Tyr 残基微环境的影响不明显，但会使 Trp 残基周围的微环境极性增加。

4.3.7.3 TCS/TCC 与 SA 作用的三维荧光光谱

为进一步讨论 TCS/TCC 对 SA 构象的影响，TCS/TCC 与 SA 作用前后的三维荧光光谱如图 4.11 和图 4.12 所示。SA 的峰 1 主要提供了 Trp 残基和 Tyr 残基的荧光光谱特性，峰 2 主要表现为多肽链骨架的荧光光谱特性[58]，相应的荧光特征参数列于表 4.6 中。

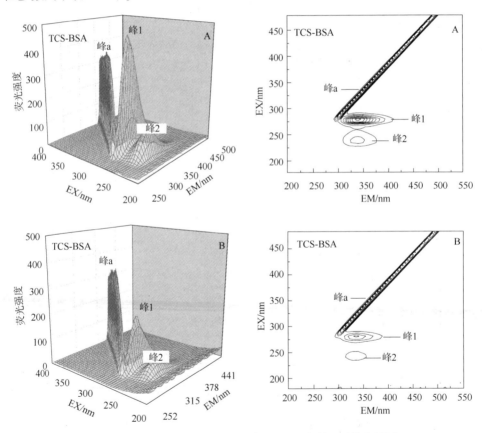

图 4.11　TCS/TCC 与 BSA/HSA 作用的 3D 光谱以及等高线图

（A）BSA/HSA；（B）SA–TCS/TCC

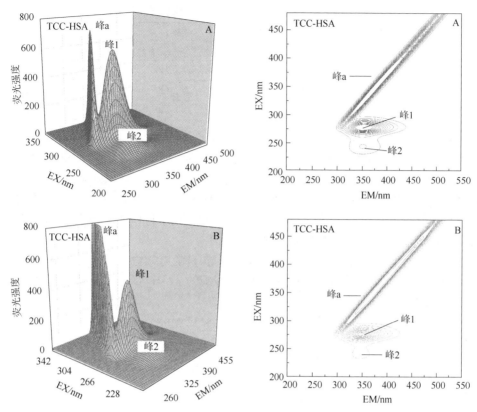

图 4.11　TCS/TCC 与 BSA/HSA 作用的 3D 光谱以及等高线图(续)

(A)BSA/HSA；(B)SA-TCS/TCC

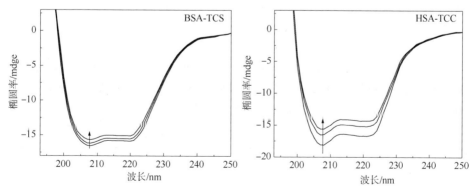

图 4.12　BSA/HSA 与 TCS/TCC 作用的 CD 光谱

$C_{SA} = 1.5 \times 10^{-6} \mathrm{mol \cdot L^{-1}}$，$C_{SA}/C_{TCS/TCC} = 0$，$10:1$，$20:1$

表 4.6　SA 和 SA-TCS/TCC 体系的三维荧光特征参数

参数	峰 1 ($\lambda_{ex}/\lambda_{em}$)	$\Delta\lambda$	强度	峰 2 ($\lambda_{ex}/\lambda_{em}$)	$\Delta\lambda$	强度
BSA	280/340	60	469.9	240/340	100	121.4
BSA-TCS	280/340	60	212.4	240/340	100	69.32
HSA	275/340	65	73.03	240/340	100	628.1
HSA-TCC	275/340	65	43.86	240/340	100	478.8

BSA 有两个吸收峰，峰 1($\lambda_{ex}/\lambda_{em}$ = 280/340nm) 和峰 2($\lambda_{ex}/\lambda_{em}$ = 240/340nm)。HSA 有两个吸收峰，峰 1($\lambda_{ex}/\lambda_{em}$ = 275/340nm) 和峰 2($\lambda_{ex}/\lambda_{em}$ = 240/340nm)。BSA 或 HSA 的荧光强度均随着 TCS/TCC 的加入而降低，说明 TCS/TCC 与 SA 的相互作用导致 SA 荧光强度被淬灭[59]。但从 3D 光谱上未观测到 TCS/TCC 对 SA 微环境的影响。

4.3.7.4　TCS/TCC 与 SA 作用的圆二色光谱

圆二色光谱(CD)是测定蛋白质二级结构含量的有效方法[60]。BSA 在 208nm 和 222nm 的两个负吸收峰，归因于肽键 α-螺旋的 n→π^* 跃迁，反映是蛋白质 α-螺旋结构的特征[61]。

SA 与 TCS/TCC 作用前后的 CD 光谱如图 4.12 所示。α-螺旋含量由 208nm 处的平均剩余椭圆度(MRE)计算，公式[58]为 $\alpha\text{-Helix}(\%) = \dfrac{-MRE_{208} - 4000}{33000 - 4000} \times 100 (3.2)$，

$MRE = \dfrac{ObservedCD(mdeg)}{10 C_p nl}$ (3.1)。式中，C_p 为 BSA 的摩尔浓度(mol·dm^3)，n 为氨基酸残基数(BSA 为 583)，l 为样品池光径长度(cm)。4000 是指 β-折叠及随机碰撞引起的 MRE 变化值，3300 是指 α-螺旋结构的 MRE 值。

SA 与 TCS/TCC 作用前后的 α-螺旋含量如表 4.7 所示。对于 TCS-BSA 体系，当 TCS 与 BSA 的摩尔比率为 0:1 时，BSA 的 α-螺旋含量为 51.2%，当 TCS 与 BSA 的摩尔比率为 20:1 时，BSA 的 α-螺旋含量下降至 48.1%。对于 TCC-HSA 体系，当 TCC 与 HSA 的摩尔比率为 0:1 时，HSA 的 α-螺旋含量为 57.7%，当 TCC 与 HSA 的摩尔比率为 20:1 时，HSA 的 α-螺旋含量下降至 47.5%。TCS/TCC 与 BSA 使得 SA 的 α-螺旋结构含量减少，这说明，TCS/TCC 诱导 SA 的二级结构发生变化。这一结果与紫外-可见吸收光谱的实验结果是一致的。

表 4.7　BSA/HSA 与 TCS/TCC 作用的 α-螺旋含量

参数	C_{TCC}/C_{HSA}		
	0:1	10:1	20:1
BSA-TCS	51.2%	50.1%	48.1%
HSA-TCC	57.7%	51.2%	47.5%

4.3.7.5　TCS/TCC 与 SA 作用的红外光谱

为了进一步研究 TCS/TCC 与 SA 作用前用后构象的变化，进行了红外光谱研究。SA 的红外光谱有一系列的酰胺吸收带。一般认为酰胺 Ⅰ 带中，1692 ~ 1680cm^{-1}为反平行 β-折叠(anti parallel β-sheet)，1680~1660cm^{-1} 为 β-转角(β-turn)，1660 ~ 1649cm^{-1} 为 α-螺旋(α-helix)，1638 ~ 1648cm^{-1} 为无规则卷曲(random coil)，1615~1637cm^{-1}为 β-折叠(β-sheet)。

TCS 与 BSA 作用的红外光谱如图 4.13 所示。将差谱进行基线校正、去卷积和二阶导数方法处理，初步判断酰胺 Ⅰ 带范围内吸收峰的数目、位置和峰宽；高斯函数拟合，再根据不同二级结构对应的各子峰的峰面积估算相对百分含量。BSA 的反平行 β-折叠的含量为 8.7%，β-转角的含量为 12.8%，α-螺旋的含量为 52.5%，无规则卷曲的含量为 18.9%，β-折叠的含量为 7.1%。随着 TCS 的加入，BSA 的反平行 β-折叠的含量变为 6.4%，β-转角的含量变为 11.5%，α-螺旋的含量变为 48.2%，无规则卷曲的含量变为 22.0%，β-折叠的含量变为

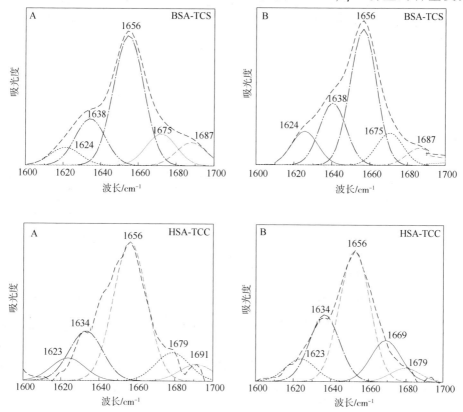

图 4.13　BSA/HSA 与 TCS/TCC 作用的酰胺 Ⅰ 带傅里叶变换红外曲线拟合图
(A)BSA/HSA；(B)SA-TCS/TCC

11.8%。TCC 与 HSA 作用的红外光谱如图 4.13 所示。HSA 的反平行 β-折叠的含量为 8.8%，β-转角的含量为 19.6%，α-螺旋的含量为 54.9%，无规则卷曲的含量为 11.1%，β-折叠的含量为 5.5%。随着 TCC 的加入，BSA 的反平行 β-折叠的含量变为 8.2%，β-转角的含量变为 24.3%，α-螺旋的含量变为 47.7%，无规则卷曲的含量变为 15.0%，β-折叠的含量变为 4.9%。红外光谱实验结果进一步证明了 TCS/TCC 会诱导 SA 二级结构发生变化，这一结果与 4.3.7.4CD 的实验结果是一致的。

4.3.7.6　TCS/TCC 与 SA 作用的 ANS 荧光光谱

　　8-苯胺-1-萘磺酸(ANS)是一种对疏水环境敏感的荧光探针，常被用于蛋白质表面疏水性变化的研究[63]。蛋白质表面疏水性是蛋白质的重要参数，并且在维持蛋白质的稳定性和功能活性中起关键作用。ANS 自身的荧光强度很弱，但与蛋白质的疏水性基团结合后，其荧光量子产率显著增加，因此利用 ANS 荧光探针可以研究蛋白质与配体小分子作用后表面疏水性的变化。SA 与不同浓度 TCS/TCC 作用的 ANS 荧光光谱如图 4.14 所示。

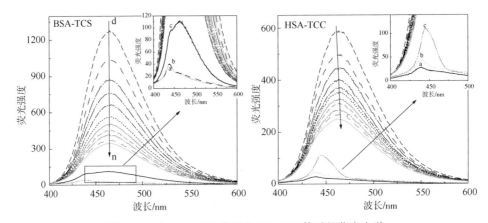

图 4.14　与 TCS/TCC 作用的 SA-ANS 体系的荧光光谱

（a）：TCS/TCC；（b）：TCS/TCC-ANS；（c）：BSA/HSA；（d-n）：SA-TCS/TCC-ANS

$C_{SA}=1.0\times10^{-6}\mathrm{mol}\cdot\mathrm{L}^{-1}$, $C_{TCS/TCC}=0$, 3.3, 6.6, 9.9, 13.2, 16.4, 19.6, 22.8, 16.9, 22.8, 26.0($\times10^{-6}\mathrm{mol}\cdot\mathrm{L}^{-1}$)

　　从图中可以看出，TCS、TCC、BSA、ANS 以及 TCS/TCC-ANS 的荧光强度都比较弱，但 ANS 与 SA 相互作用后荧光强度明显增强。并且 SA-ANS 体系的荧光强度随着 TCS/TCC 浓度的增加而降低，说明 TCS/TCC 与 ANS 竞争结合 BSA，即结合位点的 ANS 分子被 TCS/TCC 取代，TCS/TCC 对 SA 表面的疏水性产生了影响。

　　假设在 ANS 很稀的溶液中，所有的 ANS 分子都能与蛋白质结合，则荧光强度(F)与 ANS 浓度(C)呈线性关系：

$$F = BC \qquad (4.1)$$

式中 B 为荧光强度 F 与 ANS 浓度的比例系数，以 F 对 C 作图，可以由曲线线性部分斜率求得 B。

实验中假设在 $0 \sim 1.0 \times 10^{-6} \mathrm{mol \cdot L^{-1}}$ 的 ANS 浓度范围内，所有的 ANS 分子均与 BSA 结合，则与 BSA 结合的 ANS 浓度($[\mathrm{ANS}]_{\mathrm{bound}}$)可以由方程(4.2)求得：

$$[\mathrm{ANS}]_{\mathrm{bound}} = F/B \qquad (4.2)$$

其中 B 代表结合比例常数。则溶液中游离的 ANS 浓度($[\mathrm{ANS}]_{\mathrm{free}}$)可以由方程(4.2)求得：

$$[\mathrm{ANS}]_{\mathrm{free}} = [\mathrm{ANS}]_{\mathrm{total}} - [\mathrm{ANS}]_{\mathrm{bound}} \qquad (4.3)$$

根据 Scatchard 方程[61]：

$$\frac{F}{c[\mathrm{ANS}]_{\mathrm{free}}} = -\frac{F}{K_{\mathrm{d}}^{\mathrm{app}}} + \frac{F_{\max}}{K_{\mathrm{d}}^{\mathrm{app}}} \qquad (4.4)$$

式中　$F_{\max}$——ANS 饱和浓度下的最大荧光强度，表示蛋白质表面疏水位点的数量。

$K_{\mathrm{d}}^{\mathrm{app}}$——BSA-ANS 复合物的表观离解常数，$\dfrac{1}{K_{\mathrm{d}}^{\mathrm{app}}}$ 表示 ANS 与 BSA 的结合亲和力。

以 $\dfrac{F}{c[\mathrm{ANS}]_{\mathrm{free}}}$ 对 F 荧光强度作图，由曲线的斜率和截距可以分别得到 $K_{\mathrm{d}}^{\mathrm{app}}$ 和 $F_{\max}$ 的值。

蛋白质表面疏水性指数(PSH)可以用方程(4.5)来确定

$$PSH = \frac{F_{\max}}{[\mathrm{BSA}]K_{\mathrm{d}}^{\mathrm{app}}} \qquad (4.5)$$

图 4.15 为与 TCS/TCC 作用前后，SA-ANS 体系的荧光强度的变化。由图可见，体系荧光呈现典型的双曲线响应，说明 SA 与 ANS 之间的结合达到了饱和。并且比较不存在和存在 TCS/TCC 时，ANS 荧光的双曲响应不同，说明 TCS/TCC 的存在对 SA 表面的疏水性产生了影响。

图 4.16 为与 TCS/TCC 作用前后，SA-ANS 体系的 Scatchard 曲线，由 Scatchard 曲线的斜率和截距可以分别得到 $K_{\mathrm{d}}^{\mathrm{app}}$ 和 $F_{\max}$ 的值(见表 4.8)。由表可见，在 TCS/TCC 作用下，SA 与 ANS 结合的表观解离常数 $K_{\mathrm{d}}^{\mathrm{app}}$ 值增加，说明 TCS/TCC 使得 SA-ANS 复合物的结合更疏松。蛋白质表面疏水性指数 PSH 值减小，说明 TCS/TCC 与 SA 的结合导致 SA 的表面疏水性减小。

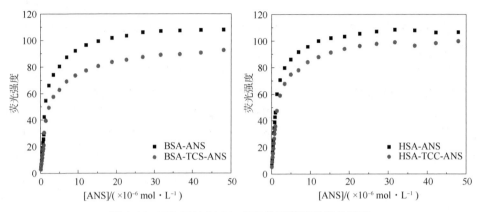

图 4.15　TCS/TCC 对 SA-ANS 体系荧光强度的影响

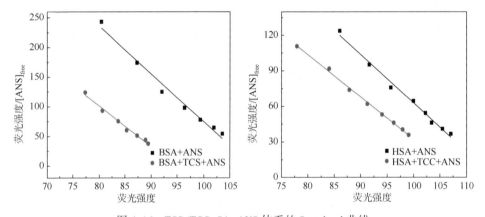

图 4.16　TCS/TCC-SA-ANS 体系的 Scatchard 曲线

表 4.8　SA-TCS/TCC 作用的表面疏水性参数

参数	$K_d^{app}/(\text{mol} \cdot \text{L}^{-1})$	F_{max}	PSH	R^2
BSA	1.2×10^{-7}	109.27	13339	0.9813
BSA-TCS	1.5×10^{-7}	94.87	9777	0.9844
HSA	2.4×10^{-7}	115.32	7161	0.9896
HSA-TCC	2.9×10^{-7}	109.09	5718	0.9969

4.3.7.7　TCS/TCC 与 SA 作用的共振散射光谱

共振散射是指当瑞利散射位于或接近分子吸收带时，由于电子吸收电磁波频率与散射频率相同，因此电子因共振而吸收光能并再次散射，这一过程称为共振散射。共振光散射现象总是与相邻的发色团之间的强电子耦合、聚合的大小和几何形状以及单体组分的强摩尔吸光度有关，共振散射光谱(RLS)可以提供有关复合物的形成以及大分子聚集的信息。共振散射(RLS)是基于有机小分子在蛋白质上聚合形成粒径较大的复合物，导致体系的共振散射信号增强[64]。RLS 是研究蛋白质上生色团聚集的灵敏方法[65]。

SA 与不同浓度 TCS/TCC 作用的 RLS 光谱如图 4.17 所示。SA 自身的 RLS 强度相对较弱，但随着 TCS/TCC 浓度的增加，SA 的 RLS 强度明显增强。SA 的 RLS 强度的变化与颗粒大小有关，一般来说，颗粒越大，RLS 信号越强[66]。因此推断，与 TCS/TCC 作用后 SA 的 RLS 信号增强的原因可能是溶液中粒子体积增大，即形成了更大尺寸的 SA-TCS/TCC 复合物。也可能是 TCS/TCC 引起 SA 骨架的改变，导致了更大尺寸的 SA 团聚体的形成。

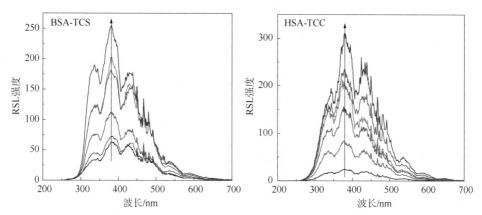

图 4.17 BSA/HSA 与 TCS/TCC 作用的 RLS 光谱

$C_{SA} = 1.0 \times 10^{-6} \text{mol} \cdot \text{L}^{-1}$，$C_{TCS/TCC} = 0$，$3.3$，$9.9$，$16.4$，$22.8$，$29.1(\times 10^{-6} \text{mol} \cdot \text{L}^{-1})$

4.3.8 TCS/TCC 与 SA 作用的结合位点

大多数外源性配体与蛋白质的主要结合位点位于 SA 的 ⅡA 亚域和 ⅢA 亚域的疏水性空腔内，即 Site Ⅰ和 Site Ⅱ[67]。许多研究表明华法林和布洛芬可以结合 Site Ⅰ和 Site Ⅱ[68]，因此可以通过竞争实验来揭示 TCS/TCC 在 SA 上的结合位点。

分别向 SA-TCS/TCC 体系中加入不同浓度的荧光位点探针华法林和布洛芬，测定 SA-TCS/TCC 与荧光位点探针作用前后的荧光强度，以探针取代百分数对[探针]/[BSA]比作图，根据曲线变化规律判断 TCS/TCC 在 SA 上的结合位置。根据公式 $\text{Probe displacement}(\%) = \dfrac{F_2}{F_1} \times 100\% (3.3)^{[69]}$ 可以计算荧光位点探针的取代百分数。

由图 4.18 可见，SA-TCS/TCC 体系的取代百分数随布洛芬浓度的增加略有减小，而随着华法林浓度的增大，体系的取代百分数明显减小。由此可以推测，

TCS/TCC 与华法林在 SA 上的结合位点相同，都主要结合在 SA 的 Site Ⅰ（ⅡA 亚域）。

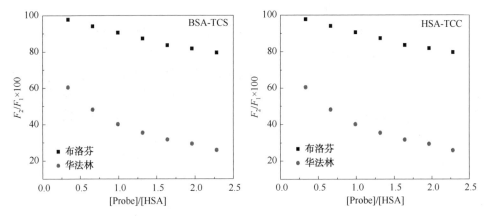

图 4.18　华法林和布洛芬对 SA-TCS/TCC 体系荧光强度的影响

$C_{SA} = 1.0 \times 10^{-5} \, mol \cdot L^{-1}$，$C_{TCS/TCC} = 5.0 \times 10^{-5} \, mol \cdot L^{-1}$，

$C_{布洛芬} = C_{华法林} = 3.3、6.6、9.9、13.2、16.4、19.6、22.8 (\times 10^{-5} \, mol \cdot L^{-1})$

4.3.9　TCS/TCC 与 SA 作用的分子对接

为了进一步阐明 TCS/TCC 与 SA 的相互作用机制，利用 Autodock 模拟了 TCS/TCC 与 SA 的相互作用。大多数的有机小分子可以位于ⅡA 和ⅢA 亚域中，分别称为 Site Ⅰ 和 Site Ⅱ[70,71]。结合上述 4.3.8 位点标记竞争实验结果，选择了 Site Ⅰ 作为结合区域。

TCS 与 BSA 结合模式的最佳构象如图 4.19 所示。TCS 位于 BSA 的ⅡA 亚区，TCS 可以进入氨基酸残基形成的 Site Ⅰ 的结合空腔。TCS 与 ARG208 残基形成氢键，这可能是 BSA 中 ARG208 残基的羟基与 TCS 羰基氧之间形成的氢键。疏水性氨基酸残基如 Val215、Ala212、Lys211、Leu326、Leu346、Val481、Ala349、Lys350 等通过疏水作用参与了 TCS 与 BSA 的结合作用。根据分子对接信息和热力学参数的结果，可以得出 TCS 与 BSA 结合的主要作用力是疏水相互作用，同时存在氢键。

TCC 与 HSA 结合模式的最佳构象如图 4.20 所示。TCC 位于 HSA 的ⅡA 亚区，TCC 可以进入氨基酸残基形成的 Site Ⅰ 的结合空腔。TCC 与 Arg218 和 Trp214残基形成氢键，疏水氨基酸残基如 Lys119、Val455、Asp451 通过疏水作用参与了 TCC 与 HSA 的结合。根据分子对接信息和热力学参数的结果，可以得出 TCC 与 HSA 结合的主要作用力是疏水相互作用和氢键。

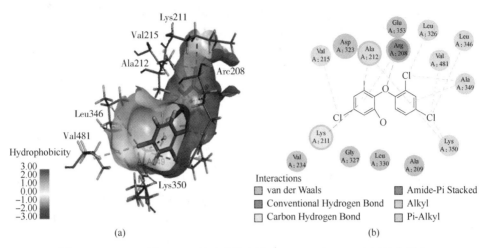

图 4.19　（a）TCS 进入 BSA 的疏水性空腔；（b）TCS 与 BSA 之间的作用力

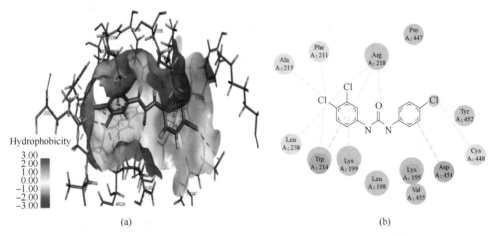

图 4.20　（a）TCC 进入 HSA 的疏水性空腔；（b）TCC 与 HSA 之间的作用力

4.4　本章小结

　　本章研究了杀菌剂 TCS 和 TCC 与 SA 的相互作用机制。结合荧光淬灭光谱法、时间分辨荧光光谱法、紫外-可见吸收光谱法和共振散射光谱法可知，TCS/TCC 都会与 SA 形成 1：1 复合物。静态淬灭是 TCS/TCC 导致 SA 荧光淬灭以及荧光寿命降低的原因。TCS 与 BSA 作用的结合常数 K_b 值约为 $10^4 L \cdot mol^{-1}$，TCC 与 HSA 作用的结合常数 K_b 约为 $10^5 L \cdot mol^{-1}$，TCS/TCC 与 SA 具有中强度的结合力，能够形成较为稳定的化合物。结合热力学常数分析、位点标记竞争实验和分子对接结果可知，TCS/TCC 和 SA 主要以氢键和疏水作用结合在 SA 的 II A 亚区的 Site I。ANS 实验结果表明，TCS/TCC 与 SA 的结合导致 SA 的表面疏水性减小。紫外-可见吸收光谱、同步荧光光谱和三维荧光光谱定性分析的结果表明，TCS/TCC 导致氨基酸残基周围微环境的极性增加；圆二色光谱法和红外光谱法定量分析的结果表明，TCS/TCC 导致 SA 的 α-螺旋含量降低，其他二级结构含量总体升高。

参 考 文 献

[1] Allmyr M., Harden F., Toms L. M. L., et al. The influence of age and gender on triclosan concentrations inaustralian human blood serum[J]. Sci. Total Environ., 2008, 393: 162-167.

[2] Lv W., Chen Y., Li D., et al. Methyl-triclosan binding to human serum albumin: Multi-spectroscopic study and visualized molecular simulation[J]. Chemosphere, 2013, 93: 1125-1130.

[3] Phisalix C., Comp. Effect of the chemical constitution of soaps upon their action on diphtheria toxin[J]. Rend. Acad. Sci, 1897, 125(2): 1053.

[4] Bester K. Triclosan in a sewage treatment process-balances and monitoring data[J]. Water Res., 2003, 37(16): 3891-3896.

[5] Sabaliunas D., Webb S. F., Hauk A., et al. Environmental fate of Triclosan in the River Aire Basin, UK[J]. Water Res., 2003, 37(13): 3145-3154.

[6] Adolfsson-Erici M., Pettersson M., Parkkonen J., et al. Triclosan, a commonly used bactericide found in human milk and in the aquatic environment in Sweden[J]. Chemosphere, 2002, 46(9): 1485-1489.

[7] Halden R. U., Paull D. H. Co - occurrence of triclocarban and triclosan in U. S. water resources[J]. Environ. Sci. Technol., 2005, 39: 1420-1426.

[8] Kolpin D. W., Furlong E. T., Meyer M. T., et al. Pharmaceuticals, hormones, and other organic wastewater contaminants in U. S. streams, 1999-2000-a national reconnaissance[J]. Environ. Sci. Tech., 2002, 36: 1202-1211.

[9] Lindstrom A., Buerge I. J., Poiger T., et al. Occurrence and environmental behavior of the bactericide triclosan and its methyl derivative in surface waters and in wastewater[J]. Environ. Sci. Tech., 2002, 36: 2322-2329.

[10] Chalew, Talia E. A., Halden. Environmental exposure of aquatic and terrestrial biota to triclosan and triclocarban[J]. Am. Water Resour. As, 2009, 45(1): 4-13.

[11] Dhillon G. S., Kaur S., Pulicharia R., et al. Triclosan: current status, occurrence, environmental risks and bioaccumulation potential[J]. Environ. Res. Public Health, 2015, 12(5): 5657-5684.

[12] Allmyr M., Harden F., Toms L. Theinfluence of age and gender on triclosan concentrations in australian human blood serum[J]. Sci. Total Environ., 2008, 393(1): 162-167.

［13］Wolff M., Teitelbaum S., Windham G., et al. Pilot study of urinary biomarkers of phytoestrogens, phthalates, and phenols in girls［J］. Environ. Health Perspect., 2007, 115：116-121.

［14］Calafat A., Ye X., Wong L., et al. Urinary concentrations of triclosan in the U. S. population：2003-2004［J］. Environ. Health Perspect., 2008, 116：303-307.

［15］Reiss R., Lewis G., Griffin J., et al. An ecological risk assessment for triclosan in the terrestrial environment［J］. Environ. Toxicol. Chem., 2009, 28：1546-1556.

［16］Buth J. M., Steen P. O., Sueper C., et al. Dioxin photoproducts of triclosan and its chlorinated derivatives in sediment cores［J］. Environ. Sci. Technol, 2010, 44：4545-4551.

［17］Ahn K. C., Zhao B., Chen J., et al. In vitro biologic activities of the antimicrobials triclocarban, its analogs, and triclosan in bioassay screens：receptor-based bioassay screens［J］. Environ. Health Persp., 2008, 116：1203-1210.

［18］Chen J. G., Ahn K. C., Gee N. A., et al. Triclocarban enhances testosterone action：a new type of endocrine disruptor？［J］. Endocrinology, 2008, 149(3)：1173-1179.

［19］Geum-A L., Kyung-A H., Kyung-Chul C. Inhibitory effects of 3,3′-diindolylmethane on epithelial-mesenchymal transition induced by endocrine disrupting chemicals in cellular and xenograft mouse models of breast cancer［J］. Food Chem. Toxicol., 2017, 109(Pt 1)：284-295.

［20］Schweizer H. P. Triclosan：A widely used biocide and its link to antibiotics. FEMS［J］. Microbiol. Lett., 2001, 202：1-7.

［21］Geum-A L., Kyung-Chul C., Kyung-A H., et al. Treatment with phytoestrogens reversed triclosan and bisphenol a-Induced anti-apoptosis in breast cancer cells［J］. Biomol. Ther., 2018, 26(5)：503-511.

［22］Latch D. E., Packer J. L., Arnold W. A., et al. Photochemical conversion of triclosan to 2, 8-dichlorodibenzo-p-dioxin in aqueous solution［J］. J. Photochem. Photobiol., A Chem., 2003, 158：63-66.

［23］Hinther A., Bromba C. M., Wulff J. E., et al. Effects of triclocarban, triclosan, and methyl triclosan on thyroid hormone action and stress in frog and mammalian culture systems［J］. Environ. Sci. Technol., 2011, 45：5395-5402.

［24］李莉，鲁嘉，刘雪梅，等. 光谱法研究三氯生与人类肿瘤相关 DNA 的相互作用［J］. 分析测试学报，2012, 31(8)：951-956.

［25］李林朋，马慧敏，胡俊杰，等. 三氯生和三氯卡班对人体肝细胞 DNA 损伤的研究［J］. 生态环境学报，2010, 19(12)：2897-2901.

［26］Lenz K. A., Pattison C., Ma H. Triclosan(TCS) and triclocarban(TCC) induce systemic toxic effects in a model organism the nematode Caenorhabditis elegans［J］. Environ. Pollut, 2017, 231(1)：462-470.

［27］Bock M., Lyndall J., Barber T., et al. Probabilistic application of a fugacity model to predict triclosan fate during wastewater treatment[J]. Integr. Environ. Assess Manag., 2010, 6: 393-404.

[28] Hae-Miru L., Kyung-A H., Kyung-Chul C. Diverse pathways of epithelial mesenchymal transition related with cancer progression and metastasis and potential effects of endocrine disrupting chemicals on epithelial mesenchymal transition process [J]. Mol. Cell. Endocrinol., 2017, 457: 103-113.

[29] Seung-Hee K., Kyung-A H., Kyung-Chul C. Treatment with kaempferol suppresses breast cancer cell growth caused by estrogen and triclosan in cellular and xenograft breast cancer models [J]. J. Nutr. Biochem., 2016, 28: 70-82.

[30] Tamura I., Kagota K., Yasuda Y., et al. Ecotoxicity and screening level ecotoxicological risk assessment of five antimicrobial agents: triclosan, triclocarban, resorcinol, phenoxyethanol and p-thymol[J]. J. Appl. Toxicol, 2013, 3: 1222-1229.

[31] Halden R. U. On the need and speed of regulating triclosan and triclocarban in the United States [J]. Environ. Sci. Technol. 2014, 48: 3603-3611.

[32] Higgins C. P., Paesani Z. J., Chalew T. E., et al. Persistence of triclocarban and triclosan in soils after land application of biosolids and bioaccumulation in Eisenia foetida [J]. Environ. Toxicol. Chem., 2011, 30(3): 556-563.

[33] Dann A. B., Hontela A. Triclosan environmental exposure, toxicity and mechanisms of action [J]. Appl. Toxicol, 2011, 31(4): 285-311.

[34] Ribado J. V., Ley C., Haggerty T. D., et al. Household triclosan and triclocarban effects on the infant and maternal microbiome[J]. EMBO Mol. Med., 2017, 9: 1732-1741.

[35] Sun K., Li S. Y. Laccase-mediated transformation mechanism of triclosan in aqueous solution [J]. Environ. Sci, 2017, 37(8): 2947-2954.

[36] Dezhampanah H., Firouzi R., Hasani L. Intermolecular interaction of nickel(ii) phthalocyanine tetrasulfonic acid tetrasodium salt with bovine serum albumin: A multi-technique study[J]. Nucleos. Nucleot. Nucl., 2017, 36(2): 122-138.

[37] Muslim R., Aftab A., Feng Y., et al. Biophysical and molecular docking approaches for the investigation of biomolecular interactions between amphotericin B and bovine serum albumin[J]. Photochem. Photobiol. B, 2017, 170(3): 6-15.

[38] Bhatkalkar S. G., Kumar D., Ali A., et al. Influence of surfactants on the interaction of copper oxide nanoparticles with vital proteins[J]. J. Mol. Liq., 2020: 112791.

[39] Amir M., Qureshi M. A., Javed S. Biomolecular interactions and binding dynamics of tyrosine kinase inhibitor erdafitinib, with human serum albumin [J]. J. Biomol. Struct. Dyn., 2020: 1772880.

[40] Karthikeyan S., Yue X., Alexey A. A., et al. Understanding the binding information of 1-imino-1, 2-dihydropyrazino [1, 2-a] indol-3(4H)-one in bovine serum albumin, 5-hydroxytryptamine receptor 1B and human carbonic anhydrase I: Abiophysical approach[J]. J.

166

Mol. Liq. 2020: 112793.

[41] Sohrabi Y., Panahi-Azar V., Barzegar A., et al. Spectroscopic, thermodynamic and molecular docking studies of bovine serum albumin interaction with ascorbyl palmitate food additive[J]. Inland Waters, 2017, 7(4): 241-246.

[42] Chilom C. G., David M., Florescu M. Monitoring biomolecular interaction between folic acid and bovine serum albumin[J]. Spectrochim. Acta. A, 2020: 118074.

[43] Das N. K., Pawar L., Kumar N., et al. Quenching interaction of BSA with DTAB is dynamic in nature: A spectroscopic insight[J]. Chem. Phys. Lett., 2015, 635: 50-55.

[44] Ma R., Li Z., Di X., et al. Spectroscopic methodologies and molecular docking studies on the interaction of the soluble guanylate cyclase stimulator riociguat with human serum albumin[J]. BioSci. Trends, 2018, 12(4): 369-374.

[45] Wani T. A., AlRabiah H., Bakheit A. H., et al. Study of binding interaction of rivaroxaban with bovine serum albumin using multispectroscopic and molecular docking approach[J]. Chem. Cent., 2017, 11: 134-142.

[46] Singharoy D., Bhattacharya S. C. Deciphering the fluorescence resonance energy transfer from denatured transport protein to anthracene 1,5 disulphonate in reverse micellar environment[J]. J. Mol. Struct., 2017, 1149: 785-791.

[47] Shahabadi N., Hadidi S. Molecular modeling and spectroscopic studies on the interaction of the chiral drug venlafaxine hydrochloride with bovine serum albumin[J]. Spectrochim. Acta. A, 2014, 122(25): 100-106.

[48] Ma J., Ling J. Study on the synchronous interactions between different thiol-capped CdTe quantum dots and BSA[J]. Spectrosc. Spect. Anal., 2010, 30(4): 1039-1043.

[49] Chen J. B., Zhou X. F., Zhang Y. L., et al. Binding of triclosan to human serum albumin: insightinto the molecular toxicity of emerging contaminant[J]. Environ. Sci. Pollut. Res., 2012, 19(7): 2528-2536.

[50] Raghav D., Mahanty S., Rathinasamy K. Characterizing the interactions of the antipsychotic drug trifluoperazine with bovine serum albumin: Probing the drug-protein and drug-drug interactions using multi-spectroscopic approaches[J]. Spectrochim. Acta A., 2020: 226.

[51] Elamathi C., Fronczek F. R., Madankumar A., et al. Synthesis and spectral characterizations of water soluble Cu(Ⅱ) complexes containing N-heterocyclic chelates: cell-proliferation, antioxidant and nucleic acid/serum albumin interactions[J]. New J. Chem., 2020, 10: 1039.

[52] 张宁. 5-氟尿嘧啶高分子前药的合成及其与蛋白质相互作用研究[D]. 沈阳: 辽宁大学, 2013.

[53] Atena S. -R., Jamshid M., Majid D. et al. Oil-in-water nanoemulsions comprising Berberine in olive oil: Biological activities, binding mechanisms to human serum albumin or holotransferrin, and QMMD simulations[J]. J. Biomol. Struct. Dyn., 2020: 1724568.

[54] Ahmad M. I., Potshangbam A. M., Javed M. et al. Studies on conformational changes induced by binding of pendimethalin with human serum albumin [J]. Chemosphere, 2020: 243.

[55] Xu X., Han Q., Shi J., et al. Structural, thermal and rheological characterization of bovine serum albumin binding with sodium alginate[J]. J. Mol. Liq., 2019: 112123.

[56] Zargar S., Alamery S., Bakheit A. H., et al. Poziotinib and bovine serum albumin binding characterization and influence of quercetin, rutin, naringenin and sinapic acid on their binding interaction[J]. Spectrochim. Acta A: Mol. Biomol. Spectrosc., 2020, 235: 118335.

[57] Zhao L. Z., Zhao Y. S., Teng H. H., et al. Spectroscopic investigation on the interaction of titanate nanotubes with bovine serum serum albumin[J]. J. Appl. Spectrosc., 2014, 81(4): 719-724.

[58] Duan S., Liu B. S., Li T., et al. Study of the interaction of cefonicid sodium with bovine serum albumin by fluorescesence spectroscopy[J]. Appl. Spectrosc, 2017, 84(3), 431-438.

[59] Li D. J., Zhu M., Xu C., et al. Characterization of the baicaleinebovine serum albumin complex without or with Cu^{2+} or Fe^{3+} by spectroscopic approaches[J]. Eur. J. Med. Chem., 2011, 46(2), 588-599.

[60] Xu X., Han Q., Shi J., et al. Structural, thermal and rheological characterization of bovine serum albumin binding with sodium alginate[J]. J. Mol. Liq., 2020, 299: 112-123.

[61] Zhou Z., Hu X., Hong X., et al. Interaction characterization of 5-hydroxymethyl-2-furaldehyde with human serum albumin: binding characteristics, conformational change and mechanism[J]. J. Mol. Liq., 2020, 297: 111835.

[62] Zhao T., Liu Z., Niu J., et al. Investigation of the interaction mechanism between salbutamol and human serum albumin by multispectroscopic and molecular docking[J]. BioMed Research International, 2020, 2020(5): 1-8.

[63] Zhang H., Wang Y., Zhu H., et al. Binding mechanism of triclocarban with human serum albumin: Effect on the conformation and activity of the model transport protein[J]. J. Mol. Liqu., 2017, 247: 281-288.

[64] 胡勇, 扶雄, 陈旭东, 等. 山梨酸钾与蛋白质相互作用的荧光和共振光散射光谱研究[J]. 中山大学学报(自然科学版), 2009, 48(6): 73-78.

[65] Shi J. H., Wang J., Zhu Y. Y., et al. Characterization of interaction between isoliquiritigenin and bovine serum albumin: Spectroscopic and molecular docking methods [J]. J. Lumin, 2014, 145: 643-650.

[66] Naseri A., Hosseini S., Rasoulzadeh F., et al. Interaction of norfloxacin with bovine serum albumin studied by different spectrometric methods; displacement studies, molecular modeling and chemometrics approaches[J]. J. Lumin, 2015, 157: 104-112.

[67] Smith J. K, Pfaendtner J. Elucidating the molecular interactions between uremic toxins and the

sudlow Ⅱ binding site of human serum albumin[J]. J. Phys. Chem. B, 2020.

[68] Wang L., Dong J., Li R., et al. Elucidation of binding mechanism of dibutyl phthalate on bo-vine serum albumins by spectroscopic analysis and molecular docking Method[J]. Spectrochim Acta A., 2020: 118044.

[69] Hemmateenejad B., Shamsipur M., Samari F., et al. Combined fluorescence spectroscopy and molecular modeling studies on the interaction between harmalol and human serum albumin[J]. Pharm. Biomed. Anal., 2012, 67-68: 201-208.

[70] Pawar S. K., Naik R. S. Seetharamappa, exploring the binding of two potent anticancer drugs bosutinib and imatinib mesylate with bovine serum albumin: spectroscopic and molecular dynamic simulation studies[J]. Anal. Bioanal. Chem., 2017, 409(27): 6325-6335.

[71] Sharma V., Arora E. K., Cardoza S. 4-hydroxy-benzoic Acid(4-diethylamino-2-hydroxy-benzylidene)hydrazide: DFT, Antioxidant, Spectroscopic and Molecular Docking Studies With BSA[J]. Lum., 2016, 31(3): 738-745.

第5章　塑化剂 DMP 及其代谢物 MMP 与牛血清白蛋白相互作用的研究

5.1　引言

邻苯二甲酸酯类（Phthalic acid ester，PAEs）塑化剂是一种常见的 EDCs[1]。大多数的 PAEs 具有优良的塑化性能，加入塑料中可使产品更加柔韧[2]，目前全世界每年有数百万磅的 PAEs 被用作增塑剂[3]，是较常用的合成增塑剂之一。PAEs 广泛应用于塑料材料、建筑材料（零件、地板、家具、人造革、容器等）、食品包装材料（保鲜膜、塑胶容器）、医用材料（输液器、腹膜透析和血液透析装置、用于储存血液和血液衍生物的聚氯乙烯袋、连接用聚氯乙烯管等）、个人护理用品（如指甲油、肥皂、洗发液、护发素等）等数百种产品中。但 PAEs 容易在环境中释放，持久存在且不易分解，可通过肠道、呼吸道和皮肤接触等途径进入人体[4]。人体 PAEs 暴露源包括空气、食品、食品包装、玩具、化妆品、PVC 地板、人造革和医疗器械等[5]。长期接触 PAEs 会对生物体产生生殖和发育毒性、致畸性和胚胎毒性、精子毒性、肝毒性、肾毒性和致癌性[6,7]。由于产量大、使用范围广，PAEs 已经给生态环境和人类健康造成了严重的危害[8,9]。美国环境保护署（US EPA）将六种邻苯二甲酸酯列为主要的危险污染物[10]，分别是邻苯二甲酸二甲酯（DMP）、邻苯二甲酸二乙酯（DEP）、邻苯二甲酸二丁酯（DBP）、邻苯二甲酸二（2-乙基己基）酯（DEHP）、邻苯二甲酸二辛酯（DOP）和邻苯二甲酸丁苄酯（BBP）。PAEs 的环境安全与毒性机制一直是化学、环境及生命科学领域关注的热点问题之一[11]。PAEs 对人体的毒性作用与蛋白质的储运功能密切相关。血清白蛋白（SA）是人类血浆中较丰富的蛋白质之一。牛血清白蛋白（BSA）因其良好的物理特性、稳定性以及与人血清白蛋白的结构同源性，常被选为研究小分子与蛋白质相互作用的模型蛋白[12]。BSA 作为一种载体蛋白，对不同结构的配体具有多个结合位点，使其能够与多种内源性和外源性物质相互作用，并将其转运至靶组织[13]。

虽然近几十年来，PAEs 与蛋白质的相互作用及其对蛋白质构象和结构的影响研究有了一定的进展[14-17]，但对 PAEs 及其代谢产物与蛋白质的共同作用的研究却很少。虽然大多数 PAEs 代谢物的消除半衰期都小于 24 小时，但由于持续暴露在环境中，所以仍然可以在人体样本中检测到 PAEs 及其代谢物的存在[18]。代谢物在宿主体内始终与母体塑化剂共存，可能影响母体塑化剂与蛋白质的结合[19]。Zhang 等人[20]证明芘及其代谢物可以与生物大分子结合，导致 DNA 损伤，甚至引起突变。Bang 等人[21]评估了 PAEs 最终的代谢产物邻苯二甲酸（PA）的毒性，结果表明PA 对生物体具有发育和生殖毒性。本文以 PAEs的典型代表邻苯二甲酸二甲酯（DMP）（见图 5.1）为例，研究了 DMP 及其代谢产物邻苯二甲酸单甲酯（MMP）与 BSA 的共同作用机制。研究结果对于

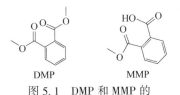

图 5.1 DMP 和 MMP 的
分子结构

了解 DMP 在生物体内的行为，并从分子水平上评估其毒性风险具有一定的参考意义。

5.2 实验部分

5.2.1 实验仪器

实验仪器同 2.2.1。

5.2.2 实验试剂

名　　称	纯　　度	生 产 厂 家
牛血清白蛋白	≥97%	西格玛奥德里奇（上海）贸易有限公司
邻苯二甲酸二甲酯	≥99%	山东西亚化学工业有限公司
邻苯二甲酸单甲酯	≥98%	西安瑞亚化学科技有限公司
华法林钠	≥98%	上海阿拉丁生化科技股份有限公司
布洛芬	≥98%	上海阿拉丁生化科技股份有限公司
三羟甲基氨基甲烷	≥99%	上海阿拉丁生化科技股份有限公司

BSA、华法林、布洛芬溶液的配制同 2.2.2。

DMP/MMP 储备溶液（$1.0×10^{-3}$ mol·L^{-1}）用乙醇配制。实验中乙醇的浓度小于 5%。所有其他试剂均为分析级。

5.2.3 实验方法

5.2.3.1 荧光光谱的测定

实验 1：于 1cm 石英比色皿中加入 $1.0×10^{-5}$ mol·L^{-1} BSA 溶液 3mL，用微量

进样器逐次滴加 1.0×10^{-3} mol · L^{-1} 的 DMP/MMP 溶液。每次滴加溶液均混合均匀，并分别在 298K、303K 和 310K 保持 10min。DMP/MMP 的最终浓度为 0，0.33，0.66，0.99，1.32，1.64，1.96（$\times 10^{-5}$ mol · L^{-1}）。用荧光光谱仪分别测定 BSA 与不同浓度 DMP/MMP-BSA 作用的荧光发射光谱。激发波长 280nm，发射波长 290~500nm，激发狭缝和发射狭缝均为 5nm。

实验记录了空白溶液的荧光光谱，以扣除配体和缓冲液对实验的影响。按公式（2.1）（$F_{cor} = F_{obs} \times 10^{\frac{A_1 + A_2}{2}}$）校正测得的荧光强度，以消除内滤荧光效应（IFE）[22]。

实验 2：于 1cm 比色皿中加入 1.0×10^{-5} mol · L^{-1} BSA 和 1.0×10^{-5} mol · L^{-1} MMP，在 298K 温度下反应 10min，用微量进样器滴加 DMP，使其最终浓度为 0，3.3，6.6，9.9，13.2，16.4，19.6（$\times 10^{-6}$ mol · L^{-1}），在 298K 下记录荧光光谱。荧光光谱测定条件：激发波长 280nm，发射波长 290~500nm，激发狭缝和发射狭缝均为 5nm。

5.2.3.2　同步荧光光谱的测定

在 1cm 石英比色皿中加入 3mL 的 1.0×10^{-5} mol · L^{-1} BSA 溶液，用微量进样器逐次滴加 1.0×10^{-3} mol · L^{-1} 的 DMP/MMP 溶液。每次滴加溶液均混合均匀，在室温下保持 10min。DMP/MMP 的最终浓度为 0，0.33，0.66，0.99，1.32，1.64（$\times 10^{-5}$ mol · L^{-1}）。室温下测定 BSA 与不同浓度 DMP/MMP 作用的同步荧光光谱。波长测定范围为 280~400nm，间隔（$\Delta\lambda = \lambda_{em} - \lambda_{ex}$）分别为 15nm 和 60nm。激发和发射狭缝宽度均为 5nm。

5.2.3.3　三维荧光光谱（3D）的测定

室温下，分别测定了 BSA 与 DMP/MMP 作用的 3D 荧光光谱。BSA 浓度为 1.0×10^{-5} mol · L^{-1}，DMP/MMP 的浓度为 4.0×10^{-5} mol · L^{-1}。初始激发波长设置为 200nm，以 5nm 的增量记录 200~500nm 范围内的激发波长，以 5nm 的增量记录 200~500nm 范围内的发射波长。激发和发射狭缝宽度均为 5nm。

5.2.3.4　时间分辨荧光光谱的测定

在 1cm 石英比色皿中加入 3mL 的 1.0×10^{-5} mol · L^{-1} BSA 溶液，用微量进样器逐次滴加 DMP/MMP 溶液，变化 DMP/MMP 的浓度分别为 0，0.5，1.0，5.0（$\times 10^{-5}$ mol · L^{-1}）。室温下测定 BSA 与不同浓度 DMP/MMP 作用的时间分辨荧光光谱。激发波长为 295nm，发射波长 350nm。量子点数收集 5000，采用仪器自带软件拟合计算荧光寿命。采用拟合优度参数 χ^2 值衡量曲线的拟合程度。χ^2 值越接近 1，说明荧光衰减曲线拟合越好，计算的荧光寿命越接近真实值。

5.2.3.5　紫外-可见吸收光谱（UV-Vis）的测定

在 1cm 石英比色皿中加入 3mL 的 1.0×10^{-6} mol · L^{-1} BSA 溶液，用微量进样器逐次滴加 DMP/MMP 溶液，变化 DMP/MMP 的浓度为 0，3.3，6.6，9.9，13.2，

16.4，19.6，22.8（$\times 10^{-6}$mol·L^{-1}）。以不含有或含有 DMP/MMP 的 Tris-HCl 缓冲溶液为空白，室温下分别测定 BSA 与 DMP/MMP 作用的紫外-可见吸收光谱。波长范围 200~350nm，取样间隔 1nm。

5.2.3.6 圆二色光谱（CD）的测定

室温下，分别测定 BSA 及其与不同浓度 DMP/MMP 作用的 CD 光谱。BSA 的浓度为 1.5×10^{-6}mol·L^{-1}，DMP/MMP 与 BSA 的摩尔比为 10：1。光源系统在 N_2 保护条件下，流量设置为 5L·min^{-1}。仪器参数设置为：光谱测定范围为 200~250nm，间隔为 1nm，扫描速度为 100nm·min^{-1}，响应时间为 1s，分辨率 0.1nm，样品池的光径为 0.1cm。累积次数 3 次。所有光谱的记录均进行了适当的背景校正。

5.2.3.7 红外光谱的（FT-IR）测定

采用衰减全反射技术（ATR）记录 BSA 与 DMP/MMP 相互作用的 FT-IR 光谱。在 4cm^{-1} 分辨率下扫描 128 次，在 4000~400cm^{-1} 范围内扫描收集样品红外光谱。所有光谱均采用傅里叶变换红外光谱仪自带的 OPUS 软件采集和操作。光谱采集与红外谱图处理方法同"2.2.3.5 傅里叶变换红外光谱（FT-IR）的测定"。

5.2.3.8 ANS 荧光光谱的测定

实验1：固定 BSA 和 ANS 的浓度分别为 1.0×10^{-6}mol·L^{-1} 和 5.0×10^{-6}mol·L^{-1}，充分反应后，测定其荧光强度。再连续滴加 1.0×10^{-3}mol·L^{-1} 的 DMP/MMP，同样条件下测定体系的荧光强度。设置激发波长 380nm，发射波长范围 400~600nm，激发和发射狭缝宽度均为 5nm。

实验2：固定 BSA 的浓度为 1.0×10^{-6}mol·L^{-1}，分别向 BSA 及 DMP-BSA（$C_{DMP}/C_{BSA} = 10$：1）或 MMP-BSA（$C_{MMP}/C_{BSA} = 10$：1）体系中连续加入 3μL 的 ANS（1.0×10^{-4}mol·L^{-1}）溶液，再连续加入 6μL 的 ANS（2.0×10^{-4}mol·L^{-1}）溶液，室温下测定荧光光谱，直到 BSA 及 BSA-DMP 体系或 BSA-MMP 的荧光强度几乎不再变化为止。激发波长 380nm，发射波长范围为 400~600nm。激发和发射狭缝宽度均为 5nm。

5.2.3.9 共振散射荧光（RLS）的测定

在 1cm 比色皿中加入 3mL 的 1.0×10^{-5}mol·L^{-1}BSA 溶液，用微量进样器滴加 DMP/MMP 溶液，变化 DMP/MMP 的浓度为 0，3.3，6.6，9.9，13.2，16.4，19.6（$\times 10^{-6}$mol·L^{-1}）。室温下分别测定 BSA 及其与不同浓度 DMP/MMP 作用的同步荧光光谱。波长范围 280~400nm，激发波长与发射波长差值 Δλ 为 0nm。激发和发射狭缝宽度均为 5nm。

5.2.3.10 位点标记实验

采用华法林和布洛芬作为位点竞争实验的 Site I和 Site II的两个位点标记物。BSA 浓度为 1.0×10^{-5}mol·L^{-1}，华法林/布洛芬浓度为 1.0×10^{-5}mol·L^{-1}，将 BSA

与华法林/布洛芬的混合溶液在室温下保持 10min 后。用微量进样器逐次滴加适量 DMP/MMP 溶液，变化 DMP/MMP 浓度为 0，0.33，0.66，0.99，1.32，1.64，2.28(×10^{-5}mol·L^{-1})测定荧光光谱。测定条件同 5.2.3.1 荧光光谱的测定。

5.2.3.11　分子对接

BSA 的晶体结构(PDB ID：4F5S)从蛋白质数据库(http：//www.rcsb.org/)获得。DMP/MMP 的三维结构从数据库(http：//www.chemspider.com)下载。利用 Autodock 4.2 软件进行分子对接，获取 DMP/MMP 与 BSA 可能的结合模式。将 DMP/MMP 在 BSA 上的对接位置置于立方体格点盒子中，格点盒子大小为 60Å×60Å×60Å，格点间距为 0.375Å。采用拉马克遗传算法计算 DMP/MMP 和 BSA 可能的结合位置，选取结合能最低的复合物构象。所有其他参数都设置为默认值。利用 Discovery studio 2017 对结果进行可视化分析，观察 DMP/MMP-BSA 复合物的作用力和构象。

5.3　结果与讨论

5.3.1　DMP/MMP 与 BSA 作用的荧光光谱

荧光光谱法(Fluorescent Spectroscopy)具有简便快速、灵敏度高、选择性好、用样量少的特点，是研究小分子与蛋白质相互作用以及蛋白质构象变化的最常用最广泛的方法。荧光光谱法可以提供荧光强度、荧光寿命、量子产率等物理参数，从各个角度揭示蛋白质分子构象变化的信息。BSA 的内源荧光对其微环境非常敏感[23]。

DMP/MMP 与 BSA 相互作用的荧光光谱见图 5.2。BSA 在 349nm 处有较强的荧光发射峰，其荧光强度随着 DMP/MMP 浓度的增加而降低，这说明 DMP/MMP 淬灭了 BSA 的荧光强度。比较图 5.2 可见，加入 DMP 或 MMP 后，BSA 的荧光强度分别被淬灭了大约 14.1% 和 12.1%，即 DMP 对 BSA 的荧光淬灭程度更大。

5.3.2　DMP/MMP 与 BSA 作用的荧光淬灭机理

配体小分子对 BSA 的荧光淬灭过程主要有两种：一是动态淬灭，是指淬灭剂与荧光物质的激发态分子之间的相互作用，以能量转移的机制或电荷转移的机制丧失激发能而返回基态。动态淬灭的效率与荧光物质激发态分子的寿命和淬灭剂的浓度有关。二是静态淬灭，是指淬灭剂与荧光物质的基态分子之间的相互作用，生成不发射荧光的复合物，因此导致荧光物质荧光强度下降。

动态淬灭过程可用 Stern-Volmer 方程[24] $F_0/F = 1 + k_q\tau_0[Q] = 1 + K_{sv}[Q]$(2.2)描述，DMP/MMP 对 BSA 荧光淬灭的 Stern-Volmer 曲线如图 5.3 所示。以 F_0/F 对[Q]作图，

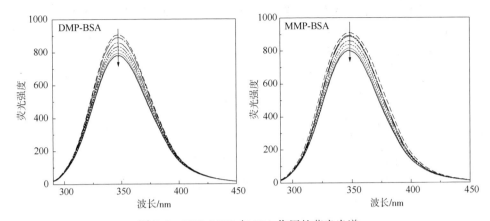

图 5.2　DMP/MMP 与 BSA 作用的荧光光谱

$C_{\text{BSA}} = 1 \times 10^{-5} \, \text{mol} \cdot \text{L}^{-1}$，$C_{\text{DMP/MMP}} = 0$，$3.3$，$6.6$，$9.9$，$13.2$，$16.4$，$19.6 (\times 10^{-6} \, \text{mol} \cdot \text{L}^{-1})$

由曲线斜率求得 DMP/MMP 与 BSA 作用的动态淬灭常数 K_{sv}，如表5.1所示。

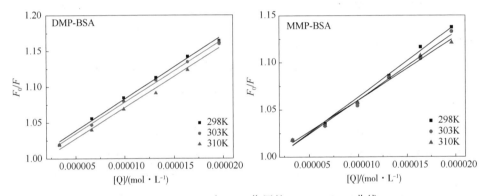

图 5.3　DMP/MMP 与 BSA 作用的 Stern−Volmer 曲线

表 5.1　DMP/MMP 对 BSA 的淬灭常数

参数	T/K	$K_{\text{sv}}/(\text{L} \cdot \text{mol}^{-1})$	$k_{\text{q}}/(\text{L} \cdot \text{mol}^{-1} \cdot \text{s}^{-1})$	R
	298	8.90×10^{3}	8.90×10^{11}	0.9957
BSA−DMP	303	8.74×10^{3}	8.74×10^{11}	0.9913
	310	8.67×10^{3}	8.67×10^{11}	0.9978
	298	7.64×10^{3}	7.64×10^{11}	0.9917
BSA−MMP	303	7.18×10^{3}	7.18×10^{11}	0.9909
	310	6.69×10^{3}	6.69×10^{11}	0.9919

　　动态淬灭是由于激发态过程中淬灭剂与荧光团的碰撞扩散引起的[25]，而静态淬灭则是由于荧光团与淬灭剂之间形成基态复合物引起的。静态淬灭和动态淬

灭的区别在于它们对温度的依赖程度不同[26]。对于动态淬灭，温度越高，扩散系数越大，因此淬灭常数随温度的升高而增大。而对于静态淬灭，温度的升高会导致复合物稳定性降低，因此荧光淬灭常数随着温度的升高而降低[27]。由图5.4和图5.5可见，DMP-BSA和MMP-BSA体系的K_{sv}值均随温度的升高而降低，说明DMP/MMP对BSA荧光强度的淬灭可能是静态淬灭过程。

另外，对于动态淬灭，配体小分子对生物大分子的最大扩散淬灭常数为$2.0 \times 10^{10} L \cdot mol^{-1} \cdot s^{-1}$[28]。DMP-BSA体系和MMP-BSA体系的k_q值均约为$10^{11} L \cdot mol^{-1} \cdot s^{-1}$，大于最大扩散淬灭常数，说明DMP/MMP对BSA的荧光淬灭机理可能不是动态碰撞所致，而是静态淬灭所致，即BSA-DMP及BSA-MMP复合物的形成导致了BSA的荧光淬灭。

5.3.3 DMP/MMP与BSA作用的时间分辨荧光光谱

时间分辨荧光光谱是区分荧光淬灭机理(动态淬灭和静态淬灭)的有效方法之一[29]。BSA的平均荧光寿命可用公式$<\tau> = (\alpha_1 \tau_1 + \alpha_2 \tau_2)/(\alpha_1 + \alpha_2)$ (2.3)计算[30]。对于动态淬灭，淬灭剂会缩短BSA的荧光寿命，即$\tau_0/\tau = F_0/F$；而对于静态淬灭，淬灭剂不会改变BSA的荧光寿命，即$\tau_0/\tau = 1$。

DMP-BSA和MMP-BSA体系的时间分辨荧光衰减曲线如图5.4所示，拟合参数和拟合优度如表5.2所示。对于BSA-DMP体系，BSA的短寿命$\tau_1 = 5.70 ns$(85.78%)和长寿命$\tau_2 = 8.11 ns$(14.22%)，平均荧光寿命为6.04ns。与DMP相互作用后，$\tau_1 = 2.40 ns$(11.88%)和$\tau_2 = 6.16 ns$(88.12%)，平均荧光寿命为5.71ns。χ^2值为0.95~1.24。对于BSA-MMP体系，BSA的$\tau_1 = 4.17 ns$(16.71%)和$\tau_2 = 6.31 ns$(83.29%)，平均荧光寿命为5.95ns。与MMP相互作用后，$\tau_1 = 3.95 ns$(20.28%)和$\tau_2 = 6.27 ns$(79.72%)，平均荧光寿命为5.80ns。荧光衰减参数拟合χ^2值为0.98~1.10。

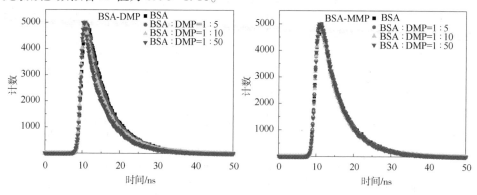

图5.4 DMP/MMP与BSA作用的荧光衰减曲线

表 5.2 DMP/MMP 与 BSA 作用的荧光衰减拟合参数

参数	$C_{BSA}:C_{DMP/MMP}$	τ_1/ ns	α_1/ %	τ_2/ ns	α_2/ %	τ/ ns	χ^2
BSA−DMP	1:0	5.70	85.78	8.11	14.22	6.04	1.041
	1:5	5.49	73.30	7.49	26.70	6.02	1.237
	1:10	3.43	12.93	6.33	87.07	5.95	1.076
	1:50	2.40	11.88	6.16	88.12	5.71	0.958
BSA−MMP	1:0	4.17	16.71	6.31	83.29	5.95	1.094
	1:5	3.71	14.32	6.24	85.68	5.88	1.061
	1:10	5.29	68.74	7.14	31.26	5.87	1.014
	1:50	3.95	20.28	6.27	79.72	5.80	0.985

BSA 与塑化剂 DMP/MMP 作用前后荧光寿命比值(τ_0/τ)分别为 0.95 和 0.96，比值约等于 1，说明与 DMP/MMP 作用前后，BSA 的平均寿命无明显变化，这再次证实 DMP/MMP 对 BSA 的荧光淬灭主要为静态淬灭，这一结果与 5.3.2 荧光淬灭机理研究的推论是一致的。

5.3.4 DMP/MMP 与 BSA 作用的结合常数和结合位点数

假设淬灭剂(Q)分子在蛋白质上有(n)个结合位点，则可以用结合常数(K_b)定量评价 DMP 与 BSA 及 MMP 的结合强度。结合常数 K_b 可以用双对数方程 log$[(F_0-F)/F]$=logK_b+$n$log$[Q]$(1.5)计算[31]。以 log$[(F_0-F)/F]$ 对 log$[Q]$ 作图。DMP−BSA 和 MMP−BSA 体系的双倒数曲线图如图 5.5 所示。由曲线的截距和斜率可以求得 DMP/MMP 与 BSA 之间的结合常数(K_b)和结合位点数(n)，见表 5.3。

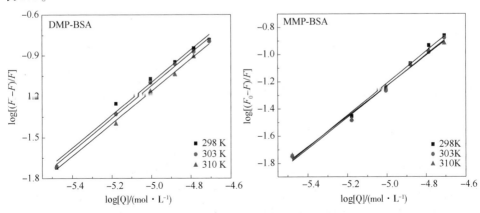

图 5.5 DMP/MMP 与 BSA 作用的 log$[(F_0-F)/F]$ 对 log$[Q]$ 曲线

表 5.3　DMP/MMP 与 BSA 作用的结合常数和结合位点数

参数	T/K	$K_{b}/(L \cdot mol^{-1})$	n	R
BSA-DMP	298	8.06×10^{4}	1.20	0.9861
	303	7.45×10^{4}	1.20	0.9963
	310	5.97×10^{4}	1.19	0.9963
BSA-MMP	298	4.75×10^{4}	1.18	0.9944
	303	3.37×10^{4}	1.15	0.9910
	310	2.31×10^{4}	1.12	0.9924

由图可见，得到的拟合曲线都呈良好的线性关系，相关系数均大于 0.98，说明实验采用的模型适用于研究 DMP/MMP 与 BSA 的结合。由表 5.3 可见，所有体系的 K_{b} 值均约为 10^{4} L · mol^{-1}，说明 DMP/MMP 与 BSA 具有中等的结合亲和力。DMP-BSA 体系的 K_{b} 值是 MMP-BSA 体系 K_{b} 值的 1.7 倍，说明 DMP 与 BSA 的结合亲和力强于 MMP 与 BSA 的结合亲和力。所有体系的结合位点数 n 均约为 1，说明 DMP/MMP 都与 BSA 存在着一个结合位点。

5.3.5　MMP 对 DMP 与 BSA 作用的影响

为了研究代谢物 MMP 对母体增塑剂 DMP 与 BSA 结合作用的影响，将不同浓度的 DMP 加入 MMP-BSA 复合物溶液中，实验测定了 MMP 存在时 DMP 与 BSA 的荧光光谱（见图 5.6），Stern-Volmer 曲线（见图 5.7），$\log[(F_{0}-F)/F]$ 对 $\log[Q]$ 曲线（见图 5.8）。

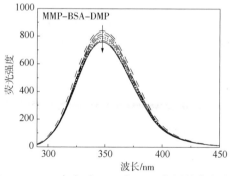

图 5.6　MMP 存在时 DMP 与 BSA 作用的荧光光谱

$C_{BSA} = C_{MMP} = 1 \times 10^{-5} mol \cdot L^{-1}$，$C_{DMP} = 0$，3.3，6.6，9.9，13.2，16.4，19.6（$\times 10^{-6} mol \cdot L^{-1}$）

DMP 对 BSA 的荧光淬灭效率 $F_{0}/F = 1.16$，当 MMP 的浓度为 $19.6 \times 10^{-6} mol \cdot L^{-1}$ 时，DMP 对 BSA 的荧光淬灭效率 $F_{0}/F = 1.11$，说明 MMP 减小了 DMP 对 BSA 的荧光淬灭程度。从 Stern-Volmer 曲线（见图 5.7）可以看出，在研究的浓度范围内，当 MMP 存在时，DMP 对 BSA 的荧光淬灭呈良好的线性关系。

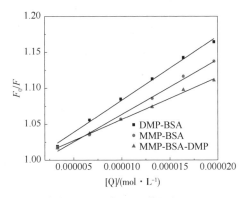

图 5.7 MMP 存在时 DMP 与 BSA 作用的 Stern-Volmer 曲线

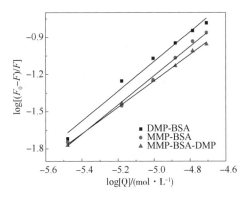

图 5.8 MMP 存在时 DMP 与 BSA 作用的 $\log[(F_0-F)/F]$ 对 $\log[Q]$ 曲线

298K 温度下，当 MMP 存在时，DMP 对 BSA 的 K_{sv} 为 $5.78\times10^3 L \cdot mol^{-1} \cdot s^{-1}$，与不存在 MMP 时相比，$K_{sv}$ 值下降 35.1%。MMP-BSA-DMP 体系的 k_q 值是 $5.87\times10^{11} L \cdot mol^{-1} \cdot s^{-1}$，仍大于最大扩散淬灭常数，说明 MMP 存在时，DMP 对 BSA 的荧光淬灭仍以静态淬灭为主。并且无论是否存在 MMP，DMP 与 BSA 作用的荧光发射光谱的最大发射波长的位置和形状未观察到明显变化，因此推断，MMP 代谢物会影响 DMP 与 BSA 的结合，但并没有改变 DMP 对 BSA 的荧光淬灭机制。

当 MMP 存在时，DMP 对 BSA 的结合常数为 $1.21\times10^4 L \cdot mol^{-1}$，即 MMP 的存在使 DMP 对 BSA 的亲和力约降低了 85.2%。

5.3.6 DMP/MMP 与 BSA 作用的热力学常数和作用力

配体小分子与 BSA 的作用力主要有疏水作用、静电力、范德华力和氢键[32]，根据大量的实验数据总结出判断小分子与蛋白质之间结合力的热力学规律[33]。利用 Van't Hoff 方程[34] $\ln K_b = -\dfrac{\Delta H}{RT} + \dfrac{\Delta S}{R}$(2.4)，以 $\ln K_b$ 对 $1/T$ 作图，由曲线的斜率和截距可求出配体小分子与蛋白质作用的热力学常数焓(ΔH)和熵(ΔS)，再根据热力学参数的符号和大小可以判断小分子与蛋白质作用的主要结合力类型。吉布斯自由能(ΔG)可用方程 $\Delta G = \Delta H - T \Delta S$(2.5)进行计算。DMP/MMP 与 BSA 相互作用的 Van't Hoff 曲线如图 5.9 所示，热力学常数见表 5.4。

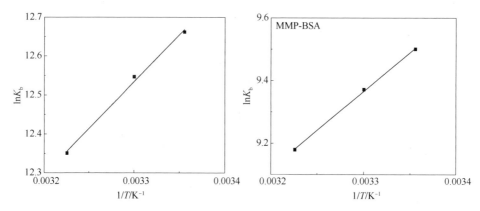

图 5.9　DMP/MMP 与 BSA 作用的 Van't Hoff 曲线

表 5.4　DMP/MMP 与 BSA 作用的热力学常数

参数	T/K	$\Delta H/(kJ \cdot mol^{-1})$	$\Delta S/(J \cdot mol^{-1} \cdot K^{-1})$	$\Delta G/(kJ \cdot mol^{-1})$
	298			−28.04
DMP−BSA	303	−19.53	28.56	−28.18
	310			−28.38
	298			−26.65
MMP−BSA	303	−45.99	−64.91	−26.32
	310			−25.87

　　从热力学观点看，在一定的温度和压力下，蛋白质与小分子之间的结合反应能否自发进行，取决于体系的 ΔG，ΔH 的减少或者 ΔS 的增加，都有利于结合反应的自发进行。本实验中两个体系的 ΔG 都是负值，说明 DMP/MMP 与 BSA 之间的反应是自发的过程。对于 DMP−BSA 体系，焓(ΔH)和熵(ΔS)分别为−19.53kJ · mol⁻¹和28.56J · mol⁻¹ · K⁻¹，负焓和正熵表明反应主要由熵驱动[35]。正熵通常被认为是疏水相互作用和静电力的证据，但负焓在本实验中可能要归因于氢键而不是静电力，因为静电力的 ΔH 很小，几乎为零[36]。因此推断，DMP 与 BSA 的相互作用主要是疏水作用和氢键。对于 MMP−BSA 体系，焓(ΔH)和熵(ΔS)分别为−49.55kJ · mol⁻¹和−64.91J · mol⁻¹ · K⁻¹，说明反应主要由焓驱动，MMP 与 BSA 的相互作用主要是范德华力和氢键。

5.3.7　DMP/MMP 与 BSA 作用的结合距离及 MMP 的影响

根据 Föster 的荧光供体-受体非辐射能量转移理论[37]，当供体(BSA)的荧光发射光谱与受体(DMP/MMP)的吸收光谱有足够的重叠时，说明 BSA 的 Trp 残基与 DMP/MMP 可能会发生相互作用，再根据 DMP/MMP 与 BSA 的作用距离，可推断 DMP/MMP 与 BSA 之间是否发生了非辐射能量转移。

BSA 的荧光发射光谱与 DMP/MMP 的紫外吸收光谱如图 5.10 所示。可以看出，BSA 的荧光发射光谱与 DMP/MMP 的吸收光谱具有足够的重叠。可以由公式 $J = \dfrac{\sum F(\lambda)\varepsilon(\lambda)\lambda^4\Delta\lambda}{\sum F(\lambda)\Delta\lambda}$ (2.8)计算 BSA 荧光发射光谱与 DMP/MMP 吸收光谱的光谱重叠积分 J；再由公式 $R_0^6 = 8.8\times10^{-25}k^2N^{-4}\Phi J$ (2.7)计算能量传递效率为 50% 时的临界距离 R_0；最后由公式 $E = 1-\dfrac{F}{F_0} = \dfrac{R_0^6}{(R_0^6+r^6)}$ (2.6)计算从 BSA 到 DMP/MMP 的能量转移效率(E)及 DMP/MMP 与 BSA 的 Trp 残基之间的距离 r。DMP/MMP 与 BSA 作用的 J、E、R_0 和 r 见表 5.5。

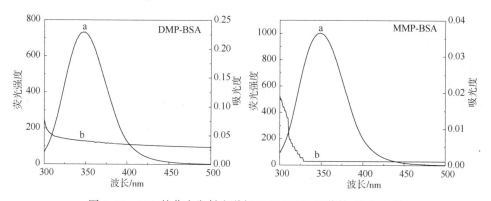

图 5.10　BSA 的荧光发射光谱与 DMP/MMP 的紫外-吸收光谱

a：BSA；b：DMP/MMP

$C_{BSA} = C_{DMP} = 1.0\times10^{-6}\,\text{mol}\cdot\text{L}^{-1}$

如表 5.5 所示，所有体系的结合距离 r 均小于 7nm，满足 Förster 非辐射能量转移的条件，即 DMP/MMP 与 BSA 之间发生非辐射能量转移的可能性很高。BSA 可以将能量传递给 DMP/MMP，也会使得 BSA 的荧光被淬灭，但由于 $r>R_0$，说明 DMP/MMP 对 BSA 的荧光淬灭主要是由静态淬灭引起的，而不是非辐射能量转移。MMP 存在时，DMP 与 BSA 的结合距离 r 影响不大，这可能是由于 DMP 与其代谢物 MMP 竞争结合 BSA 的原因[38]。

表 5.5　DMP-BSA、MMP-BSA 和 MMP-BSA-DMP 体系中的 J，E，R_0，r

参数	$J/(\mathrm{cm^3 \cdot L \cdot mol^{-1}})$	$E/\%$	R_0/nm	r/nm
DMP-BSA	6.41×10^{-15}	14.1	2.28	3.08
MMP-BSA	1.89×10^{-15}	12.1	1.86	2.59
MMP-BSA-DMP	6.40×10^{-15}	10.0	2.28	3.29

5.3.8　DMP/MMP 对 BSA 构象的影响

蛋白质构象的变化会影响其某些正常的生理功能和活性，因此研究 DMP/MMP 对蛋白质构象的影响对于解释塑化剂对生物体的毒性等具有重要的意义，是研究蛋白质与 EDCs 相互作用的一个重要方面[39-41]。

5.3.8.1　DMP/MMP 与 BSA 作用的紫外-可见吸收光谱

吸收光谱法是一种简单而有效的方法，被广泛应用于研究 BSA 的结构和构象变化以及蛋白质-小分子复合物的形成[42]。对于静态淬灭，基态复合物的形成会改变 BSA 的吸收光谱。而动态淬灭只影响 BSA 的激发态，不会引起 BSA 的吸收光谱变化[43]。

DMP/MMP、BSA 以及 DMP/MMP-BSA 的紫外-可见吸收光谱如图 5.11 所示。BSA 在 210nm 和 278nm 处有两个吸收峰，DMP 在 202nm 和 230nm 处分别有两个吸收峰，MMP 在紫外光区无明显吸收。DMP/MMP 与 BSA 作用后，吸收光谱的峰位置和峰强度都发生了变化，说明 DMP/MMP 与 BSA 之间生成了 BSA-DMP/DMP 复合物。这一结果又一次验证了 DMP/MMP 对 BSA 的荧光淬灭机理主要是通过静态淬灭。

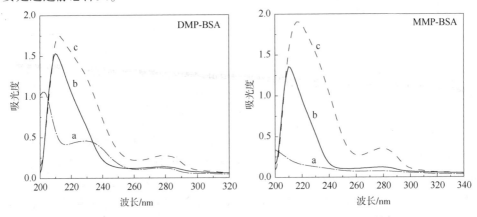

图 5.11　DMP、BSA 和 BSA-DMP 的紫外-可见吸收光谱

a：DMP，b：BSA，c：BSA-DMP

$$C_{\mathrm{BSA}} = C_{\mathrm{DMP}} = 1.0 \times 10^{-6}\,\mathrm{mol \cdot L^{-1}}$$

　　BSA 与不同浓度 DMP/MMP 作用的紫外–可见吸收光谱如图 5.12 所示。在210nm 处的强吸收峰主要是由于 C ═O 蛋白质骨架结构 π→π* 跃迁引起的，与BSA 多肽链主链的构象有关；而278nm 处的弱吸收峰主要是由于 n→π* 跃迁，可以反映芳香氨基酸周围微环境的极性变化[44-47]。由图 5.12 可见，随着 DMP 浓度的增加，BSA 在 210nm 处的吸光度增大且红移至 213nm，在 278nm 处的吸光度值增加但峰位置未观察到显著的变化。对于 MMP–BSA 体系，随着 MMP 浓度增加，BSA 在 210nm 处的吸光度增大且红移至 217nm，BSA 在 278nm 处的吸光度值增加但峰位置未观察到显著的变化。综上，由紫外光谱可知，DMP/MMP 会诱导 BSA 的二级结构发生变化[48]，但未能观测到 DMP/MMP 对 BSA 氨基酸残基周围微环境的影响。

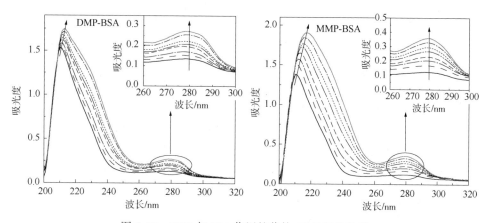

图 5.12　DMP 与 BSA 作用的紫外–可见吸收光谱

$C_{BSA} = 1.0 \times 10^{-6}$ mol · L^{-1}, $C_{DMP} = 0$, 3.3, 6.6, 9.9, 13.2, 16.4, 19.6, 22.8($\times 10^{-6}$ mol · L^{-1})

5.3.8.2　DMP/MMP 与 BSA 作用的同步荧光光谱

　　同步荧光光谱可以提供有关发色团周围微环境变化的信息。为了进一步观察DMP/MMP 对 BSA 周围微环境的影响，记录了 BSA 与不同浓度 DMP/MMP 作用的同步荧光光谱。当激发波长和发射波长的差值为 $\Delta\lambda = 15$nm 和 $\Delta\lambda = 60$nm 时，对应的荧光光谱分别提供了 Tyr 残基和 Trp 残基的光谱特征信息[49]。不同浓度的DMP 或 MMP 与 BSA 作用的同步荧光光谱如图 5.13 所示。

　　由图可见，随着 DMP/MMP 浓度的增加，同步荧光强度均降低且最大荧光发射波长移动。当 $\Delta\lambda = 15$nm 时，DMP 和 MMP 均使得 Tyr 残基的荧光强度下降且最大发射波长红移。DMP 使得 Tyr 残基的吸收峰从 304nm 红移至 307nm，MMP 使得 Tyr 残基的吸收峰从 304nm 红移至 308nm。$\Delta\lambda = 60$nm 时，DMP 和 MMP 也使得 Trp 残基的荧光强度降低且红移。DMP 使得 Trp 残基的吸收峰从 348nm 红移至 350nm，MMP 使得 Trp 残基的吸收峰从 348nm 红移至 349nm。这说明，DMP/

MMP 的存在使得 Try 残基和 Trp 残基的疏水性降低。其原因可能是 DMP/MMP 与 BSA 的结合，导致两种残基周围的疏水性氨基酸结构都有轻微的坍塌，使得 Try 残基和 Trp 残基更容易暴露在水相中[50]。综上，由同步荧光光谱可知，DMP/MMP 诱导 BSA 氨基酸周围的微环境变化[51]。

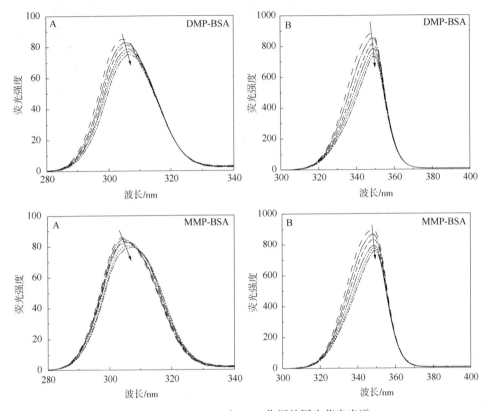

图 5.13　DMP/MMP 与 BSA 作用的同步荧光光谱

A：$\Delta\lambda = 15nm$；B：$\Delta\lambda = 60nm$

$C_{BSA} = 1.0 \times 10^{-5} mol \cdot L^{-1}$，$C_{DMP/MM} = 0$, 3.3, 6.6, 9.9, 13.2, 16.4($\times 10^{-6} mol \cdot L^{-1}$)

5.3.8.3　DMP/MMP 与 BSA 作用的三维荧光光谱

三维荧光光谱也是研究蛋白质构象变化特征的有效方法之一[52]。三维荧光光谱描述荧光强度同时随激发波长、发射波长以及荧光强度变化的关系[53]。为进一步讨论 DMP/MMP 对 BSA 构象的影响，记录了 DMP/MMP 与 BSA 作用的三维荧光光谱，如图 5.14 和图 5.15 所示，相应的荧光特征参数列于表 5.6 中。

峰 a 是瑞利散射峰($\lambda_{ex} = \lambda_{em}$)，它揭示了入射光的散射。峰 a 的荧光强度随着 DMP/MMP 浓度的增加而增加，其原因可能是 DMP/MMP–BSA 复合物的形成增大了分子直径[54]。峰 1($\lambda_{ex}/\lambda_{em} = 280/340nm$)主要提供了 Trp 残基和 Tyr 残基的荧光光谱特性，峰 2($\lambda_{ex}/\lambda_{em}=240/340\text{nm}$) 主要表现为多肽链骨架的荧光光谱特性。峰 1 和峰 2 的强度均随着 DMP/MMP 的加入而降低，但未观察到峰位置有显著的变化，说明从 3D 光谱上可以观测到 DMP/MMP 淬灭了 BSA 的荧光强度，但不能看出对 BSA 微环境的影响。

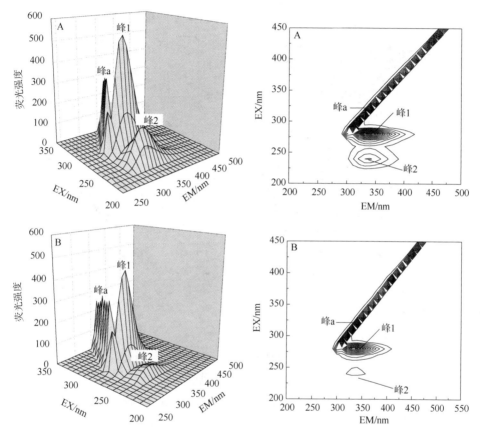

图 5.14 DMP 与 BSA 作用的 3D 光谱和等高线

A：BSA；B：BSA-DMP

5.3.8.4 DMP/MMP 与 BSA 作用的圆二色光谱

圆二色(CD)光谱是研究蛋白质二级结构变化的有效方法[55]。CD 光谱显示 BSA 在 208nm 和 220nm 处有两个较强的负吸收峰，主要归因于肽键的 $\pi\rightarrow\pi^*$ 和 $n\rightarrow\pi^*$ 跃迁，是 BSA 二级结构的典型特征[56]。DMP/MMP 作用下 BSA 的 CD 光谱如图 5.16 所示。在 DMP/MMP 存在下，BSA 在 208nm 和 220nm 处的吸收峰有较为明显的变化，这说明 DMP/MMP 与 BSA 的结合减少了 BSA 的 α-螺旋含量[57]。

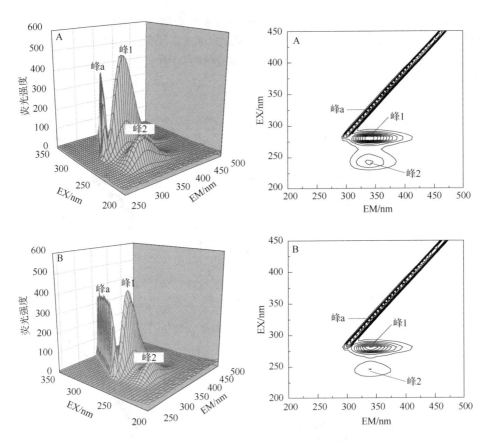

图 5.15　MMP 与 BSA 作用的 3D 光谱及等高线图

A：BSA；B：BSA-MMP

表 5.6　BSA 和 BSA-DMP/MMP 体系的三维荧光特征参数

体质	峰 1 ($\lambda_{ex}/\lambda_{em}$)	$\Delta\lambda$	强度	峰 2 ($\lambda_{ex}/\lambda_{em}$)	$\Delta\lambda$	强度
BSA	280/340	60	542.5	240/340	100	165.3
BSA-DMP	280/340	60	451.1	240/340	100	50.96
BSA	280/340	60	491.7	240/340	100	149.4
BSA-MMP	280/340	60	420.7	240/340	100	93.18

α-螺旋含量由 208nm 处的平均剩余椭圆度（MRE）计算，公式[58]为 α-Helix（%）= $\dfrac{-\text{MRE}_{208}-4000}{33000-4000}\times100$（3.1），$\text{MRE}=\dfrac{\text{ObservedCD}(\text{mdeg})}{10C_{\text{p}}nl}$（3.1）。式中，$C_{\text{p}}$ 为 BSA 的摩尔浓度（mol·dm³），n 为氨基酸残基数（BSA 为 583），l 为样品池光径长度（cm）。

186

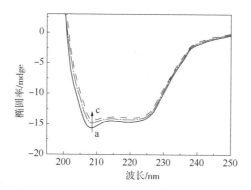

图 5.16　DMP/MMP 与 BSA 作用的 CD 光谱

a：BSA；b：DMP-BSA；c：MMP-BSA

$C_{BSA} = 1.5 \times 10^{-5} \, mol \cdot L^{-1}$，$C_{DMP} = C_{MMP} = 1.5 \times 10^{-5} \, mol \cdot L^{-1}$

实验结果表明，DMP/MMP 使 BSA 的 α-螺旋含量从 48.0% 分别下降至 42.6% 和 44.8%。这表明 DMP 和 MMP 导致 BSA 的二级结构发生变化。此结果与 4.3.7.1 紫外-可见吸收光谱的实验结果是一致的。

5.3.8.5　DMP/MMP 与 BSA 作用的红外光谱

红外光谱法也是研究蛋白质二级结构变化的有效手段之一。红外光谱图可以显示出 BSA 结构中代表着不同的肽链振动的九种酰胺带，其中应用最为广泛的是与蛋白质的二级结构有关的两种典型谱带，分别为酰胺 Ⅰ 带（1600~1700cm^{-1}）和酰胺 Ⅱ 带（1500~1600cm^{-1}），即主要由蛋白质中氨基酸残基 C═O 的伸缩振动吸收引起的酰胺 Ⅰ 带，以及主要由 C—N 的伸缩振动和 N—H 的变形振动引起的酰胺 Ⅱ 带[59]。其中酰胺 Ⅰ 带是 α-螺旋、β-折叠、β-转角、无规则卷曲等不同二级结构振动峰的加合带，因此相比于酰胺 Ⅱ 带，酰胺 Ⅰ 带对 BSA 的二级结构变化更敏感[60]。DMP/MMP 与 BSA 作用前后的红外光谱差谱图如图 5.17 所示。

对于 DMP-BSA 体系，DMP 与 BSA 的相互作用使得 BSA 的酰胺 Ⅰ 带由 1648cm^{-1} 移动至 1654cm^{-1}，酰胺 Ⅱ 带由 1545cm^{-1} 移动至 1547cm^{-1}。对于 MMP-BSA 体系，MMP 与 BSA 的相互作用使 BSA 的酰胺 Ⅰ 带由 1648cm^{-1} 移动到 1652cm^{-1}，而酰胺 Ⅱ 1545cm^{-1} 未发生明显变化。以上实验结果说明，DMP 和 MMP 都会诱导 BSA 的二级结构发生变化，其原因可能是 DMP/MMP 与蛋白质中的 C═O 和 C—N 或者 N—H 基团发生了相互作用，进而形成了 DMP/MMP-BSA 的复合物。

采用二阶导数、傅里叶去卷积，分峰拟合、积分等方法处理酰胺 Ⅰ 带数据，进一步对 BSA 二级结构中各组分含量进行定量分析，以获得更多的 DMP/MMP 对 BSA 二级结构影响的详细信息。一般认为酰胺 Ⅰ 带中，1692~1680cm^{-1} 为反平行 β-折叠（anti parallel β-sheet），1680~1660cm^{-1} 为 β-转角（β-turn），1660~

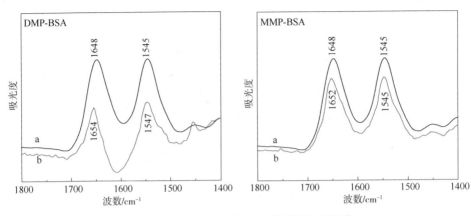

图 5.17　DMP/MMP 与 BSA 作用的红外光谱

a：BSA；b：BSA-DMP/MMP

1649cm^{-1}为 α-螺旋（α-helix），1638~1648cm^{-1}为无规则卷曲（random coil），1615~1637cm^{-1}为 β-折叠（β-sheet）。

　　将酰胺 I 带通过曲线拟合分解为 BSA 二级结构的不同多个子峰，DMP 与 BSA 作用的红外光谱见图 5.18，根据各组分积分面积计算 BSA 各二级结构含量。BSA 的反平行 β-折叠的含量为 8.6%，β-转角的含量为 18.2%，α-螺旋的含量为 51.4%，无规则卷曲的含量为 17.6%，β-折叠的含量为 4.3%。随着 DMP 的加入，BSA 的反平行 β-折叠的含量变为 10.9%，β-转角的含量变为 16.2%，α-螺旋的含量变为 48.1%，无规则卷曲的含量变为 20.0%，β-折叠的含量变为 4.9%。结果进一步证明 DMP 诱导 BSA 二级发生变化，这一结果与5.3.8.4CD光谱实验结果是一致的。

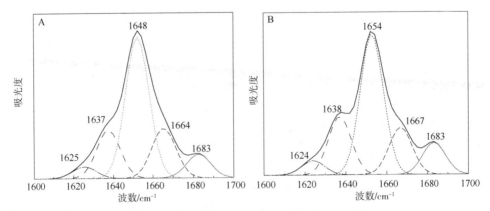

图 5.18　DMP 与 BSA 作用的酰胺 I 带傅里叶变换红外曲线拟合图

A：BSA；B：BSA-DMP

MMP 与 BSA 作用的红外光谱见图 5.19，根据各组分积分面积计算 BSA 各二级结构含量。BSA 的反平行 β-折叠的含量为 10.1%，β-转角的含量为 20.4%，α-螺旋的含量为 52.9%，无规则卷曲的含量为 12.0%，β-折叠的含量为 4.7%。随着 MMP 的加入，BSA 的反平行 β-折叠的含量变为 11.5%，β-转角的含量变为 19.3%，α-螺旋的含量变为 46.5%，无规则卷曲的含量变为 13.7%，β-折叠的含量变为 9.0%。结果进一步证明 MMP 诱导 BSA 二级结构发生变化，这一结果与 CD 实验结果是一致的。

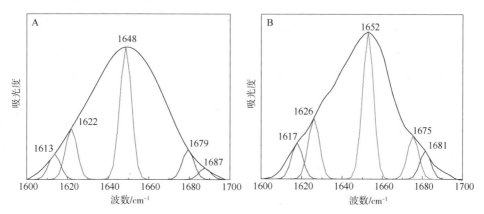

图 5.19　MMP 与 BSA 作用的酰胺 I 带傅里叶变换红外曲线拟合图
A：BSA；B：BSA-MMP

5.3.8.6　DMP/MMP 与 BSA 作用的 ANS 荧光光谱

8-苯胺-1-萘磺酸（ANS）是一种疏水性荧光染料，可用作标记物以测定蛋白质表面的疏水性。ANS 是一种常用的外源性荧光探针，它本身在水溶液中基本不发荧光，荧光非常微弱，量子产率低，但它对疏水环境非常敏感，一旦与蛋白质表面的疏水区域结合后，其量子产率显著增加。因此可以通过与 DMP/MMP 作用前后，BSA-ANS 体系荧光强度的变化判断 BSA 表面疏水性的变化[61]，进而推断 DMP/MMP 对 BSA 构象的影响等。与不同浓度的 DMP/MMP 作用前后，BSA-ANS 复合物体系的荧光光谱如图 5.20 所示。

从图中可以看出，DMP/MMP 以及 ANS-DMP/MMP 体系的荧光强度均较弱，但 ANS 与 BSA 相互作用后荧光强度明显增强；说明 ANS 与 BSA 表面的疏水区域结合。随着 DMP/MMP 浓度的增加，ANS-BSA 体系的荧光强度逐渐降低，其原因可能是 DMP/MMP 与 ANS 竞争结合 BSA 表面的疏水结合位点[62]，即 ANS 分子在 BSA 的结合位点被 DMP/MMP 所取代[63]。因此导致 BSA-ANS 荧光强度减小，这说明 DMP/MMP 减少了 BSA 的表面疏水性，导致 ANS 荧光强度淬灭。

在 BSA-DMP/MMP 体系中，逐次滴加 ANS，测定荧光强度的变化，根据

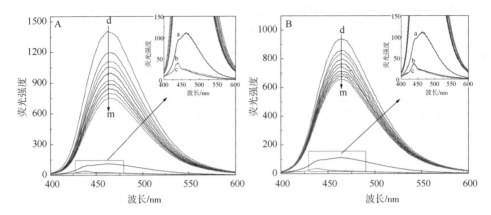

图 5.20　与 DMP 作用的 BSA-ANS 荧光光谱

a：BSA；b：DMP-ANS；c：ANS；(d-m)：BSA-DMP-ANS

(d-m)：$C_{BSA} = 1.0 \times 10^{-6} \text{mol} \cdot \text{L}^{-1}$，$C_{DMP} = 0$，3.3，6.6，9.9，13.2，16.4，19.6，22.8，26.0，29.1($\times 10^{-6} \text{mol} \cdot \text{L}^{-1}$)

Scatchard 方程 $\dfrac{F}{c[ANS]_{free}} = -\dfrac{F}{K_d^{app}} + \dfrac{F_{max}}{K_d^{app}}$(4.4)，以 $\dfrac{F}{c[ANS]_{free}}$ 对 F 荧光强度作图，由曲线的斜率和截距可以分别得到 BSA-ANS 复合物的表观离解常数(K_d^{app})以及在 ANS 饱和浓度下的最大荧光强度(F_{max})的值。由方程 $PSH = \dfrac{F_{max}}{[BSA]K_d^{app}}$(4.5)计算蛋白质表面疏水性指数(PSH)。

图 5.21 为与 DMP/MMP 作用前后，BSA-ANS 体系的荧光强度的变化。由图可见，体系荧光呈现典型的双曲线响应，说明 BSA 与 ANS 之间的结合达到了饱和。并且比较不存在和存在 DMP/MMP 时，BSA-ANS 荧光的双曲响应不同，说明 DMP/MMP 的存在对 BSA 表面的疏水性产生了影响。

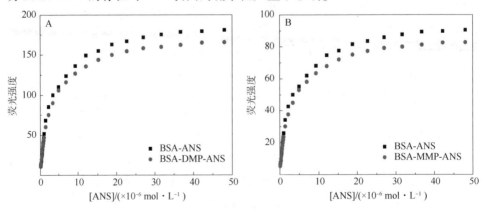

图 5.21　DMP/MMP 对 BSA-ANS 体系荧光强度的影响

A：BSA-DMP 体系；B：BSA-MMP 体系

图 5.22 为与 DMP/MMP 作用前后，BSA-ANS 体系的 Scatchard 曲线，由 Scatchard 曲线的斜率和截距可以分别得到 K_d^{app} 和 F_{max} 的值（见表 5.7）。由表可见，对于 BSA-DMP 体系，在 DMP 作用下，BSA-ANS 复合物的表观离解常数 K_d^{app} 值减小，$1/K_d^{app}$ 可以表示 BSA 与 ANS 的结合亲和力，因此说明 DMP 使得 BSA-ANS 复合物的结合更加紧密。DMP 使得 BSA 的 PSH 增加，说明 DMP 与 BSA 的结合导致 BSA 的表面疏水性增加。在 MMP 作用下，BSA-ANS 复合物的表观离解常数 K_d^{app} 值增加，说明 MMP 使得 BSA-ANS 复合物的结合更疏松。MMP 使得 BSA 的 PSH 减小，说明 MMP 与 BSA 的结合导致 BSA 的表面疏水性减小。综上，DMP/MMP 均可以影响 BSA 表面疏水性发生变化。

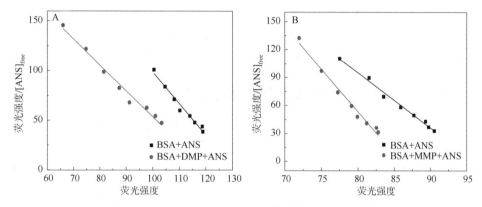

图 5.22 DMP/MMP-BSA-ANS 体系的 Scatchard 曲线

A：BSA-DMP 体系；B：BSA-MMP 体系

表 5.7 BSA-DMP/MMP 作用的表面疏水性参数

参数	$K_d^{app}/(\text{mol} \cdot \text{L}^{-1})$	F_{max}	PSH	R^2
BSA	1.7×10^{-7}	96.11	8340	0.9716
BSA-DMP	1.1×10^{-7}	65.83	11534	0.9802
BSA	3.2×10^{-7}	131.17	6105	0.9889
BSA-MMP	3.8×10^{-7}	120.70	4755	09805

5.3.8.7 DMP/MMP 与 BSA 作用的共振散射光谱

当散射粒子同入射光的频率相接近时产生的弹性散射光称为共振光散射。对于一个球形状的粒子，其吸收和散射光的大小与周围介质尺寸的形状、大小和相对折射率[64]等有关，因此可以利用共振散射光谱（Resonance Light Scattering，RLS）研究 BSA 与配体小分子的形成。DMP/MMP 与 BSA 相互作用的共振散射光谱如图 5.23 所示。BSA 的共振散射信号较弱，但随着 DMP/MMP 浓度的增大，体系的共振散射强度显著增强，其原因可能是 DMP/MMP 在 BSA 上堆积，即 DMP/MMP 与 BSA 的结合使得溶液中粒子体积增大，因而产生较强的共振光散射增强信号[65]。

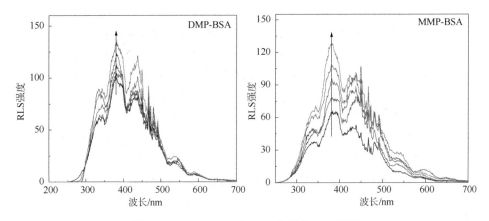

图 5.23　DMP/MMP 与 BSA 作用的 RLS 光谱

$C_{BSA} = 1.0 \times 10^{-6} \text{mol} \cdot \text{L}^{-1}$，$C_{DMP/MMP} = 0$，2.0，3.8，5.7，7.4$(\times 10^{-6} \text{mol} \cdot \text{L}^{-1})$

5.3.9　DMP/MMP 与 BSA 作用的结合位点

在确定药物与蛋白质的结合区域时，可加入某些荧光位点探针，通过荧光位点探针对小分子与蛋白质不同区域也有着特异性结合，判断小分子在蛋白质分子上的结合区域[67]。例如华法林、布洛芬等荧光位点探针，与血清白蛋白在特定结合位置具有较强的结合作用[68]。在探针-BSA 体系中加入药物后，通过 BSA 的荧光淬灭程度判断药物对 BSA 的特异性结合位点。

BSA 中结合位点的主要区域位于 ⅡA 和 ⅢA 亚域中的两个疏水性空腔中，分别定义为 Site Ⅰ 和 Site Ⅱ。配体分子通常与 BSA 结合，如 Site Ⅰ 为华法林、Site Ⅱ 为布洛芬[69]。为了研究 MMP/DMP 与 BSA 的结合方式，采用华法林和布洛芬进行了位点标记竞争实验。利用 Stern-Volmer 方程计算了 DMP-BSA 和 MMP-BSA 体系在位点标记物存在下的结合常数(K_b)，结果如表 5.8 所示。可以看出，在华法林存在的情况下，DMP/MMP 与 BSA 的结合常数明显降低，但布洛芬的加入，与没有位点标记物的情况相比，没有显著影响。这些结果表明，DMP 和 MMP 均与华法林在 BSA 中的同一位点结合，即华法林与 DMP/MMP 竞争结合 BSA。这也说明 DMP/MMP 的结合位点可能主要位于 BSA 亚域 ⅡA 的 Site Ⅰ。

表 5.8　BSA-DMP 和 BSA-MMP 与布洛芬/华法林作用的结合常数和结合位点数

体系参数	$K_b/(\text{L} \cdot \text{mol}^{-1})$	n	R
BSA-DMP	8.06×10^4	1.20	0.9826
布洛芬-BSA-DMP	5.91×10^4	1.18	0.9953
华法林-BSA-DMP	1.77×10^3	0.63	0.9865
BSA-MMP	4.74×10^4	1.18	0.9780

体系参数	$K_b/(\text{L} \cdot \text{mol}^{-1})$	n	R
布洛芬-BSA-MMP	7.57×10^3	0.94	0.9965
华法林-BSA-MMP	1.58×10^3	0.62	0.9943

5.3.10　DMP/MMP 与 BSA 作用的分子对接

为了进一步阐明 DMP/MMP 与 BSA 作用的结合位点，利用 Autodock 模拟了 DMP/MMP 与 BSA 的相互作用过程。许多文献都证明了大部分的有机小分子与 BSA 的结合主要位于ⅡA 和ⅢA 亚域，分别称为 Site Ⅰ和 Site Ⅱ[70]。由 5.3.9 位点竞争实验结果可知，Site Ⅰ是 DMP/MMP 与 BSA 的结合区域，如图 5.24(a)所示。

DMP 与 BSA 结合模式的最佳构象如图 5.24(b)所示。分子对接结果表明 DMP 可以进入氨基酸残基形成的 Site Ⅰ的结合腔。DMP 与 ARG256 残基形成氢键，疏水性氨基酸残基如 Ala290、His241、Tyr149、Ile289、Leu259、Ala260、Leu237 等通过疏水作用参与了 DMP 与 BSA 的结合。结合分子对接信息和 5.3.6 热力学参数的结果可以得出，DMP 与 BSA 结合的主要作用力是疏水作用，同时存在氢键。

MMP 与 BSA 结合模式的最佳构象如图 5.24(c)所示。分子对接结果表明 MMP 可以进入氨基酸残基形成的 Site Ⅰ的结合口袋，MMP 与 Arg217 残基形成氢键，疏水性氨基酸残基如 Ala290 和 Leu237 等通过疏水作用参与了 MMP 与 BSA 的结合，与 Arg198 之间存在静电力。与 DMP 相比，MMP 和 BSA 之间虽然也存在氢键和疏水作用，但疏水作用明显减小。结合 5.3.6 热力学参数的结果可以得出，MMP 与 BSA 结合的主要作用力是范德华力和氢键。

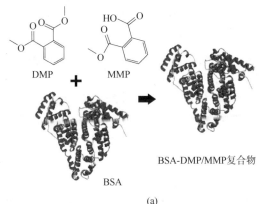

(a)

图 5.24　(a)DMP/MMP 进入 BSA 的疏水性空腔；(b)DMP 与 BSA 结合模式的最佳构象；(c)MMP 与 BSA 结合模式的最佳构象

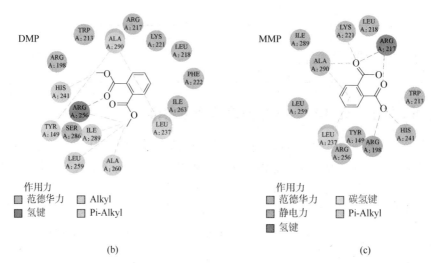

图 5.24 （a）DMP/MMP 进入 BSA 的疏水性空腔；（b）DMP 与 BSA 结合模式的最佳构象；
（c）MMP 与 BSA 结合模式的最佳构象（续）

5.4 三元体系相互作用总结

DMP 与 MMP 混合条件下与 BSA 作用的荧光淬灭常数（k_q）、结合常数（K_b）、结合位点数（n）、重叠积分（J）、临界距离（R_0）、能量转移效率（E）以及作用距离（r）等数据总结列于表 5.9 中。由表可见，在三元体系中，k_q、K_b 以及 n 值均减小，说明由于代谢产物 MMP 会与母体 DMP 竞争结合 BSA，这种竞争关系的存在会削弱 DMP 或 MMP 单独与 BSA 作用的强度。然而，虽然 DMP 或 MMP 与 BSA 的结合作用强度都稍微被削弱了一些，但 DMP/MMP 对 BSA 的结合机制以及结合位点均未发生显著变化。

表 5.9 298K 下 DMP/MMP 与 BSA 相互作用的常数

体系参数	k_q/ (L·mol^{-1}·s^{-1})	K_b/ (L·mol^{-1})	n	J/ (cm^3·L·mol^{-1})	R_0/ nm	E/ %	r/ nm	结合 位点
BSA-DMP	8.90×10^{11}	8.06×10^{4}	1.20	6.41×10^{-15}	14.1	2.28	3.08	Site I
BSA-MMP	7.64×10^{11}	4.75×10^{4}	1.18	1.89×10^{-15}	12.1	1.86	2.59	Site I
MMP-BSA-DMP	5.87×10^{11}	1.21×10^{4}	1.07	6.40×10^{-15}	10.0	2.28	3.29	—

（1）在三元作用体系中，DMP 及 MMP 对 BSA 的作用仍然存在，即作用机制没有发生显著的变化，竞争只不过是削弱了彼此之间的作用强度。

（2）在多元作用体系中，BSA 构象会发生变化，其原因是为了更加适应与多个配体的共同作用。

（3）代谢产物能够影响母体与蛋白质的作用，因此在研究 EDCs 与蛋白质作用的过程中不能忽视代谢产物的影响。

由上述实验数据结果以及结论可以推断：

（1）本章关于 DMP 与 MMP 这种在三元体系存在着竞争结合关系的情况，可扩展为如果多种结构相似的 EDCs 同时与 BSA 共同作用也可能会存在着此种共同结合。

（2）BSA 为了更加适应与多个结构相似 EDCs 的共同作用而改变其自身的构象，则可能多个结构相似 EDCs 共存时对蛋白质的分子毒性更大。

（3）三元体系中竞争关系的存在可能会影响 EDCs 的代谢。因为代谢产物要与母体竞争结合蛋白质，即代谢产物会影响母体与蛋白质的作用，也会间接影响母体 EDCs 的代谢。

5.5　本章小结

本章研究了塑化剂 DMP 及其代谢产物 MMP 与 BSA 的共同作用机制。

（1）当母体 DMP 及其代谢产物 MMP 分别与 BSA 作用时，DMP 和 MMP 对 BSA 内源荧光的淬灭都是静态淬灭过程，即 DMP 或 MMP 均可以通过中等强度的作用力与 BSA 形成稳定的 1∶1 复合物。DMP 对 BSA 的淬灭程度和结合能力均强于 MMP 对 BSA 的作用。

（2）当母体 DMP 及其代谢产物 MMP 共同与 BSA 作用时，MMP 会影响 DMP 与 BSA 的结合。从结合距离来看，MMP 的存在对 DMP 与 BSA 的结合距离没有明显影响，再结合位点标记竞争实验和分子对接结果可知，DMP 和 MMP 都结合在 BSA 的同一个结合位点（BSA 的亚结构域ⅡA 的 Site Ⅰ），说明 DMP 与 MMP 竞争结合 BSA，因此导致 DMP 与 BSA 的结合力下降。

（3）竞争关系的存在降低了母体 DMP 与 BSA 作用的荧光淬灭常数和结合常数，但不会改变 DMP 对 BSA 的作用机制和作用位点，这说明在共同作用中的竞争只是削弱了母体或代谢产物单独与蛋白质作用的强度，并且使得蛋白质的构象发生更大程度的变化。

参　考　文　献

[1] 张桢. 聚氯乙烯薄膜中环境激素—邻苯二甲酸酯的定量分析[J]. 环境化学, 2017, 36 (8): 1886-1887.

[2] Barr D. B., Silva M. J., Kato K., et al. Assessing human exposure to phthalates using monoesters and their oxidized metabolites as biomarkers[J]. Environ. Health Persp., 2003, 111(9):

1148-1151.

[3] Harris C. A., Henttu P., Parker M. G., et al. The estrogenic activity of phthalate esters in vitro[J]. Environ. Health Persp., 1997, 105(8): 802-811.

[4] Da L., Ming G., Pingfeng B., et al. Studies on the interaction of phthalate esters with bovine serum albumin by capillary electrophoresis[J]. Environ. Chem., 2017, 36(3): 496-507.

[5] Jarošová A. Phthalic acid esters(PAEs) in the food chain[J]. Czech J. Food Sci., 2006, 24 (5): 223-231.

[6] Foster P. M., Mylchreest E., Gaido K. W., et al. Effects of phthalate esters on the developing reproductive tract of male rats[J]. Hum. Reprod. Update, 2001, 7(3): 231-235.

[7] Lovekamp-swam T., Davis B. J. Mechanisms of phthalate esters toxicity in the female reproductive system[J]. Environ. Health Persp., 2003, 111: 139-145.

[8] 潘晓雪, 秦延文, 马迎群, 等. "引江济太"过程中塑化剂类污染物的输入特征和环境健康风险评价[J]. 环境科学学报, 2015, 35(12): 4128-4135.

[9] 贺涛, 白小舰, 陈隽, 等. 饮用水源地塑化剂类污染物环境健康风险评估[J]. 中国环境科学, 2013, 33(S1): 26-31.

[10] 胡习邦, 王俊能, 许振成, 等. 应用物种敏感性分布评估 DEHP 对区域水生生态风险 [J]. 生态环境学报, 2012, 21(6): 1082-1087.

[11] Yi H., Gu H., Zhou T., et al. A pilot study on association between phthalate exposure and missed miscarriage[J]. Eur. Rev. Med. Pharmaco., 2016, 20(9): 1894-1902.

[12] Pawar S. K., Naik R. S., Seetharamappa J., et al. Exploring the binding of two potent anticancer drugs bosutinib and imatinib mesylate with bovine serum albumin: spectroscopic and molecular dynamic simulation studies[J]. Anal. Bioanal. Chem., 2017, 409(27): 6325-6335.

[13] Bijari N., Moradi S., Ghobadi S., et al. Elucidating the interaction of letrozole with human serum albumin by combination of spectroscopic and molecular modeling techniques[J]. Res. Pharm. Sci., 2018, 13(4): 304-315.

[14] Zhang H., Liu E. Binding behavior of DEHP to albumin: spectroscopic investigation[J]. J. Incl. Phenom. Macro., 2012, 74(1-4): 231-238.

[15] Wang Y., Zhang G. Spectroscopic and molecular simulation studies on the interaction of di-(2-ethylhexyl) phthalate and human serum albumin[J]. Luminescence, 2015, 30(2): 198-206.

[16] Li G., Luo Z., Ma X., et al. A dibutyl phthalate sensor based on a nanofiber polyaniline coated quartz crystal monitor[J]. Sensors, 2013, 13(3): 3765-3775.

[17] Yue Y., Liu J., Liu R., et al. The binding affinity of phthalate plasticizersprotein revealed by spectroscopic techniques and molecular modeling[J]. Food Chem. Toxicol., 2014, 71: 244-253.

[18] Lin S., Ku H., Su P., et al. Phthalate exposure in pregnant women and their children in central Taiwan[J]. Chemosphere, 2011, 82: 947-955.

[19] Bourassa P., Dubeau S., Maharvi G. M., et al. Locating the binding sites of anticancer tamoxifen and its metabolites 4-hydroxytamoxifen and endoxifen on bovine serum albumin[J]. Eur. J.

Med. Chem., 2011, 46(9): 4344-4353.

[20] Zhang J., Chen L., Liu D., et al. Interactions of pyrene and/or 1-hydroxypyrene with bovine serum albumin based on EEM-PARAFAC combined with molecular docking[J]. Talanta, 2018, 186: 497-505.

[21] Bang D. Y., Lee I. K., Lee B., et al. Toxicological characterization of phthalic acid[J]. Toxicol. Res., 2011, 27(4): 191-203.

[22] 张颖, 钟莉, 杜静, 等. 多酚与蛋白质相互作用的荧光内滤效应校正方法的选择[J]. 光谱学与光谱分析, 2014, 34(1): 116-121.

[23] Sharma V., Yañez O., Zúñiga C., et al. Protein-surfactant interactions: A multitechnique approach on the effect of Co-solvents over bovine serum albumin(BSA)-cetyl pyridinium chloride (CPC) system[J]. Chem. Phys. Lett., 2020: 747.

[24] Chen H., Zhu C., Chen F., et al. Profiling the interaction of Al(Ⅲ)-GFLX complex, a potential pollution risk, with bovine serum albumin[J]. Food Chem. Toxicol, 2020: 111058.

[25] Liu Y., Liu R., Mou Y., et al. Spectroscopic identification of interactions of formaldehyde with bovine serum albumin[J]. J. Biochem. Mol. Toxic., 2011, 25(2): 95-100.

[26] Chen H., Wang Q., Cai Y. et al. Investigation of the interaction mechanism of perfluoroalkyl carboxylic acids with human serum albumin by spectroscopic methods[J]. Int. J. Environ. Res. Public Health 2020, 17: 1319.

[27] Wang X., Xing Y., Su J. et al. Synthesis of two new naphthalene-containing compounds and their bindings to human serum albumin[J]. J. Biomol. Struct. Dyn., 2020: 1764867.

[28] Ossowicz P., Kardaleva P., Guncheva M., et al. Ketoprofen-based ionic liquids: synthesis and interactions with bovine serum albumin[J]. Molecules, 2020, 25: 90.

[29] Barakat C., Patra D. Combining time-resolved fluorescence with synchronous fluorescence spectroscopy to study bovine serum albumin-curcumin complex during unfolding and refolding processes[J]. Luminescence, 2013, 28(2): 149-155.

[30] Yadav P., Sharma B., Sharma C., et al. Interaction between the antimalarial drug dispiro-tetraoxanes and human serum albumin: a combined study with spectroscopic methods and gomputational studies[J]. ACS Omega, 2020, in press.

[31] Taghipour P., Zakariazadeh M., Sharifi M., et al. Bovine serum albumin binding study to erlotinib using surface plasmon resonance and molecular docking methods[J]. J. Photochem. Photobiol. B., 2018, 183: 11-15.

[32] Pawar S. K., Naik R. S., Seetharamappa J., et al. Exploring the binding of two potent anticancer drugs bosutinib and imatinib mesylate with bovine serum albumin: spectroscopic and molecular dynamic simulation studies[J]. Anal. Bioanal. Chem., 2017, 409(27): 6325-6335.

[33] Abdelhameed A. S., Alanazi A. M., Bakheit A. H, et al. Fluorescence spectroscopic and molecular docking studies of the binding interaction between the new anaplastic lymphoma kinase inhibitor crizotinib and bovine serum albumin[J]. Spectrochim Acta A., 2017, 171: 174-182.

[34] Shiri F., Rahiminasrabadi M., Ahmadi F., et al. Multispectroscopic and molecular modeling studies on the interaction of copper-ibuprofenate complex with bovine serum albumin(BSA)[J]. Spectrochim. Acta A: Mol. Biomol. Spectrosc., 2018, 203: 510-521.

[35] Shahabadi N., Fili S. M. Molecular modeling and multispectroscopic studies of the interaction of mesalamine with bovine serum albumin[J]. Spectrochim. Acta A: Mol. Biomol. Spectrosc., 2014, 118: 422-429.

[36] Chunmei D., Cunwei J., Huixiang L., et al. Study of the interaction between mercury(II) and bovine serum albumin by spectroscopic methods[J]. Environ. Toxicol. Pharmacol., 2014, 37(2), 870-877.

[37] Shahabadi N., Hadidi S. Mechanistic and conformational studies on the interaction of a platinum (II) complex containing an antiepileptic drug, levetiracetam, with bovine serum albumin by optical spectroscopic techniques in aqueous solution[J]. Appl. Biochem. Biotechnol., 2015, 175(4): 1843-1857.

[38] Zhuang W., Li L., Lin G., et al. Ilaprazole metabolites, ilaprazole sulfone and ilaprazole sulfide decreased the affinity of ilaprazole to bovine serum albumin[J]. J. Lumin., 2012, 132 (2): 350-356.

[39] Zhao X., Hao F., Lu D., et al. Influence of the surface functional group density on the carbon-nanotube-induced α-chymotrypsin structure and activity alterations[J]. ACS Appl. Mater. Interfaces, 2015, 7(33): 18880-18890.

[40] Xu C., Zhao X., Wang L., et al. Protein conjugation with gold nanoparticles: spectroscopic and thermodynamic analysis on the conformational and activity of serum albumin[J]. J. Nanosci. Nanotechno., 2018, 18: 7818-7823.

[41] Zhao X., Lu D., Liu S. Q., et al. Hematological effects of gold nanorods on erythrocytes: hemolysis and hemoglobin conformational and functional changes[J]. Adv. Sci, 2017, 4(12): 1700296-1700306.

[42] Bolel P., Mahapatra N., Halder M., et al. Optical spectroscopic exploration of Binding of cochineal red A with two homologous serum albumins[J]. J. Agric. Food Chem, 2012, 60 (14): 3727-3734.

[43] Manouchehri F., Izadmanesh Y., Aghaee E., et al. Experimental, computational and chemometrics studies of BSA-vitamin B6 interaction by UV-Vis, FT-IR, fluorescence spectroscopy, molecular dynamics simulation and hard-soft modeling methods[J]. Bioorg. Chem., 2016, 68: 124-136.

[44] Gebregeorgis A., Bhan C., Wilson O. C., et al. Characterization of silver/bovine serum albumin(Ag/BSA) nanoparticles structure: morphological, compositional, and interaction studies [J]. J. Colloid. Interface Sci., 2013, 389(1): 31-41.

[45] Zhao X., Lu D., Hao F., et al. Exploring the diameter and surface dependent conformational changes in carbon nanotube-protein corona and therelated cytotoxicity[J]. J. Hazard. Mater, 2015, 292: 98-107.

[46] Fatemeh J. −G., Jafar S., Soheila K., et al. Multi−spectroscopic and thermodynamic insight into interaction of bovine serum albumin with calcium lactate [J]. Microchem. J, 2019: 104580.

[47] Konar M., Sahoo H. Tyrosine mediated conformational change in bone morphogenetic protein−2: Biophysical implications of protein−phytoestrogen interaction[J]. Int. J. Biol. Macromol., 2020, 150: 727−736.

[48] Xu T., Guo X., Zhang L., et al. Multiple spectroscopic studies on the interaction between olaquindox, a feed additive, and bovine serum albumin[J]. Food Chem. Toxicol., 2012, 50 (7): 2540−2546.

[49] Barakat C., Patra D. Combining time−resolved fluorescence with synchronous fluorescence spectroscopy to study bovine serum albumin−curcumin complex during unfolding and refolding processes[J]. Luminescence, 2013, 28(2): 149−155.

[50] Manjushree M., Revanasiddappa H. D. Evaluation of binding mode between anticancer drug etoposide and human serum albumin by numerous spectrometric techniques and molecular docking [J]. Chem. Phys., 2019: 110593.

[51] Yang L., Nan G., Meng X., et al. Study on the interaction between lovastatin and three digestive enzymes and the effect of naringin and vitamin C on it by spectroscopy and docking methods [J]. Int. J. Biol. Macromol., 2019.

[52] 熊时鹏, 陈建波. 多光谱法和分子对接研究 α−熊果苷与人血清白蛋白的相互作用[J]. 光谱学与光谱分析, 2018, 38(11): 3489−3493.

[53] Rana S., Sarmah S., Roy A. S., et al. Elucidation of molecular interactions between human γD−crystallin and quercetin, an inhibitor against tryptophan oxidation[J]. J. Biomol. Struct. Dyn., 2020: 1738960.

[54] Bai J., Ma X., Sun X. Investigation on the interaction of food colorant Sudan Ⅲ with bovine serum albumin using spectroscopic and molecular docking methods[J]. J. Environ. Sci. Heal. A, 2020: 1729616.

[55] Das N. K., Pawar L., Kumar N., et al. Quenching interaction of BSA with DTAB is dynamic in nature: A spectroscopic insight[J]. Chem. Phys. Lett., 2015, 635: 50−55.

[56] 刘小丽. 红外光谱在药物分析中的应用研究[D]. 西安: 西北大学, 2013.

[57] 张恩风, 张新波, 黄富平, 等. 磺胺嘧啶锌(Ⅱ)配合物与牛血清白蛋白的相互作用研究 [J]. 化学研究与应用, 2018, 30(3): 319−326.

[58] 韦邦帜, 郭志勇, 干帆, 等. 聚乙烯亚胺对人血清白蛋白的构象和结合能力的影响[J]. 物理化学学报, 2018, 34(2): 185−193.

[59] 胡松, 曾霓, 刘英英, 等. 光谱学技术研究食品着色剂柠檬黄与牛血清白蛋白的结合性质[J]. 南昌大学学报(工科版), 2015, 37(3): 240−245.

[60] Wang J., Ma L., Zhang Y., et al. Investigation of the interaction of deltamethrin(DM) with human serum albumin by multi−spectroscopic method[J]. J. Mol. Struc, 2017, 1129: 160−168.

［61］ Chi Z., Liu R., Teng Y., et al. Binding of oxytetracycline to bovine serum slbumin: spectro-scopic and molecular modeling investigations［J］. J. Agric. Food Chem. 2010, 58 (18): 10262-10269.

［62］ Bardhan M., Chowdhury J., Ganguly T. Investigations on the interaction of aurintricarboxylic acid with bovine serum albumin: Steady state/time resolved spectroscopic and docking studies ［J］. J. photoch. photobio. B, 2011, 102(1): 11-19.

［63］ 胡玉婷. 植物活性成分与蛋白质的结合性质及对蛋白质结构的影响［D］. 南昌：南昌大学, 2014.

［64］ Shukla D. Overview of scene change detection – application to Watermarking［J］. Int. J. Comput. Appl., 2012, 47(19): 1-5.

［65］ 李原芳, 黄承志, 胡小莉. 共振光散射技术的原理及其在生化研究和分析中的应用［J］. Chinese J. Analyt. Chem. 1998, 26(12): 1508-1515.

［66］ Wang Y., Wang J. H., Huang S. H., et al. Evaluating the effect of aminoglycosides on the interaction between bovine serum albumins by atomic force microscopy［J］. Int. J. Biol. Macro-mol., 2019, 134: 28-35.

［67］ Mariam J., Dongre P. M., Kothari D. C., et al. Study of interaction of silver nanoparticles with bovine serum albumin using fluorescence spectroscopy［J］. J. Fluoresc., 2011, 21(6): 2193-2199.

［68］ Sharma D., Ojha H., Pathak M., et al. Spectroscopic and molecular modelling studies of bind-ing mechanism of metformin with bovine serum albumin［J］. J. Mol. Struct., 2016, 1118: 267-274.

［69］ Shahabadi N., Hakimi M., Morovati T., et al. Spectroscopic investigation into the interaction of a diazacyclam-based macrocyclic copper(ii) complex with bovine serum albumin［J］. Lumi-nescence, 2017, 32(1): 43-50.

［70］ 王晓霞, 聂智华, 李松波, 等. 多光谱法与分子对接法研究盐酸四环素与牛血清白蛋白的相互作用［J］. 光谱学与光谱分析, 2018, 38(8): 2468-2476.

第6章 总结与展望

6.1 总结

本书采用多种光谱表征方法并结合分子对接技术系统地研究了四类常见的 EDCs 与存储和运输蛋白 SA 的相互作用机制。双酚 A 及其类似物、食品添加剂、杀菌剂、塑化剂四类 EDCs 与 SA 作用的淬灭常数、结合常数、结合位点数、热力学常数(焓变和熵变)、能量转移效率、作用距离、α-螺旋含量、结合位点等主要数据总结于表 6.1 中。由表可见,EDCs 对 SA 的荧光淬灭常数为 $10^{11} \sim 10^{13} \, \text{L} \cdot \text{mol}^{-1} \cdot \text{s}^{-1}$,结合常数为 $10^2 \sim 10^5 \, \text{L} \cdot \text{mol}^{-1}$,大多数的结合位点数约为 1,作用力类型主要为疏水作用或范德华力。这说明结构相似的 EDCs 与 SA 的相互作用过程存在构效关系。

1. 九种结构相似的双酚类似物(BPs)与 BSA 构象变化之间的构效关系

选择内分泌干扰物双酚 A 以及其八种类似物双酚 B、双酚 C、双酚 M、双酚 P、双酚 Z、双酚 AP、乙烯雌酚和双烯雌酚作为研究对象。研究了双酚 A 及其类似物与 BSA 作用的结合机制、结合亲和力、结合位点、对蛋白质构象的影响等作用机理与 BPs 结构联系分析。得出结论,BPs 的分子结构与 BPA 类似,它们与 BSA 结合过程相似,对蛋白质毒性作用也类似,即 BPs 与 BSA 的作用存在结构-亲和关系。BPs 相同的骨架结构决定了九种 BPs 与 BSA 的相互作用在结合力、自发结合反应、结合位点数目、诱导 BSA 构象变化等方面的相似之处。然而,九种 BPs 的结构差异在一定程度上影响了它们与 BSA 的结合,具有苯环结构的 BPM 和 BPP 与 BSA 的结合常数较小,具有共轭双键结构的 DS 和 DES 对 BSA 二级结构的影响较大。结合度和分子结构是影响结合过程和 BSA 构象的主要原因。结果表明,有些 BPs 对蛋白质的干扰甚至大于 BPA,对机体的伤害也可能更大。并由此推论相似结构的 BPs 对蛋白质的作用机制和构象影响相似,蛋白质构象的改变可能也是导致蛋白质某些生理功能改变的共性原因。通过研究 BPs 与蛋白质相互作用的构效关系,不仅为更多地了解 BPs 对蛋白质的毒性提供参考数据,而且为 BPs 的安全使用提供参考。

表 6.1 EDCs 对 BSA 的淬灭常数

参数	T/K	$K_q/$ (L·mol⁻¹·s⁻¹)	$K_b/$ (L·mol⁻¹)	n	$\Delta H/$ (kJ·mol⁻¹)	$\Delta S/$ (J·mol⁻¹·K⁻¹)	$J/$ (cm³·L·mol⁻¹)	$R_0/$ nm	$E/$ %	$r/$ nm	α-螺旋含量/%	结合位点
BPA-BSA	298	7.75×10^{11}	1.18×10^{3}	0.81								
	303	8.62×10^{11}	1.62×10^{3}	0.83	40.65	195.35	9.13×10^{-15}	2.26	17.0	2.94	54.4~37.0	Site I
	310	8.83×10^{11}	2.23×10^{3}	0.86								
BPB-BSA	298	7.67×10^{11}	7.24×10^{3}	0.99								
	303	7.88×10^{11}	9.34×10^{3}	1.02	33.72	187.13	9.55×10^{-15}	2.27	19.6	2.88	54.4~41.3	Site II
	310	9.20×10^{11}	1.23×10^{4}	1.03								
BPC-BSA	298	7.26×10^{11}	1.16×10^{4}	1.05								
	303	7.03×10^{11}	1.03×10^{4}	1.05	-14.39	29.41	1.08×10^{-14}	2.32	14.6	3.11	54.4~32.7	Site II
	310	5.46×10^{11}	9.21×10^{3}	0.98								
BPAP-BSA	298	1.83×10^{12}	1.52×10^{4}	1.03								
	303	1.80×10^{12}	2.32×10^{4}	1.07	54.26	262.32	1.17×10^{-14}	2.35	13.2	3.21	54.4~36.5	Site I
	310	1.73×10^{12}	3.56×10^{4}									
BPM-BSA	298	1.11×10^{12}	1.51×10^{2}	0.55								
	303	1.19×10^{12}	3.14×10^{2}	0.62	135.42	495.63	1.09×10^{-14}	2.33	7.60	3.52	54.4~43.0	Site I
	310	1.23×10^{12}	1.23×10^{3}	0.75								
BPP-BSA	298	4.11×10^{11}	5.04×10^{2}	0.79								
	303	4.13×10^{11}	8.29×10^{2}	0.83	83.11	330.46	1.13×10^{-14}	2.34	4.80	3.85	54.4~38.3	Site I
	310	4.64×10^{11}	1.84×10^{3}	0.91								
DS-BSA	298	1.50×10^{12}	8.87×10^{3}	1.18								
	303	1.43×10^{12}	1.57×10^{5}	1.25	87.28	387.57	5.05×10^{-15}	2.05	26.2	2.43	54.4~35.1	Site I
	310	1.27×10^{12}	3.46×10^{5}	1.33								
BHA-BSA	298	9.30×10^{11}	5.70×10^{3}	0.99								
	303	7.15×10^{11}	1.05×10^{4}	1.04	110.8	443.3	3.39×10^{-16}	1.39	9.36	2.04	54.3~51.5	Site I
	310	5.96×10^{11}	3.18×10^{4}	1.17								

续表

参数	$T/$ K	$K_q/$ (L·mol^{-1}·s^{-1})	$K_b/$ (L·mol^{-1})	n	$\Delta H/$ (kJ·mol^{-1})	$\Delta S/$ (J·mol^{-1}·K^{-1})	$J/$ (cm^3·L·mol^{-1})	$R_0/$ nm	$E/$ %	$r/$ nm	α-螺旋含量/%	结合位点
TCS–BSA	298	2.6×10^{12}	1.30×10^4	1.17								
	303	1.76×10^{12}	1.11×10^4	1.18	−20.00	30.61	6.31×10^{-16}	4.44	1.55	2.58	51.2~48.1	Site I
	310	1.37×10^{12}	0.95×10^4	1.18								
TCC–HSA	298	2.77×10^{13}	2.45×10^5	1.00								
	303	1.01×10^{13}	1.93×10^5	1.05	−28.60	6.89	6.22×10^{-16}	8.61	1.54	2.29	57.1~47.5	Site I
	310	0.78×10^{13}	1.56×10^5	1.05								
DMP–BSA	298	8.90×10^{11}	8.06×10^4	1.20								
	303	8.74×10^{11}	7.45×10^4	1.20	−19.53	28.56	6.41×10^{-15}	14.1	2.28	3.08	48.0~42.6	Site I
	310	8.67×10^{11}	5.97×10^4	1.19								
MMP–BSA	298	7.64×10^{11}	4.75×10^4	1.18								
	303	7.18×10^{11}	3.37×10^4	1.15	−45.99	−64.91	1.89×10^{-15}	12.1	1.86	2.59	48.0~44.8	Site I
	310	6.69×10^{11}	2.31×10^4	1.12								
BaP–BSA	298	8.09×10^{12}	1.34×10^5	1.05								
	303	7.25×10^{12}	1.67×10^5	1.08	40.2	223.0	8.96×10^{-14}	17.0	3.53	4.62	55.0~52.8	Site I
	310	6.62×10^{12}	2.69×10^5	1.13								
CHR–BSA	298	3.78×10^{12}	3.97×10^4	1.00								
	303	3.53×10^{12}	5.48×10^4	1.05	45.1	248.4	1.21×10^{-15}	16.3	1.72	2.26	62.1~57.1	Site I
	310	2.89×10^{12}	7.48×10^4	1.09								

2. 代谢产物 MMP 与母体 DMP 竞争结合 BSA，影响 DMP 与 BSA 的结合过程

母体 DMP 或代谢产物 MMP 单独存在时都会与 BSA 形成稳定的复合物，并且母体 DMP 与 BSA 的结合能力强于代谢产物 MMP。而当母体与代谢产物共存时，代谢产物 MMP 会与母体 DMP 竞争结合 BSA，这导致 DMP 或 MMP 与 BSA 的结合作用均被不同程度地削弱。BSA 为了适应与母体及代谢产物的共同结合，其构象也会随之发生改变。这种将母体、代谢产物与蛋白质三者放在同一体系中共同研究的结果，与单纯考察单一母体或单一代谢产物对蛋白质作用结果相比，三元体系研究模型考察的影响因素更多，更具有实际意义和研究价值。

3. 结构相似的 EDCs 与 SA 的作用机制相似，EDCs 与 SA 的作用存在构效关系

通过双酚类似物、抗菌剂以及塑化剂与 SA 作用的数据相比较发现，相似结构的 EDCs 与 SA 作用时的结合常数、结合作用力、结合距离以及结合位点相似，这说明 EDCs 与蛋白质的作用取决于其自身结构，同样 EDCs 的内分泌干扰特性也是基于其拥有的特定结构并在参与内分泌过程中与相关生物分子包括蛋白质的作用过程所体现的。即相似结构的 EDCs 对蛋白质某些生理功能的影响和改变可能也是共性的，这就是所谓构效关系。

4. 结构相似的 EDCs 与 SA 的主要作用力类型虽略有差异，但其与 SA 的结合位点基本一致

EDCs 与 SA 的结合是一个自发反应过程，本书所研究的四类 EDCs 均结合在 SA 的 ⅡA 亚域 Site Ⅰ，但由于其自身结构的差异，使其与 SA 会以不同的作用力相结合，例如从 BPs、DMP、TCS、TCC 与 SA 之间的结合情况看，均有通过本身疏水性基团和蛋白质疏水性氨基酸残基以疏水作用作为两者之间结合作用力的情况；MMP、DMP、TCS、TCC 与 SA 之间也可通过本身的极性原子或基团如羰基氧与 BSA 的极性氨基酸残基 Lys 和 Arg 等形成氢键。如 DMP 和 MMP 具有的苯环等芳香结构具有疏水性，与 BSA 疏水性基团以疏水作用结合，其所含羰基氧与 BSA 残基的羟基以氢键结合，MMP 具有的苯环上的羧基会发生部分解离生成带电基团，与极性氨基酸残基之间以静电作用结合，最终形成以疏水作用为主的结合模式。TCC 和 TCS 这类杀菌剂的苯环等芳香结构具有一定疏水性与 BSA 疏水性基团以疏水作用结合，其所含羰基氧与 BSA 残基的羟基以氢键结合，可为其空间取向定向，这类杀菌剂与 SA 主要的作用力类型为疏水作用和氢键。

6.2 展望

目前，EDCs 干扰机制的研究已成为化学、环境、生命科学等多门学科和领域重点研究的内容之一，很多专家、学者和科研人员在此领域开展了一系列的研究，也取得了一定的研究成果。但目前已知的 EDCs 可能只是一小部分，随着更多更全的检验方法的建立，可能还会发现更多的 EDCs。众多的数量和复杂的结构使得 EDCs 的研究数据仍然不够全面和系统，其干扰机制未能完全确定。

本书采用多种分析方法和手段研究了几种类型的 EDCs 与蛋白质之间的相互作用机制，以期为揭示 EDCs 在人和动物体内的干扰机制提供理论基础和参考依据。但是受研究对象性质、实验条件和样本容量等因素的限制，EDCs 与蛋白质之间相互作用机制的研究，仍存在不完善、不全面、不深入的地方，也有许多问题亟待进一步的探索。关于 EDCs 与生物大分子作用机理的研究和应用仍存在着很大的发展空间。

1. 综合利用多种方法和手段，以获取更多可靠的研究结果

目前研究 EDCs 与生物大分子相互作用最为成熟的方法是光谱分析法，例如荧光光谱法、同步荧光光谱法、三维荧光光谱法、紫外-可见吸收光谱法、圆二色光谱法等，这些方法从不同的角度展开研究，使得这一领域得到了快速的发展。随着其他实验技术的不断发展和完善，例如时间分辨荧光光谱法、循环伏安法、核磁共振法、质谱法、平衡渗析、激光散射及 X 射线衍射分析法等，越来越多的定性、定量分析方法被应用于 EDCs 与生物大分子作用的研究，必将促进这一领域的研究更加深入。因此，与单一的分析方法相比，综合运用多种手段，利用不同分析方法取长补短，相互比较，相互验证，更有利于获得准确的研究结果。

2. 探求更灵敏、更准确的方法用于相互作用的机理研究

由于 EDCs 的多样性以及蛋白质构象的复杂性，使得二者之间作用的研究很难由单一的或简单的方法直接测定，因此需要建立更灵敏、更准确的方法。相信随着化学和生物化学等相关理论的不断完善，定性定量分析方法的不断更新，理论计算和联用技术的不断发展，以及仪器技术的不断进步，EDCs 与生物大分子相互作用的研究也会日趋成熟。随着 EDCs 与生物大分子相互作用的研究更加深入和全面，也必将会推动 EDCs 与蛋白质相互作用方式、蛋白质的生理功能以及解毒剂的研发等其他方面的研究。

3. 发展计算模拟技术，预测最佳结合模式

利用计算机技术，通过分子模拟可以从微观上预测环境污染物在蛋白质上的

205

结合机制，但分子模拟技术在 EDCs 与蛋白质相互作用的研究中仍处于探索阶段，仍需要大量成功的案例用于分析研究。

4. 探索建立体内实验方法，以此得到更科学合理的数据和结果

目前 EDCs 与生物大分子相互作用的研究大多在体外模拟生理条件下进行，建立活体及在线取样新方法，及时追踪 EDCs 的代谢过程，获得代谢产物的研究数据，更好地探求其对蛋白质结构的影响，这也是我们今后的研究方向。

5. EDCs 预测和分类的定量标准的建立

EDCs 种类多、数量大，需要大量的数据和科学证据来确定 EDCs 对人类和动物的影响，但仍然有很多疑似的 EDCs 来源未知、信息不足，需要不断探索新的有效的预测方法。

附　　录

缩略符号	英 文 名 称	中 文 名 称
AFM	Atomic Force Microscope	原子力显微镜
ANS	8-(Phenylamino) Naphthalene-1-Sulfonic Acid	N-苯基-1-萘胺-8-磺酸
ATR	Attenuated Total Reflection	衰减全反射
BA	Benzoic Acid	苯甲酸
BaP	Benzo[a]Pyrene	苯并[a]芘
BBP	Butyl Benzyl Phthalate	邻苯二甲酸丁苄酯
BHA	Butylated Hydroxyanisole	丁基羟基茴香醚
BHT	butylated Hydroxytoluene	二丁基羟基甲苯
BPA	Bispenol A	双酚 A
BPB	Bispenol B	双酚 B
BPC	Bispenol C	双酚 C
BPM	Bispenol M	双酚 M
BPP	Bispenol P	双酚 P
BPZ	Bispenol Z	双酚 Z
BPAP	Bispenol AP	双酚 AP
BSA	Bull Serum Albumin	牛血清白蛋白
CA	Citric Acid	柠檬酸
CD	Circular Dichroism	圆二色光谱
CHR	Chrysene	䓛
DBP	Dibutyl Phthalate	邻苯二甲酸二丁酯
DCHP	Dicyclohexyl Phthalate	邻苯二甲酸二环己酯
DDT	Dichlorodiphenyltrichloroethane	双对氯苯基三氯乙烷
DEHP	Di(2-ethylhexyl) Phthalate	邻苯二甲酸二(2-乙基己基)酯
DEN	Dienoestrol	双烯雌酚
DEP	Diethyl Phthalate	邻苯二甲酸二乙酯

缩略符号	英 文 名 称	中 文 名 称
DES	Diethylstilbestrol	己烯雌酚
DIDP	Di-isodecyl Phthalate	邻苯二甲酸二异癸酯
DINP	Di-isononyl Phthalate	邻苯二甲酸二异壬酯
DMP	Monomethyl Phthalate	邻苯二甲酸二甲酯
DNOP	Di-n-octyl Phthalate	邻苯二甲酸二正辛酯
DNP	Dinonyl Phthalate	邻苯二甲酸二壬酯
DOP	Dioctyl Phthalate	邻苯二甲酸二辛酯
DS	Dienestrol	双烯雌酚
EDCs	Endocrine Disrupting Chemicals	内分泌干扰物，环境激素
EE2	17α-Ethinylestradiol	17α-乙炔基雌二醇
EPA	Environmental Protection Agency	美国环境保护局
EU	European Union	欧盟
FRET	Fluorescence Resonance Energy Transfer	荧光共振能量转移
FT-IR	Fourier Transform Infrared Spectrum	傅里叶变换红外光谱
BHb	Hemoglobin	血红蛋白
HSA	Human Serum Albumin	人血清白蛋白
HPCE	High Performance Capillary Electrophoresis	高效毛细管电泳
IPCS	International Programme for Chemical Safety	国际化学品安全规划
MD	Molecular Docking	分子对接方法
MMP	Monomethyl Phthalate	邻苯二甲酸单甲酯
NMR	Nuclear Magnetic Resonance	核磁共振
PAEs	Phthalic Acid Ester	邻苯二甲酸酯
PAHs	Polyaromatic Hydrocarbon	多环芳烃
PBC	Polychlorinated Biphenyls	多氯联苯
PBDEs	Polybrominated Diphenyl Ethers	多溴二苯醚
Phe	Phenylalanine	苯丙氨酸
PVC	Polyvinylcarbonat	聚乙烯基碳酸酯
RLS	Resonance Light Scattering	共振光散射光谱
SA	Serum Albumin	血清白蛋白
TCS	Triclosan	三氯生

缩略符号	英 文 名 称	中 文 名 称
TCC	Triclocarban	三氯卡班
Tris	Tromethamine	三羟甲基氨基甲烷
TRFIA	Time Resolved Fluoroisnmuno Assay	时间分辨荧光分析法
Trp	Tryptophan	色氨酸
Tyr	Tyrosine	酪氨酸
UV-vis	UV-vis Spectroscopy	紫外-可见吸收光谱法
3D	Three Dimensional Fluorescence	三维荧光光谱